水工钢筋混凝土结构
设计技术研究

李　威　祝浚生　高履伟◎主编

黑龙江朝鲜民族出版社

图书在版编目（CIP）数据

水工钢筋混凝土结构设计技术研究 / 李威, 祝浚生,
高履伟主编. -- 哈尔滨：黑龙江朝鲜民族出版社,
2024. -- ISBN 978-7-5389-2899-0

Ⅰ. TV332

中国国家版本馆CIP数据核字第20257G8L25号

SHUIGONG GANGJIN HUNNINGTU JIEGOU SHEJI JISHU YANJIU

书　　名	水工钢筋混凝土结构设计技术研究	
主　　编	李　威　祝浚生　高履伟	
责任编辑	赵海霞	
责任校对	姜哲勇	
装帧设计	韩元琛	
出版发行	黑龙江朝鲜民族出版社	
发行电话	0451-57364224	
电子信箱	hcxmz@126.com	
印　　刷	黑龙江天宇印务有限公司	
开　　本	787mm×1092mm　1/16	
印　　张	15.75	
字　　数	300千字	
版　　次	2024年12月第1版	
印　　次	2025年3月第1次印刷	
书　　号	ISBN 978-7-5389-2899-0	
定　　价	64.00元	

编委会

主　编

　李　威　河南省水务规划设计研究有限公司
　祝浚生　平邑县园林环卫保障服务中心
　高履伟　青岛腾远设计事务所有限公司

副主编

　鄢　平　长江勘测规划设计研究有限责任公司
　郭容靖　云南省水利水电勘测设计研究院
　刘郴玲　水利部珠江水利委员会技术咨询（广州）有限公司

前　言

　　随着经济的不断发展，水利工程建设也取得了一定的成绩，为社会主义现代化建设的发展起到了重要的推动作用。在水利工程项目中，一般采用钢筋混凝土结构，以保证具有较高的承重、抗渗性能。在具体的施工过程中，要应用专业施工技术，切实掌握施工要点，做到高效施工，这样才能使混凝土结构的施工质量达到预期要求，促进水工建筑的功能及作用得到最大化发挥。凡经常或周期性地受环境水作用的水工建筑物所用的混凝土称水工混凝土，水工混凝土多数为大体积混凝土，水工混凝土对强度要求则往往不是很高。在一般水工建筑物中，如闸墩、闸底板、水电站厂房的挡水墙、尾水管、船坞闸室等，在外力作用下，一方面要满足抗滑、抗倾覆的稳定性要求，结构应有足够的自重；另一方面，还应满足强度、抗渗、抗冻等要求，不允许出现裂缝，因此结构的尺寸比较大。若按钢筋混凝土结构设计，常需配置较多的钢筋而造成浪费，若按素混凝土结构设计，则又因计算所需截面较大，需使用大量的混凝土。

　　本书从水工钢筋混凝土结构材料的性能及原理入手，针对水工钢筋混凝土受弯构件截面承载力计算、水工钢筋混凝土构件承载力计算以及水工钢筋混凝土梁板设计进行了分析研究；对水工钢筋混凝土柱设计、水工钢筋混凝土肋形结构设计及水工钢筋混凝土渡槽设计做了一定的介绍；对预应力混凝土结构的一般知识及预应力混凝土结构、水工钢筋混凝土其他结构设计、混凝土裂缝防治关键技术进展做了简要论述。旨在摸索出一条适合水工钢筋混凝土结构设计工作创新的科学道路，帮助工作者在应用中少走弯路，运用科学方法，提高效率。

　　在本书的写作过程中，笔者得到了很多宝贵的建议。同时参阅了大量的相关著作和文献，在此表示诚挚的感谢和敬意。由于笔者水平有限，编写时间仓促，书中难免会有疏漏不妥之处，恳请专家、同行不吝批评指正。

目　录

第一章 水工钢筋混凝土结构材料的性能及原理

第一节 钢筋的品种和力学性能

一、钢筋的品种

在我国,混凝土结构中所采用的钢筋有热轧钢筋、钢丝、钢绞线及螺纹钢筋等。

钢筋的物理力学性能主要取决于它的化学成分。按化学成分的不同,钢筋可分为碳素钢和普通低合金钢两大类。碳素钢按其碳的含量不同分为低碳钢(含碳量小于0.25%)、中碳钢(含碳量0.25%~0.60%)和高碳钢(含碳量0.60%~1.4%)。含碳量增加,能使钢材强度提高,性质变硬,但也将使钢材的塑性和韧性降低,焊接性能也会变差。如果炼钢时在碳素钢的基础上加入少量合金元素,就成为普通低合金钢。合金元素锰、硅、钒、钛等可使钢材的强度、塑性等综合性能提高。

用于钢筋混凝土结构和预应力混凝土结构中的普通钢筋,可采用热轧钢筋;用于预应力混凝土结构中的预应力筋,可采用预应力钢丝、钢绞线和预应力螺纹钢筋。

(一)热轧钢筋

热轧钢筋是由低碳钢、普通低合金钢或细晶粒钢在高温下轧制而成。按其强度不同分为:HPB300、HRB335(HRBF335)、HRB400(HRBF400、RRB400)、HRB500(HRBF500)四级。其中,第一个字母表示生产工艺,如H表示热轧(Hot-Rolled),R表示余热处理(Remainedheattreatment);第二个字母表示钢筋表面形状,如P表示光圆(Plainround),R表示带肋(Ribbed);第三个字母B(Bar)表示钢筋。在HRB后面加字母F(Finegrain)的,为细晶粒热轧钢筋。英文字母后面的数字表示钢筋屈服强度标准值,如400,表示该级钢筋的屈服强度标准值为400N/mm²。

余热处理钢筋是在钢筋热轧后经淬火，再利用芯部余热回火处理而形成的，经这样处理后，不仅提高了钢筋的强度，还保持了一定延性。

考虑到各种类型钢筋的使用条件和便于在外观上加以区分，HPB300 级钢筋外形轧成光面，故又称光圆钢筋；其余热轧钢筋外形轧成肋形（横肋和纵肋）。横肋的纵截面有螺丝纹、人字纹和月牙纹三种，前两种已逐渐被淘汰，目前常用的是月牙纹，又称月牙肋钢筋。

钢筋混凝土结构中的纵向受力钢筋宜采用 HRB400、HRB500、HRBF400、HRBF500 钢筋，也可采用 HPB300、HRB335、HRBF335、RRB400 钢筋。RRB400 钢筋的可焊性、机械连接性能及施工适应性较差，不宜用作重要部位的受力钢筋，不应用于直接承受疲劳荷载的构件。

（二）预应力钢筋

用于混凝土结构构件中施加预应力的中强度预应力钢丝、消除应力钢丝、钢绞线和预应力螺纹钢筋，统称为预应力钢筋。

二、钢筋的力学性能

各种钢筋与钢丝，由于化学成分及制造工艺的不同，力学性能有显著差别。按力学的基本性能来分，有两种类型：热轧钢筋，其力学性质相对较软，称之为软钢；预应力钢丝、钢绞线、螺纹钢筋，其力学性质高、强而硬，称之为硬钢。

（一）软钢的力学性能

软钢从开始加载到拉断，有四个阶段，即弹性阶段、屈服阶段、强化阶段与破坏阶段。其受拉应力 – 应变曲线如图 1–1 所示。

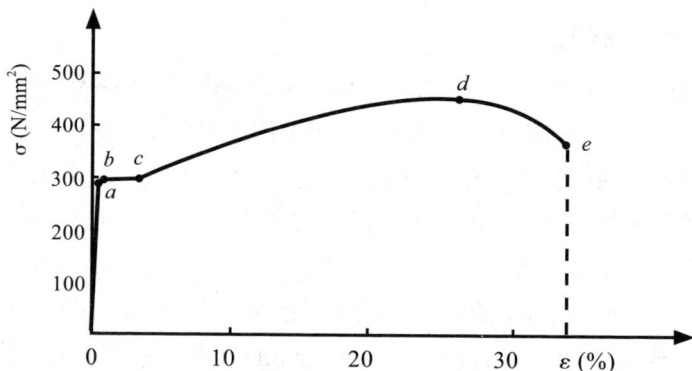

图 1–1 软钢的应力 – 应变曲线

在图 1-1 中，自开始加载至应力达到 a 点以前，应力应变呈线性关系，a 点称比例极限，Oa 段属于线弹性工作阶段。应力达到 b 点后，钢筋进入屈服阶段，产生很大的塑性变形，b 点应力称为屈服强度（流限），此后应力－应变曲线中呈现一水平段，称为流幅。超过 c 点后，应力应变关系重新表现为上升的曲线，为强化阶段。曲线最高点 d 点的应力称为抗拉强度。此后钢筋试件产生颈缩现象，应力应变关系为下降曲线，应变继续增大，到 e 点钢筋被拉断。e 点所对应的横坐标称为伸长率，它标志着钢筋的塑性。伸长率越大，塑性越好。

钢筋塑性除用伸长率标志外，还可用冷弯试验来检验（图 1-2）。冷弯就是把钢筋围绕直径为 D 的钢辊弯转 a 角而要求不产生裂纹。钢筋塑性越好，冷弯角 a 就可越大，钢辊直径 D 也可越小。

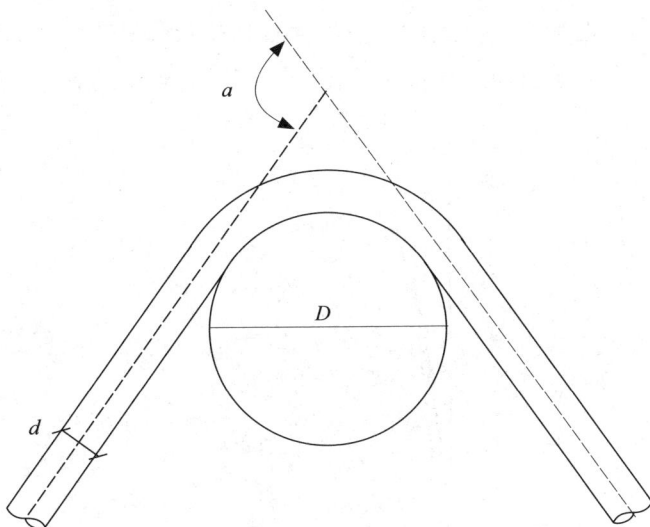

图 1-2　钢筋冷弯试验

屈服强度（流限）是软钢的主要强度指标。混凝土结构构件中的钢筋，当应力达到屈服强度后，即使荷载不增加，应变也会继续增大，这会使得混凝土裂缝开展过宽，构件变形过大，结构构件不能正常使用。所以软钢钢筋的受拉强度限值以屈服强度为准，其强化阶段只作为一种安全储备考虑。

钢材中含碳量越高，屈服强度和抗拉强度就越高，伸长率就越小，流幅也相应缩短。图 1-3 表示了不同强度软钢的应力－应变曲线的差异。

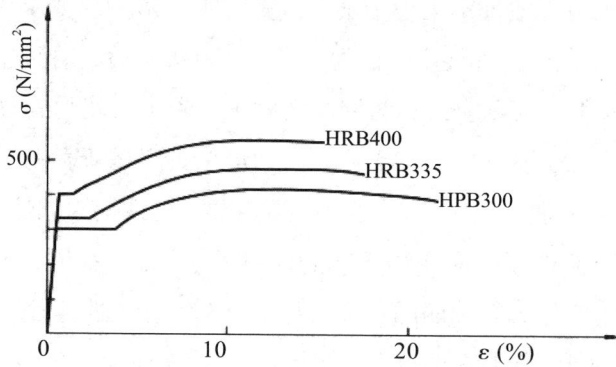

图 1-3 不同强度软钢的应力 - 应变曲线

（二）硬钢的力学性能

硬钢强度高，但塑性差，脆性大。从加载到拉断，不像软钢那样有明显的阶段，基本上不存在屈服阶段（流幅）。图 1-4 所示为硬钢的应力 - 应变曲线。

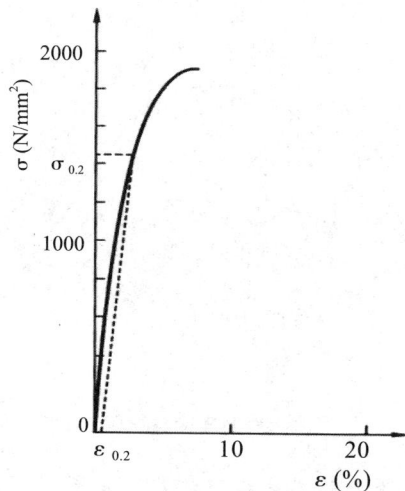

图 1-4 硬钢的应力 - 应变曲线

硬钢没有明确的屈服阶段（流幅），所以设计中一般以"协定流限"作为强度标准。所谓协定流限，是指经过加载及卸载后尚存有 0.2% 永久残余变形时的应力，用 $\sigma_{0.2}$ 表示。$\sigma_{0.2}$ 亦称"条件屈服强度"或"非比例延伸强度"，一般相当于极限抗拉强度的 70% ~ 90%，规范取极限抗拉强度的 85% 作为硬钢的条件屈服强度。

硬钢塑性差，伸长率小。因此，用硬钢配筋的混凝土构件，受拉破坏时往往突然断裂，不像用软钢配筋的构件那样，在破坏前有明显的预兆。

（三）钢筋的疲劳强度

钢筋在多次重复加载时，会呈现疲劳的特性。这是由于钢材内部有杂质和气孔，外表面有斑痕缺陷，以及表面形状突变引起的应力集中造成的。应力集中过大时，使钢材产生微裂纹，在重复应力作用下，裂纹会扩展而发生突然断裂。

钢筋的疲劳强度 f_y^f 与应力特性 ρ^f 有关，ρ^f 为重复荷载作用时钢筋受到的最小应力与最大应力的比值。ρ^f 越小，f_y^f 越低。一般来说，当荷载重复作用 200 万次以上时，钢筋的疲劳强度约为静力拉伸强度的 44% ～ 55%。

（四）钢筋弹性模量

钢筋在弹性阶段的应力应变的比值，称为弹性模量，用符号 E_s 表示。

三、混凝土结构对钢筋性能的要求

（一）钢筋的强度

采用高强度钢筋可以节约钢材，取得较好的经济效果，但混凝土结构中钢筋的强度并非越高越好。由于钢筋的弹性模量并不因其强度提高而增大，高强钢筋若充分发挥其强度，则与高应力相应的大伸长变形势必会引起混凝土结构过大的变形和裂缝宽度。因此，对于普通混凝土结构宜优先选用 400N/mm^2 和 500N/mm^2 级钢筋。预应力混凝土结构虽较好地解决了这个矛盾，但又带来钢筋与混凝土之间的锚固与协调受力的问题，使过高的强度仍然难以充分发挥作用，故目前预应力钢筋的最高强度限值约为 2000N/mm^2。

（二）钢筋的塑性

要求钢筋有一定的塑性是为了使钢筋在断裂前有足够的变形，能给出构件裂缝开展过宽将要破坏的预兆信号。钢筋的伸长率和冷弯性能是施工单位验收钢筋塑性是否合格的主要指标。

（三）钢筋的可焊性

在很多情况下，钢筋之间的连接需通过焊接实现，要求钢筋焊接后不产生裂纹及过大的变形，焊接处的钢材强度不降低过多。我国生产的热轧钢筋可焊性均较好，但高强钢丝、钢绞线等则是不可焊的。细晶粒热轧带肋钢筋以及直径大于28mm 的带肋钢筋，其焊接应经试验确定；余热处理钢筋不宜焊接。

（四）钢筋与混凝土之间的黏结力

为了保证钢筋与混凝土共同工作，要求钢筋与混凝土之间必须有足够的黏结力。钢筋的表面形状是影响黏结力的主要因素。黏结力良好的钢筋能使裂缝宽度控制在合适的限值内。

第二节　混凝土的物理力学性能

混凝土是由水泥、水及骨料按一定配合比组成的人造石材。水泥和水在凝结硬化过程中形成水泥胶块把骨料黏结在一起。混凝土内部有液体和孔隙存在，是一种不密实的混合体，主要依靠由骨料和水泥胶块中的结晶体组成的弹性骨架来承受外力。弹性骨架使混凝土具有弹性变形的特点，同时水泥胶块中的凝胶体又使混凝土具有塑性变形的性质。由于混凝土内部结构复杂，因此，它的力学性能也极为复杂。

一、混凝土的强度

（一）混凝土的立方体抗压强度和强度等级

我国混凝土结构设计规范把混凝土立方体试件的抗压强度作为混凝土各种力学指标的基本代表值，把立方体抗压强度作为评定混凝土强度等级的依据，并规定用 $150mm \times 150mm \times 150mm$ 的立方体试件作为标准试件。由标准立方体试件所测得的抗压强度，称为标准立方体抗压强度，用人 f_{cu} 表示。

试验方法对立方体所测抗压强度有较大的影响。试块在压力机上受压，纵向发生压缩而横向发生鼓胀。当试块与压力机垫板直接接触时，试块上下表面与垫板之间有摩擦力存在，使试块横向不能自由扩张，就会提高所测的混凝土抗压强度。此时，靠近试块上下表面的区域内，好像被箍住一样，而试块中部由于摩擦力的影响较小，混凝土仍可横向鼓胀。随着压力的增加，试块中部先发生纵向裂缝，然后出现通向试块角隅的斜向裂缝。破坏时，中部向外鼓胀的混凝土向四周剥落，使试块只剩下角锥体。

当试块上下表面涂有油脂或填以塑料薄片以减少摩擦力时，则所测得的抗压强度就较不涂油脂或不填塑料薄片时要小。破坏时，试块出现垂直裂缝。

为了统一标准，规定在试验中均采用不涂油脂的试件。

试验时加载速度对强度也有影响，加载速度越快，则所测强度越高。通常的加载速度是每秒钟压应力增加 0.2 ~ 0.3N/mm²。

我国混凝土结构设计规范规定以边长为 150mm 的立方体，在温度为（20±3）℃、相对湿度不小于 90% 的条件下养护 28d，用标准试验方法测得的具有 95% 保证率的立方体抗压强度标准值 $f_{cu,k}$（图 1–5）作为混凝土强度等级，以符号 C 表示，单位为 N/mm²。例如 C20 混凝土，就表示混凝土立方体抗压强度标准值为 20N/mm²。

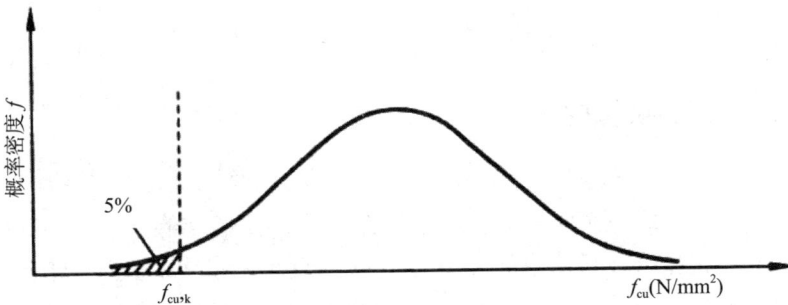

图 1–5　混凝土立方体抗压强度概率分布曲线及强度等级 $f_{cu,k}$ 的确定

水利水电工程中所采用的混凝土强度等级分为 C15、C20、C25、C30、C35、C40、C45、C50、C55、C60，共 10 个等级。

水利水电工程中，素混凝土结构受力部位的混凝土强度等级不宜低于 C15；钢筋混凝土结构构件的混凝土强度等级不应低于 C20；当采用 400N/MM² 及以上的钢筋时，混凝土强度等级不应低于 C25；预应力混凝土结构构件的混凝土强度等级不应低于 C30；当采用钢绞线、钢丝做预应力钢筋时，混凝土强度等级不宜低于 C40。当建筑物有耐久性要求，以及抗渗、抗冻、抗磨、抗腐蚀等要求时，混凝土的强度等级尚需根据具体技术条件确定。

（二）棱柱体抗压强度——轴心抗压强度 f_c

由于钢筋混凝土受压构件的实际长度常比它的截面尺寸大得多，因此采用棱柱体试件比采用立方体试件能更好地反映混凝土实际的抗压能力。用棱柱体试件测得的抗压强度称为轴心抗压强度，又称为棱柱体抗压强度，用符号 f_c 表示。

棱柱体抗压强度低于立方体强度，即 f_c 小于 f_{cu} 这是因为当试件高度增大后，两端接触面摩擦力对试件中部的影响逐渐减弱所致。f_c 随试件高度与宽度之比 h/b 而异，当 $h/b>3$ 时，f_c 趋于稳定。我国混凝土结构设计规范规定，棱柱体标准试件的尺寸为 $150mm \times 150mm \times 300mm$。

f_c 与 f_{cu} 大致成线性关系，根据国内 120 组棱柱体试件与立方体试件抗压强度的对比试验，两者比值 f_c/f_{cu} 的平均值为 0.76。考虑到实际工程中的结构构件与试验室试件之间制作与养护条件、尺寸大小及加载速度等因素的差异，对实际结构的混凝土轴心抗压强度还应乘以折减系数 0.88，故实际结构中混凝土轴心抗压强度与标准立方体抗压强度的关系为：

$$f_c = 0.88 \times 0.76 f_{cu} \approx 0.67 f_{cu} \quad （1–1）$$

（三）轴心抗拉强度 f_t

混凝土轴心抗拉强度 f_t 远低于立方体抗压强度 f_{cu}，f_t 仅相当于 f_{cu} 的 $1/9 \sim 1/18$，当混凝土强度等级越高时，f_t/f_{cu} 的比值越低。

各国测定抗拉强度的方法不尽相同。我国近年来采用的直接受拉法，其试件是用钢模浇筑成型的 $150mm \times 150mm \times 550mm$ 的棱柱体试件，两端设有埋深为 $125mm$ 的对中带肋钢筋（直径 $16mm$）。

试验时张拉两端钢筋，使试件受拉，直至混凝土试件的中部产生断裂。这种试验方法由于不易将拉力对中，会形成偏心影响。而且由于带肋钢筋端部处有应力集中，常使断裂出现在埋入钢筋尽端的截面处。这些因素都对 f_t 的正确测量有影响。

国内外也常用劈裂法测定混凝土的抗拉强度。这种方法是将立方体试件（或平放的圆柱体试件）通过垫条施加线荷载 P（图 1–6），在试件中间的垂直截面上除垫条附近极小部分外，都将产生均匀的拉应力。当拉应力达到混凝土的抗拉强度 f_t 时，试件就对半劈裂。根据弹性力学，可计算出其抗拉强度：

$$f_t = \frac{2P}{\pi d^2} \quad （1–2）$$

式中 p ——破坏荷载；

　　d ——立方体边长。

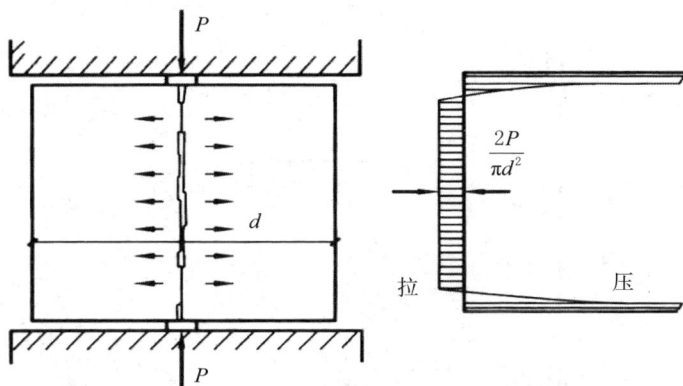

图 1-6　用劈裂法测定混凝土的抗拉强度

根据国内 72 组轴心抗拉强度与立方体抗压强度的对比试验，两者的关系为：

$$f_\mathrm{t} = 0.26 f_\mathrm{cu}^{2/3} \quad \left(\mathrm{N}\,/\,\mathrm{mm}^2\right) \quad （1-3）$$

引入相应的折减系数，实际结构中混凝土轴心抗拉强度与标准立方体抗压强度的关系为：

$$f_\mathrm{i} = 0.88 \times 0.26 f_\mathrm{cu}^{2/3} \approx 0.23 f_\mathrm{cu}^{2/3} \quad \left(\mathrm{N}\,/\,\mathrm{mm}^2\right) \quad （1-4）$$

（四）复合应力状态下的混凝土强度

混凝土抗压强度和抗拉强度，均是指单轴受力条件下所得到的混凝土强度。实际上结构物通常受到轴力、弯矩、剪力和扭矩的不同组合作用，混凝土很少处于理想的单向受力状态。

根据现有的试验结果，对双向受力状态可以绘出如图 1-7 所示的强度曲线，从中得出以下几点规律：

①双向受压时（Ⅰ区），混凝土的抗压强度比单向受压时的强度高。也就是说，一向抗压强度随另一向压应力的增加而增加。

②双向受拉时（Ⅱ区），混凝土一向抗拉强度基本上与另一向拉应力的大小无关。也就是说，双向受拉时的混凝土抗拉强度与单向受拉时的抗拉强度基本一样。

③一向受拉一向受压时（Ⅲ区），混凝土抗压强度随另一向的拉应力的增加而降低。或者说，混凝土的抗拉强度随另一向的压应力的增加而降低。

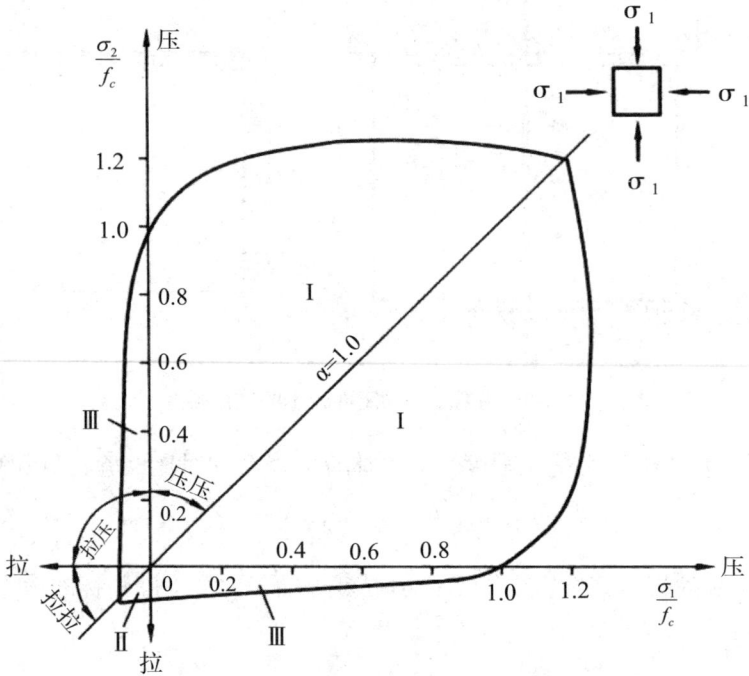

图 1-7 混凝土双向应力下的强度曲线

当混凝土受到剪力、扭矩引起的剪应力 τ 和轴力引起的法向应力 σ 共同作用时，形成"拉剪"和"压剪"复合应力状态。图 1-8 所示为混凝土法向应力 σ 与剪应力 τ 的关系曲线。从图中可以看出，在剪拉应力状态下，抗剪强度随拉应力的增大而减小，当拉应力约为 $0.1 f_c$ 时，混凝土受拉开裂，抗剪强度降低到零。在剪压应力状态下，随着压应力的增大，混凝土的抗剪强度增大；但大约在 $\sigma / f_c > 0.6$ 时，由于内裂缝的明显发展，抗剪强度反而随压应力的增大而减小；当压应力达到混凝土轴心抗压强度时，抗剪强度为零。另外，从抗压强度的角度来分析，由于剪应力的存在，混凝土的抗压强度要低于单向抗压强度。

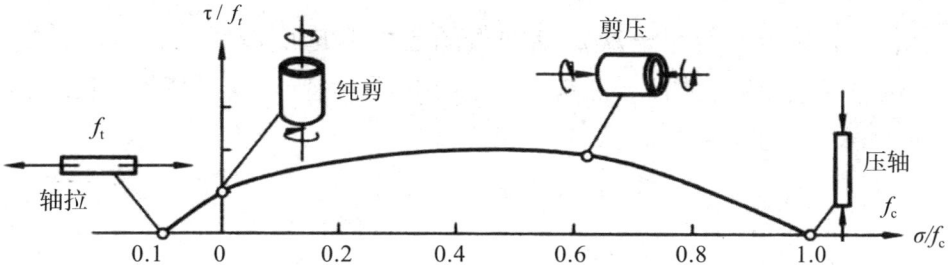

图 1-8　混凝土的复合受力强度曲线

三向受压时，混凝土一向抗压强度随另两向压应力的增加而增加，并且极限压应变也可以大大提高，如图 1-9 所示为一组三向受压的试验曲线。

复合受力时混凝土的强度计算是一个难度较大的理论问题，目前尚未能完满解决，一旦有所突破，则将会对钢筋混凝土结构的计算方法带来根本性的改变。

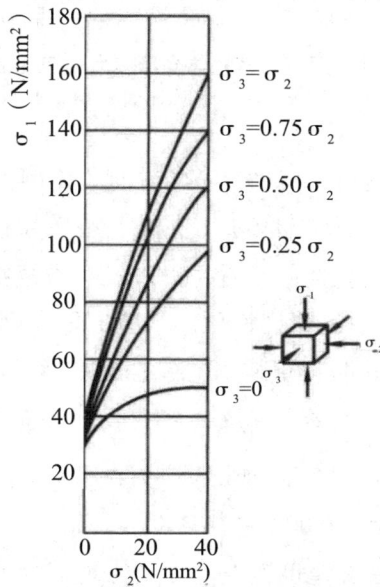

图 1-9　混凝土三向受压的试验曲线

二、混凝土的变形

混凝土的变形有两类：一类是由外荷载作用而产生的受力变形；另一类是由温度和干湿变化引起的体积变形。由外荷载产生的变形与加载的方式及荷载作用的持续时间有关。下面分别予以介绍。

（一）受压混凝土一次短期加载的应力－应变曲线

混凝土一次短期加载时变形性能一般采用棱柱体试件测定，由试验得出的一次短期加载的应力－应变曲线如图 1-10 所示。

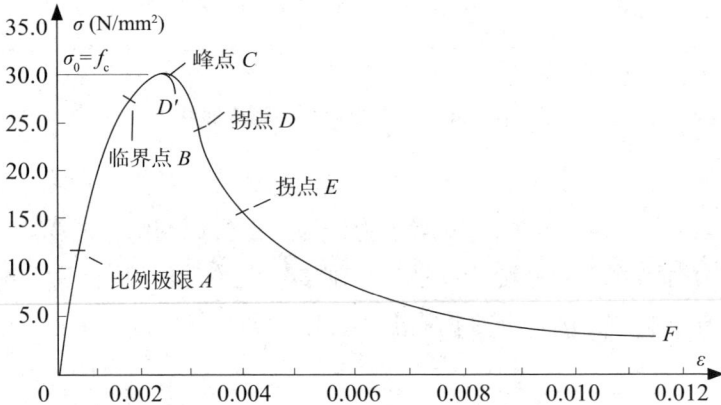

图 1-10 混凝土棱柱体受压应力－应变曲线

从试验可以看出以下几点：

①当应力小于其极限强度的 30% ~ 40% 时（比例极限点 A），混凝土的变形主要是骨料和水泥结晶体的弹性变形，应力应变关系接近直线。

②当应力继续增大，超过 A 点后，进入稳定裂缝扩展的第二阶段，应力－应变曲线就逐渐弯曲，呈现出塑性性质。当应力增大到接近极限强度的 80% 左右时（临界点 B），应变就增长得更快，形成裂缝快速发展的不稳定状态直至 C 点。

③当应力达到极限强度（峰值点 C）时，试件表面出现与加压方向平行的纵向裂缝，试件开始破坏。这时达到的最大应力 σ_0 称为混凝土棱柱体抗压强度 f_c，相应的应变为 ε_0。ε_0 一般为 0.002 左右。

④达到最大应力 σ_0 后裂缝迅速发展，结构内部的整体性受到愈来愈严重的破坏，试件的平均应力强度下降，当曲线下降到拐点 D 后，应力－应变曲线凸向应变轴发展，在拐点之后的曲线中曲率最大点 E 称为"收敛点"。E 点以后主裂缝已很宽，结构内聚力已几乎耗尽，对于无侧向约束的混凝土已失去结构的意义。

应力－应变曲线中最大应力值 σ_0 与其相应的应变值 ε_0，以及破坏时的极限压应变 ϵ_{cu}（E 点）是曲线的三大特征。ε_{cu} 越大，表示混凝土的塑性变形能力越大，也就是延性（指构件最终破坏之前经受非弹性变形的能力）越好。

不同强度的混凝土的应力－应变曲线如图1-11所示。试验曲线表明，随着混凝土强度的提高，曲线上升段和峰值应变的变化不是很显著，而下降段形状有较大的差异。强度越高，下降段越陡，材料的延性越差。

如果混凝土试件侧向受到约束，不能自由变形（例如，在混凝土周围配置了较密的箍筋，使混凝土在横向不能自由扩张），则混凝土的应力－应变曲线的下降段还可有较大的延伸，ε_{cu}会增大很多。

混凝土受拉时的应力－应变关系与受压时类似，但它的极限拉应变比受压时的极限压应变小得多，应力－应变曲线的弯曲程度也比受压时来得小，在受拉极限强度的50%范围内，应力－应变关系可认为是一直线。曲线下降段的坡度随混凝土强度的提高而更加陡峭。

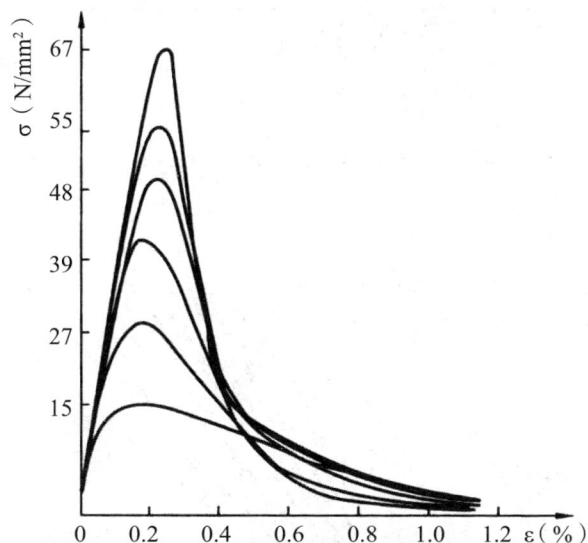

图1-11 不同混凝土强度的应力－应变曲线

（二）混凝土在重复荷载下的应力－应变曲线

混凝土在多次重复荷载作用下，其应力－应变的性质与短期一次加载有显著不同。由于混凝土是弹塑性材料，初次卸载至应力为零时，应变不能全部恢复。可恢复的那一部分称之为弹性应变ε_{ce}，不可恢复的残余部分称之为塑性应变ε_{cp}，如图1-12所示。因此，在一次加载卸载过程中，混凝土的应力－应变曲线形成一个环状。但随着加载卸载重复次数的增加，残余应变会逐渐减小，一般重复5～10次后，加载和卸载的应力－应变环状曲线就会越来越闭合并接近于一直线，此时混凝土如同弹性体一样工作，如图 1–13 所示。这条直线与一次短期加载时的曲线在 O 点的切线基本平行。

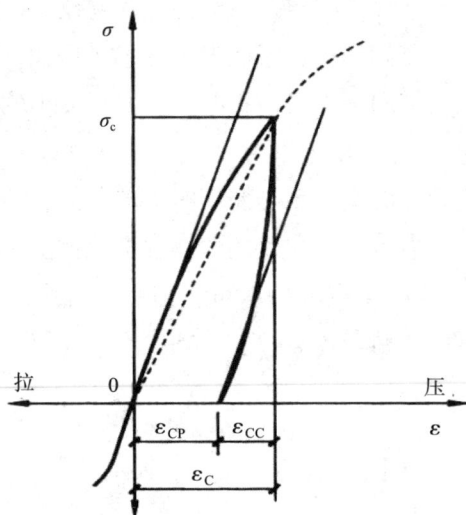

图 1–12 混凝土在短期一次加载卸载过程中的 $\sigma - \varepsilon$ 曲线

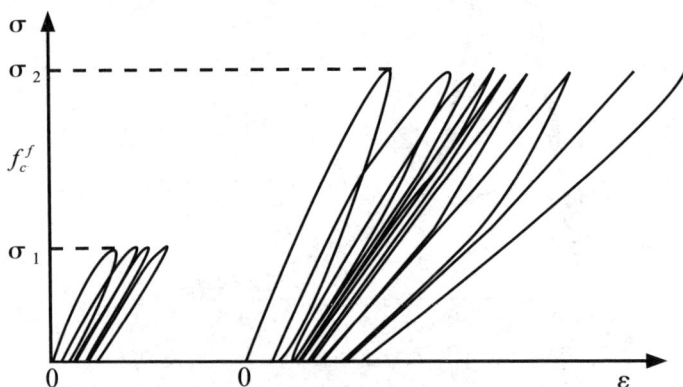

图 1–13 混凝土在重复荷载下的 $\sigma - \varepsilon$ 曲线

当应力超过某一限值，则经过多次循环，应力－应变关系成为直线后，又会很快重新变弯，这时加载段曲线也凹向应力轴，且随循环次数的增加应变越来越大，试件很快破坏（图 1–13）。这个限值也就是混凝土能够抵抗周期重复荷载的疲劳强度 $\left(f_{\mathrm{c}}^{f}\right)$。

混凝土的疲劳强度与应力特性 ρ_{c}^{f} 有关，ρ_{c}^{f} 为混凝土受到的最小应力与最大应力的比值。ρ_{c}^{f} 越小，疲劳强度越低。疲劳强度还与荷载重复的次数有关，重复次数越多，疲劳强度越低。

（三）混凝土的弹性模量、变形模量、泊松比、剪切模量

计算超静定结构内力、温度应力以及构件在使用阶段的截面应力时，需要用到混凝土的弹性模量。对于弹性材料，应力－应变为线性关系，弹性模量为一常量。但对于混凝土来说，应力应变关系实为一曲线，因此，就产生了怎样恰当地规定混凝土的这项"弹性"指标的问题。

在图 1–14 所示的受压混凝土应力－应变曲线中，通过原点的切线斜率为混凝土的初始弹性模量 E_0，但它的稳定数值不易从试验中测得。目前规范采用的弹性模量 Ec 是利用多次重复加载卸载后的应力应变关系趋于直线的性质来确定的（图 1–14）。即首先加载至 $0.5 f_c$，然后卸载至零，重复加载卸载 5 次，应力－应变曲线渐趋稳定并接近于一直线，该直线的正切值 $tana$ 即为混凝土的弹性模量。

对混凝土弹性模量做了大量试验，得出了以下经验公式：

$$E_c = \frac{10^5}{2.2 + \dfrac{34.7}{f_{cu}}} \quad \left(N / mm^2\right) \quad （1–5）$$

混凝土的受拉弹性模量与受压弹性模量大体相等，其比值为 0.82 ~ 1.12，平均为 0.995。所以在设计计算中，混凝土受拉与受压的弹性模量可取为同一值。

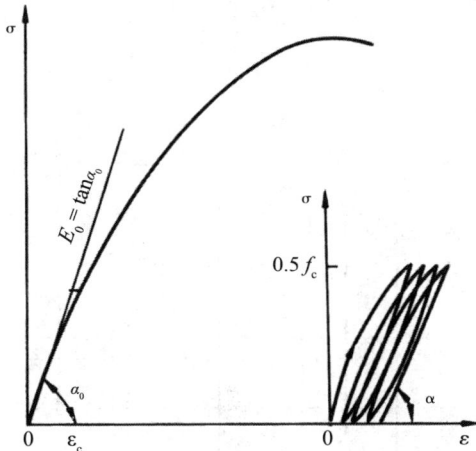

图 1–14　混凝土应力－应变曲线与弹性模量

（四）混凝土的极限变形

混凝土均匀受压的极限压应变 ε_{cu} 一般可取为 0.002。

混凝土偏心受压试验表明，试件截面最大受压边缘的极限压应变还随着外力偏心距的增加而增大。在我国，非均匀受压时受压边缘的极限压应变可取为0.0033。

混凝土的极限拉应变 ε_{tu}（极限拉伸值）比极限压应变小得多，实测值也极为分散，约在 0.00005 ~ 0.00027 的范围内变化。计算时一般可取为 0.0001。

（五）混凝土在长期荷载作用下的变形——徐变

混凝土在荷载长期持续作用下，应力不变，变形也会随着时间的增长而增长，这种现象称为混凝土的徐变。

图 1–15 所示为混凝土试件在持续荷载作用下，应变与时间的关系曲线。在加载的瞬间，试件就有一个变形，这个应变称为混凝土的初始瞬时应变 ε_0。当荷载保持不变并持续作用时，应变就会随时间增长而增长。中小结构混凝土的最终总应变可达初始瞬时应变的 3 ~ 4 倍，即最终徐变 $\varepsilon_{cr,\infty}$ 为瞬时应变的 2 ~ 3 倍。如果在时间 t_1 时刻把荷载卸去，变形就会恢复一部分，如图 1–15 中虚线所示。在卸载的瞬间，应变急速减少的部分是混凝土弹性影响引起的，它属于弹性变形；在卸载之后一段时间内，应变还可以逐渐恢复一部分，称为徐回；剩下的应变不再恢复，为永久变形。如果在以后又重新加载，则瞬时应变和徐变又会发生，如图 1–15 所示。

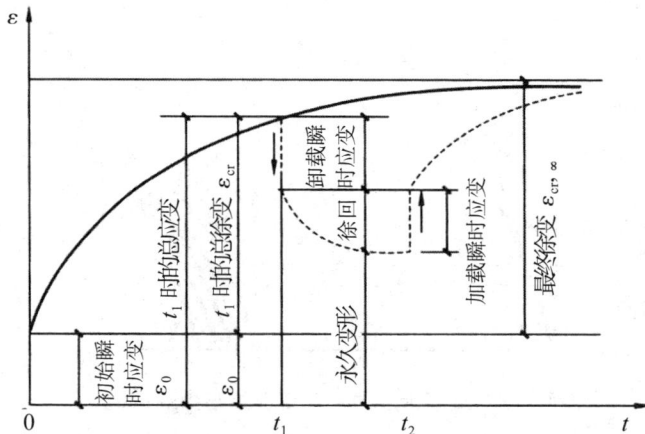

图 1–15 混凝土的徐变（应变与时间增长关系）

徐变与塑性变形不同。塑性变形主要是由混凝土中结合面裂缝的扩展延伸引起的，只有当应力超过了材料的弹性极限后才发生，而且是不可恢复的。徐变不仅部分可恢复，而且在较小的应力时就能发生。

一般认为产生徐变的原因主要有两个：一个原因是混凝土受力后，水泥石中的凝胶体产生的黏性流动（颗粒间的相对滑动）要延续一个很长的时间，因此沿混凝土的受力方向会继续发生随时间增长而增长的变形；另一个原因是混凝土内部的微裂缝在荷载长期作用下不断发展和增加，从而导致变形的增加。在应力较小时，徐变以第一种原因为主；应力较大时，以第二种原因为主。

混凝土的徐变会对结构构件产生十分不利的影响，如增大混凝土构件的变形、使预应力混凝土构件产生预应力损失等。

徐变与下列一些因素有关：

①水泥用量越多，水灰比越大，徐变越大。当水灰比在 0.4 ~ 0.6 范围内变化时，单位应力作用下的徐变与水灰比成正比。

②增加混凝土骨料的含量，徐变减小。当骨料的含量由 60% 增大到 75% 时，徐变将减小 50%。

③养护条件好，水泥水化作用充分，徐变就小。

④构件加载前混凝土的强度越高，徐变就越小。

（六）混凝土的收缩

混凝土在空气中结硬时体积减小的现象称为收缩。混凝土的收缩是随时间增长而增长的变形，结硬初期收缩较快，1 个月大约可完成 1/2 的收缩，3 个月后增长缓慢，一般 2 年后趋于稳定，最终收缩应变大约为（2 ~ 5）× 10^{-4}。

一般认为，产生收缩的主要原因是混凝土硬化过程中，化学反应产生的凝结收缩和混凝土内的自由水蒸发产生的收缩。因此，采用蒸汽养护时，混凝土的收缩量要小于常温下的数据。

混凝土的收缩对钢筋混凝土和预应力混凝土构件会产生十分有害的影响。例如，混凝土构件受到约束（如支座）时，混凝土的收缩会使构件产生拉应力，使构件产生裂缝；在预应力混凝土构件中，混凝土收缩将引起预应力损失等。因此，应当设法减小混凝土的收缩，以避免对结构产生有害的影响。

混凝土的收缩与下列一些因素有关：

①水泥用量越多，水灰比越大，收缩越大；

②强度高的水泥制成的混凝土构件收缩大；

③骨料的弹性模量大，收缩小；

④在结硬过程中养护条件好，收缩小；

⑤混凝土振捣密实，收缩小；

⑥使用环境湿度大，收缩小。

第三节　钢筋与混凝土的黏结

一、钢筋与混凝土之间的黏结力

钢筋与混凝土之间的黏结是这两种材料能组成复合构件共同受力的基本前提。一般来说，外力很少直接作用在钢筋上，钢筋所受到的力通常都要通过周围的混凝土来传给它，这就要依靠钢筋与混凝土之间的黏结力来传递。钢筋与混凝土之间的黏结力如果遭到破坏，就会使构件变形增加、裂缝剧烈开展甚至提前破坏。在重复荷载特别是强烈地震作用下，很多结构的毁坏都是由于黏结破坏及锚固失效引起的。

为了加强与混凝土的黏结，钢筋需轧制成有凸缘（肋）的表面。在我国，这种带肋钢筋常轧成月牙肋。

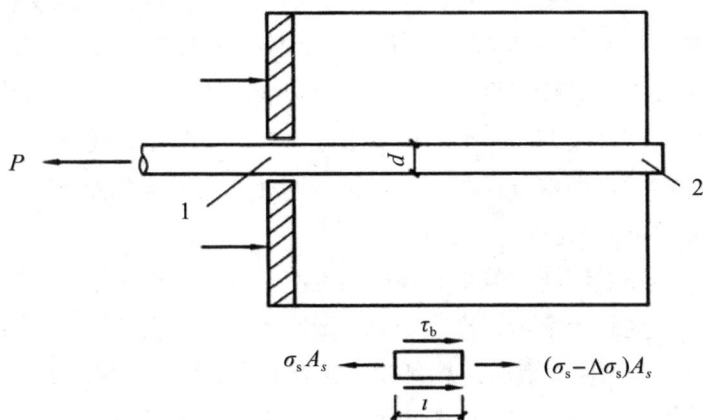

1—加荷端：2—自由端

图 1-16　钢筋拉拔试验

钢筋与混凝土之间的黏结应力可用拉拔试验来测定，即在混凝土试件的中心埋置钢筋（图 1–16），在加荷端拉拔钢筋。沿钢筋长度方向上的黏结应力 τ_b 可由两点之间的钢筋拉力的变化除以钢筋与混凝土的接触面积来计算，即：

$$\tau_b = \frac{\Delta\sigma_s A_s}{ul} = \frac{d}{4}\Delta\sigma_s \quad （1–6）$$

式中 $\Delta\sigma_s$ ——单位长度上钢筋应力变化值；

A_s ——钢筋截面面积；

u ——钢筋周长；

d ——钢筋直径。

钢筋受到拉力作用，在钢筋与混凝土接触面上产生剪应力。只要它不超过黏结强度 τ_b，钢筋就不会被拔出。

光圆钢筋的黏结力由三部分组成：

①水泥凝胶体与钢筋表面之间的胶结力；

②混凝土收缩，将钢筋紧紧握固而产生的摩擦力；

③钢筋表面不平整与混凝土之间产生的机械咬合力。带肋钢筋的黏结力除了胶结力、摩擦力等以外，更主要的是钢筋表面凸出的横肋对混凝土的挤压力（图 1–17）。

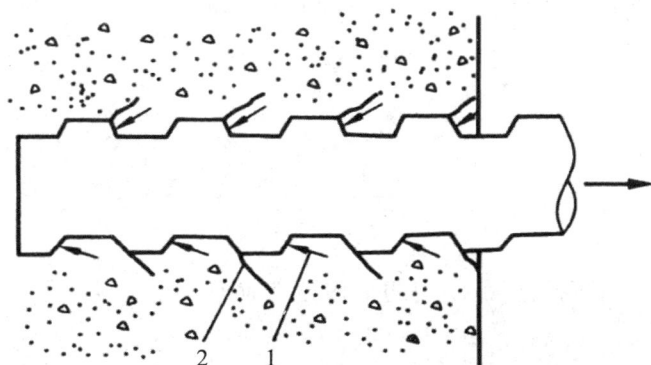

1—钢筋凸肋上的挤压力；2—内部裂缝

图 1–17　钢筋横肋对混凝土的挤压力

影响黏结强度的因素除了钢筋的表面形状以外，还有混凝土的抗拉强度、浇筑混凝土时钢筋的位置、钢筋周围的混凝土厚度等。

当钢筋的埋长（锚固长度）不足时，有可能发生拔出破坏。带肋钢筋的黏结强度比光圆钢筋大得多，因此，只要带肋钢筋是埋在大体积混凝土中，而且有一定的埋长，就不至于发生拔出破坏。但带肋钢筋受力时，在钢筋凸肋的角端上，混凝土会产生内部裂缝（图1-17），如果钢筋周围的混凝土层过薄，就会发生由于混凝土撕裂裂缝的延展而导致的破坏，如图1-18所示。因此，钢筋之间的净间距与混凝土保护层厚度都不能太小。

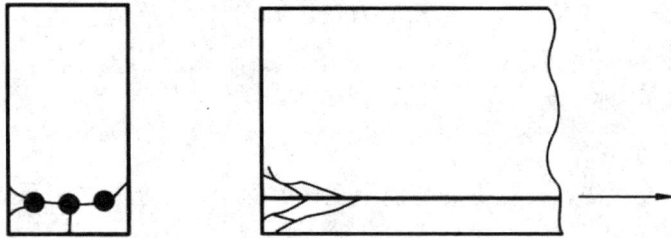

图 1-18 混凝土的撕裂裂缝

二、钢筋的锚固与接头

（一）钢筋的锚固

为了保证钢筋在混凝土中锚固可靠，设计时应该使受拉钢筋在混凝土中有足够的锚固长度 l_a。它可根据钢筋应力达到屈服强度 f_y 时，钢筋才被拔动的条件确定，即：

$$f_y A_s = l_a \overline{\tau}_b u$$

$$或\ l_a = \frac{f_y A_s}{\overline{\tau}_b u} = \frac{f_y d}{4\overline{\tau}_b} \quad （1-7）$$

式中 $\overline{\tau}_b$ ——锚固长度范围内的平均黏结应力，与混凝土强度及钢筋表面形状有关。

从上式可知，钢筋强度越高，直径越粗，混凝土强度越低，则锚固长度要求越长。

对于受压钢筋，由于钢筋受压时会侧向鼓胀，对混凝土产生挤压，增加了黏结力，所以它的锚固长度可以短些。

在设计中，如截面上受拉钢筋的强度被充分利用，则钢筋从该截面起的锚固长度 l_n 不应小于规定的数值。

为了保证光圆钢筋的黏结强度的可靠性，规范还规定绑扎骨架中的受力光圆钢筋应在末端做成 180° 弯钩，如图 1–19 所示。

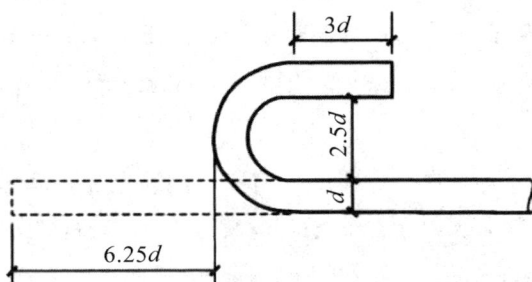

图 1–19　钢筋的弯钩

带肋钢筋及焊接骨架中的光圆钢筋由于其黏结力较好，可不做弯钩。轴心受压构件中的光圆钢筋也可不做弯钩。

（二）钢筋的连接接头

出厂的钢筋，为了便于运输，除小直径的盘条外，一般为长约 10 ~ 12m 的直条。在实际使用过程中，往往会遇到钢筋长度不足的情况，这时就需要把钢筋接长至设计长度。

接长钢筋有三种办法：绑扎搭接；焊接；机械连接。

钢筋的接头位置宜设置在构件受力较小处，并宜相互错开。

1. 绑扎搭接接头

绑扎接头是在钢筋搭接处用铁丝绑扎而成，如图 1–20 所示。采用绑扎搭接接头时，钢筋间力的传递是靠钢筋与混凝土之间的黏结力，因此必须有足够的搭接长度。与锚固长度一样，钢筋强度越高、直径越大，要求的搭接长度就越长。

规范规定，纵向受拉钢筋搭接长度 l_1 应满足 $l_1 \geqslant \zeta l_a$ 及 $l_1 \geqslant 300$ mm，其中 l_a 为受拉钢筋的锚固长度，ζ 为纵向受拉钢筋搭接长度修正系数，按表 1–1 取值。受压钢筋的搭接长度应满足 $l_1' \geqslant 0.7\zeta l_a$ 及 $l_1' \geqslant 200$mm。

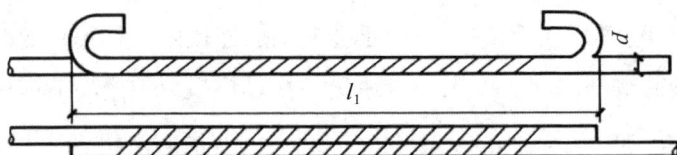

图 1–20　钢筋绑扎搭接接头

表 1-1 纵向受拉钢筋搭接长度修正系数

纵向受拉钢筋搭接接头面积百分率（%）	≤ 25	50	100
§	1.2	1.4	1.6

轴心受拉或小偏心受拉以及承受振动的构件中的钢筋接头，不得采用绑扎搭接。当受拉钢筋直径次 $d>28mm$ 或受压钢筋 $d>32mm$ 时，不宜采用绑扎搭接接头。

2. 焊接接头

焊接接头是在两根钢筋接头处焊接而成。钢筋直径 $d \leq 28mm$ 的焊接接头，最好用对焊机将两根钢筋直接对头接触电焊（即闪光对焊），如图 1-21（a）所示，或用人工电弧焊搭接，如图 1-21（b）所示。$d \geq 28mm$ 且直径相同的钢筋，可采用将两根钢筋对头外加钢筋帮条的电弧焊接方式，如图 1-21（c）所示。焊接接头的长度及帮条截面面积必须符合混凝土结构设计规范的规定。

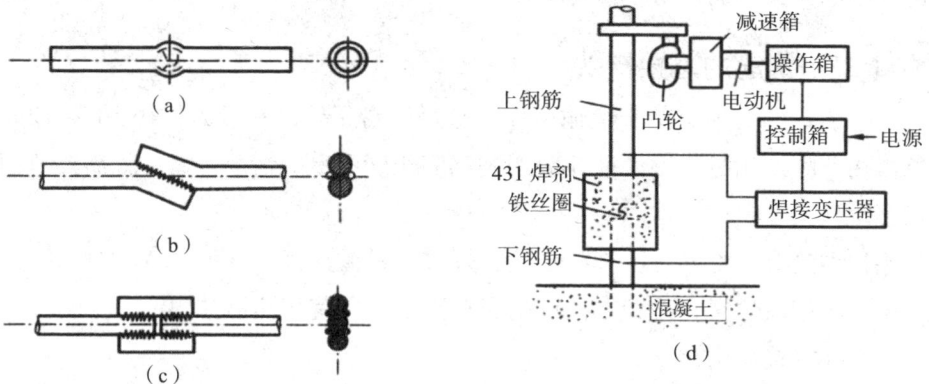

（a）闪光对焊；（b）人工电弧焊；（c）帮条焊；（d）电渣压力焊
图 1-21 钢筋焊接接头

粗钢筋的连接还可采用气压焊或电渣压力焊。气压焊是先用夹具把两根钢筋定位固定，然后用梅花状多嘴环管喷射的液化石油气火焰对两根钢筋端头进行加热先使钢筋端头熔化，再用液压千斤顶顶压使两根钢筋对接起来。该方法的不足之处在于仅适用于横向钢筋的焊接。

电渣压力焊是我国首创的、适用于竖向钢筋连接的一种焊接方法。它利用电流通过两根钢筋端部之间所产生的电弧热和通过焊接渣池产生的电阻热，将钢筋端部熔化，待达到一定程度，施加压力，使两根钢筋紧密地结合在一起，如图 1-21（d）所示。

3.机械连接接头

机械连接接头可分为挤压套筒接头和螺纹套筒接头两大类。钢筋挤压套筒接头可适用于直径 18 ～ 40mm 的各种类型的带肋钢筋，其连接方法是在两根待连接的钢筋端部套上钢套管，然后用大吨位便携式钢筋挤压机挤压钢套管，使之与带肋钢筋紧紧地咬合在一起，形成牢固接头。螺纹套筒接头是由专用套丝机在钢筋端部套成螺纹，然后在施工作业现场用螺纹套筒旋接，并采用专用测力扳手拧紧。螺纹套筒接头又可分为锥螺纹接头、锻粗直螺纹接头、滚压直螺纹接头等。图 1–22 所示为锥螺纹接头，可连接直径 16 ～ 40mm 的 HPB300、HRB335、HRB400 等同径或异径钢筋。

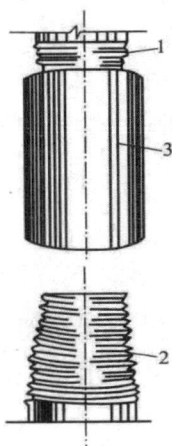

1—上钢筋；2—下钢筋；3—套筒（内有凹螺纹）

图 1–22 锥螺纹钢筋的连接示意图

机械连接接头具有工艺操作简单、接头性能可靠、连接速度快、施工安全等特点，特别是用于大型水工混凝土结构中的过缝钢筋连接时，钢筋不会像焊接接头那样出现残余应力。机械连接接头目前已在实际工程中得到了较多的应用。

机械连接接头按力学性能可分为Ⅰ、Ⅱ和Ⅲ级，其选用及布置应符合有关规范的规定。

第四节　钢筋混凝土结构设计计算原理

一、结构可靠度

（一）结构上的作用（荷载）、荷载效应及结构抗力

1.结构上的作用（荷载）和荷载效应

"作用"是指直接施加在结构上的力（如自重、楼面活荷载、风荷载、水压力等）和引起结构外加变形和约束变形的其他原因（如温度变形、基础沉降、地震等）的总称。前者称为"直接作用"，也称为荷载；后者则称为"间接作用"。但从工程习惯和叙述简便的角度出发，本教材今后的章节中，两者将不做区分，一律称之为荷载。

结构上的荷载按时间的变异，可分为三类：

（1）永久荷载

永久荷载是指在结构使用期间，其值不随时间变化，或其变化与平均值相比可以忽略不计的荷载，也称为恒载，常用符号 G、g 表示。如结构的自重、土压力、围岩压力、预应力等。

（2）可变荷载

可变荷载是指在结构使用期间，其值随时间变化，且其变化与平均值相比不可忽略的荷载，也称为活载，常用符号 Q、q 表示。如安装荷载、楼面活载、水压力、浪压力、风荷载、雪荷载、吊车轮压、温度作用等。

其中，G、Q 表示集中荷载，g、q 表示分布荷载。

（3）偶然荷载

偶然荷载是指在结构使用期间不一定出现，但一旦出现其量值很大且持续时间很短的荷载，常用符号 A 表示。如地震、爆炸等，在水利工程中把洪水也列入偶然荷载。

荷载在结构构件内所引起的内力、变形和裂缝等反应，统称为"荷载效应"，常用符号 S 表示。荷载与荷载效应之间一般可近似按线性关系考虑，两者均为随机变量或随机过程。

2.结构抗力

结构抗力是指结构或结构构件承受荷载效应 S 的能力，指的是构件截面的承载力、构件的刚度、截面的抗裂度等。常用符号 R 表示。

结构抗力主要与结构构件的几何尺寸、配筋数量、材料性能以及抗力的计算模式与实际的吻合程度等有关。由于这些因素也都是随机变量，因此结构抗力显然也是一个随机变量。

由上述可见，结构上的荷载（特别是可变荷载）与时间有关。为确定可变荷载及与时间有关的材料性能等取值而选用的时间参数，称为设计基准期。我国取用的设计基准期一般为 50 年。

（二）结构的预定功能及结构可靠度

工程结构设计的基本目的是使结构在预定的使用期限内能满足设计所预定的各项功能要求，做到安全可靠和经济合理。

工程结构的功能要求主要包括以下三个方面：

1.安全性

安全性是指结构在正常施工和正常使用时能承受可能出现的施加在结构上的各种作用（荷载），并要求在设计规定的偶然事件（如校核洪水位、地震等）发生时，结构仍能保持必要的整体稳定，即要求结构仅产生局部损坏而不致发生整体倒塌。

2.适用性

适用性是指结构在正常使用时具有良好的工作性能，如不产生影响，正常使用的过大变形和振幅、不产生过宽的裂缝等。

3.耐久性

耐久性是指结构在正常维护条件下具有足够的耐久性能，即要求结构在规定的环境条件下，在预定的设计使用年限内，材料性能的劣化（如混凝土的风化、脱落、腐蚀、渗水，以及钢筋的锈蚀等）不导致结构正常使用的失效。

安全性、适用性和耐久性统称为结构的可靠性。可靠性指的是结构在规定的时间内、在规定的条件下，完成预定功能的能力。而结构可靠度是指结构在规定的时间内、在规定的条件下，完成预定功能的概率，即结构可靠度是结构可靠性的概率度量。

结构可靠度定义中所说的"规定的时间"，是指"设计使用年限"。设计使用年限是指设计规定的结构或结构构件不需进行大修即可按其预定目的使用的时间，即结构在规定的条件下所应达到的使用年限。设计使用年限并不等同于建筑结构的实际寿命或耐久年限。当结构的实际使用年限超过设计使用年限后，其可靠度可能较设计时的预期值减小，但结构仍可继续使用或经大修后可继续使用。可靠度定义中的"规定的条件"，是指正常设计、正常施工和正常使用的条件，即不考虑人为过失的影响，人为过失应通过其他措施予以避免。

二、荷载和材料强度

结构物在使用期间所承受的荷载不是一个定值，而是在一定范围内变动。结构设计时所取用的材料强度，可能比材料的实际强度大或小，而材料的实际强度也可能在一定范围内波动。因此，结构设计时所取用的荷载值和材料强度值应采用概率统计方法来确定。

（一）荷载标准值的确定

荷载标准值是指荷载在设计基准期内可能出现的最大值，理论上它应按荷载最大值的概率分布的某一分位值确定。若为正态分布，则如图 1-23 中的 P_k。

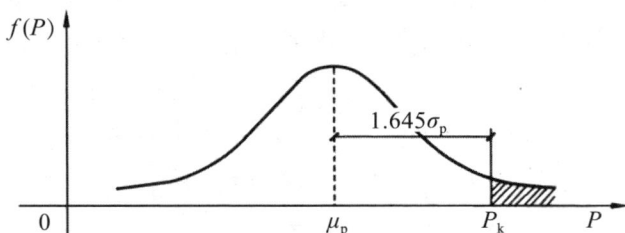

图 1-23 荷载标准值的概率分布

若取荷载标准值为

$$P_k = \mu_p + 1.645\sigma_p \quad (1-8)$$

则 P_k 具有 95% 保证率，亦即在设计基准期内超过此标准值的荷载出现的概率为 5%。式（1-8）中的 μ_p 是平均值，σ_p 是标准差。

荷载标准值是荷载的基本代表值，荷载的其他代表值都是以它为基础再乘以相应的系数后得出的。

（二）材料强度标准值的确定

材料强度标准值应根据符合规定质量的材料强度的概率分布的某一分位值确定，如图 1-24 所示。由于钢筋和混凝土强度均服从正态分布，故它们的强度标准值统一表示为：

$$f_k = \mu_f - \alpha\sigma_f \quad （1-9）$$

式中：α——材料强度的保证率系数；

μ_f, σ_f——分别表示材料强度平均值和标准差。

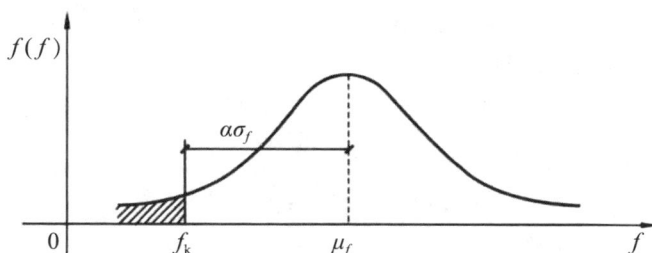

图 1-24　材料强度标准值的概率含义

由此可见，材料强度标准值是材料强度概率分布中具有一定保证率的偏低的材料强度值。

1. 钢筋强度标准值

为了使钢筋强度标准值与钢筋的检验标准统一，对于有明显物理流限的普通热轧钢筋，采用国家标准规定的钢筋屈服强度作为其强度标准值，用符号 f_{yk} 表示。国标规定的屈服强度即钢筋出厂检验的废品限值，其保证率不小于 97.73%。

对于无明显物理流限的预应力钢丝、钢绞线及螺纹钢筋等，则采用国标规定的极限抗拉强度作为强度标准值，用符号 f_{ptk} 表示。

2. 混凝土强度标准值

（1）混凝土强度等级

混凝土的强度等级即是混凝土标准立方体试件用标准试验方法测得的具有 95% 保证率的立方体抗压强度标准值 $f_{cu,k}$，其值可由下式决定：

$$f_{cu,k} = \mu_{f_{cu}} - 1.645\sigma_{f_{cu}} = \mu_{f_{cu}}\left(1 - 1.645\delta_{f_{cu}}\right) \quad （1-10）$$

其中，$\mu_{f_{\text{ru}}}$、$\sigma_{f_{\text{cu}}}$、$\delta_{f_{\text{cu}}}$ 分别为混凝土立方体抗压强度的平均值、标准差和变异系数。对 C15、C20、C25 及 C30 等级的水工混凝土，混凝土立方体抗压强度的变异系数 $\delta_{f_{\text{cu}}}$ 分别为 0.20、0.18、0.16 及 0.14。

（2）混凝土轴心抗压强度标准值

混凝土棱柱体轴心抗压强度平均值 μ_{f_c} 与立方体抗压强度平均值 $\mu_{f_{\text{cu}}}$ 之间的关系为：

$$\mu_{f_{\text{c}}} = 0.88 \times 0.76 \mu_{f_{\text{cu}}} = 0.67 \mu_{f_{\text{cus}}} \quad （1\text{--}11）$$

其中 0.88 为考虑到实际构件中的混凝土受压与棱柱体试件的受压情况有一定差异，构件的尺寸和加载的速度也与试件不一样等因素所取的折减系数。

由此，轴心抗压强度标准值则为：

$$\begin{aligned}
f_{\text{ck}} &= \mu_{f_{\text{e}}} \left(1 - 1.645 \delta_{f_{\text{c}}} \right) \\
&= 0.67 \mu_{f_{\text{cu}}} \left(1 - 1.645 \delta_{f_{\text{e}}} \right) \\
&= 0.67 \frac{f_{\text{cu,k}}}{1 - 1.645 \delta_{f_{\text{cu}}}} \left(1 - 1.645 \delta_{f_{\text{e}}} \right)
\end{aligned}$$

假定 $\delta_{f_{\text{c}}} = \delta_{f_{\text{cu}}}$，则

$$f_{\text{ck}} = 0.67 f_{\text{cu,k}} \quad （1\text{--}12）$$

考虑到强度等级比较高的混凝土，其脆性破坏特征有所增长。为安全起见，对 C45、C50、C55 及 C60 等级的混凝土，其轴心抗压强度标准值按上式计算得出后再分别乘以修正系数 0.98、0.97.0.965 及 0.96。数值取整后，即得出混凝土不同强度等级时的轴心抗压强度标准值 f_{ck}。

（3）混凝土轴心抗拉强度标准值 f_{tk}

在同样引入了折减系数以后，混凝土轴心抗拉强度平均值 μ_{f_t} 与立方体抗压强度平均值 $\mu_{f_{\text{cu}}}$ 之间的关系为：

$$\mu_{f_t} = 0.88 \times 0.26 \mu_{f_{\text{cu}}}^{2/3} = 0.23 \mu_{f_{\text{cu}}}^{2/3} \quad （1\text{--}13）$$

同样假定轴心抗拉强度的变异系数 δ_{f_t} 与立方体抗压强度的变异系数 $\delta_{f_{\text{cu}}}$ 相同，则可得混凝土轴心抗拉强度标准值为：

$$f_{tk} = \mu_{f_t}\left(1 - 1.645\delta_{f_t}\right) = 0.23\mu_{f_{cu}}^{2/3}\left(1 - 1.645\delta_{f_t}\right)$$

$$= 0.23\left(\frac{f_{cu,k}}{1 - 1.645\delta_{f_{cu}}}\right)^{2/3}\left(1 - 1.645\delta_{f_t}\right) \qquad （1\text{-}14）$$

$$= 0.23f_{cu,k}^{2/3}\left(1 - 1.645\delta_{f_{cu}}\right)^{1/3}$$

同样，考虑到较高强度等级混凝土的脆性性质，对 C45 及以上等级混凝土的轴心抗拉强度标准值乘以修正系数，取整后得混凝土轴心抗拉强度标准值 f_{tk}。

三、极限状态设计法

（一）结构的极限状态

结构的极限状态是指结构或结构的一部分超过某一特定状态就不能满足设计规定的某一功能要求，此特定状态就称为该功能的极限状态。

根据功能要求，通常把钢筋混凝土结构的极限状态分为承载能力极限状态和正常使用极限状态两类。

1. 承载能力极限状态

这一极限状态对应于结构或结构构件达到最大承载力或达到不适于继续承载的变形。

出现下列情况之一时，就认为已达到承载能力极限状态：

①结构或结构的一部分丧失稳定性；

②结构形成机动体系丧失承载能力；

③结构发生滑移、上浮或倾覆；

④构件截面因材料强度不足而破坏；

⑤结构或构件产生过大的塑性变形而不适于继续承载。

满足承载能力极限状态的要求是结构设计的头等任务，因为这关系到结构的安全，所以对承载能力极限状态应有较高的可靠度（安全度）水平。

2. 正常使用极限状态

这一极限状态对应于结构或构件达到影响正常使用或耐久性能的某项规定限值。

出现下列情况之一时，就认为已达到正常使用极限状态：

①产生过大的变形，影响正常使用或外观；

②产生过宽的裂缝，影响正常使用（渗水）或外观；产生人们心理上不能接受的感觉；对耐久性也有一定的影响；

③产生过大的振动，影响正常使用。

结构或构件达到正常使用极限状态时，会影响正常使用功能及耐久性，但还不会造成生命财产的重大损失，所以它的可靠度水平允许比承载能力极限状态的可靠度水平有所降低。

通常对结构构件，先完成按承载能力极限状态进行承载能力计算，然后根据使用要求按正常使用极限状态进行变形、裂缝宽度或抗裂等验算。

（二）结构的功能函数与极限状态方程

结构的极限状态可用极限状态函数（或称功能函数）Z 来描述。设影响结构极限状态的有 n 个独立变量 $X_i(i=1,2,\cdots,n)$，函数 Z 可表示为：

$$Z = g\left(X_1, X_2, \cdots, X_n\right) \quad (1\text{--}15)$$

X_i 代表了各种不同性质的荷载、混凝土和钢筋的强度、构件的几何尺寸、配筋数量、施工的误差以及计算模式的不定性等因素。从概率统计理论的观点，这些因素都不是"确定的值"，而是随机变量，具有不同的概率特性和变异性。

为叙述简明起见，下面用最简单的例子加以说明，即将影响极限状态的众多因素用荷载效应 S 和结构抗力 R 两个变量来代表，则：

$$Z = g(R, S) = R - S \quad (1\text{--}16)$$

通过功能函数 Z 可以判别结构所处的状态：

当 $Z > 0$（即 $R > S$）时，结构处于可靠状态；

当 $Z < 0$（即 $R < S$）时，结构处于失效状态；

当 $Z = 0$（即 $R = S$）时，结构处于极限状态。

所以，公式 $Z = R - S = g(R, S) = 0$，称为极限状态方程。

（三）结构可靠度的计算

1. 失效概率 P_f

在概率极限状态设计法中，认为结构抗力和荷载效应都不是"定值"，而是随机变量，因此应该用概率论的方法来描述它们。

由于 R、S 都是随机变量，故 Z 也是随机变量。

出现 $Z < 0$ 的概率，也就是出现 $R < S$ 的概率，称为结构的失效概率，用 p_f 表示。p_f 值等于图 1–25 所示 Z 的概率密度分布曲线的阴影部分的面积。

从理论上讲，用失效概率 p_f 来度量结构的可靠度，能比较确切地反映问题的本质。

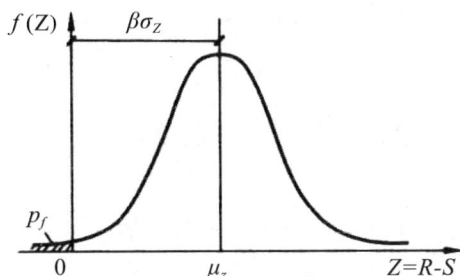

图 1–25　Z 的概率密度分布曲线及 β 与 p_f 的关系

如果假定结构抗力 R 和荷载效应 S 这两个随机变量均服从正态分布，它们的平均值和标准差分别为 μ_R, μ_S 和 σ_R, σ_S，则由概率论可知，功能函数 Z 也服从正态分布，Z 的平均值和标准差分别为 μ_z 和 σ_z。

Z 的正态分布的概率密度函数为：

$$f(Z) = \frac{1}{\sqrt{2\pi}\sigma_z} \exp\left[-\frac{(Z-\mu_z)^2}{2\sigma_z^2}\right] \quad (1\text{–}17)$$

则由图 1–25 可知，失效概率 p_f 可由下式求得：

$$p_f = \int_{-\infty}^{0} \frac{1}{\sqrt{2\pi}\sigma_z} \exp\left[-\frac{(z-\mu_z)^2}{2\sigma_z^2}\right] \mathrm{d}z \quad (1\text{–}18)$$

由上式可知，用数学公式计算 p_f 是相当复杂的。

2. 可靠指标 β

在图 1–25 中，随机变量 Z 的平均值 μ_z 可用它的标准差 σ_z 来度量，即令

$$\mu_x = \beta\sigma_x \quad (1\text{–}19)$$

不难看出，β 与 p_f 之间存在着一一对应的关系。β 小，p_f 就大；β 大，p_f 就小。所以 β 和 p_f 一样，也可作为衡量结构可靠度的一个指标，我们把 β 称为可靠指标。

根据 $Z = R - S$ 的函数关系，由概率论可得：

$$\left.\begin{aligned} \mu_2 &= \mu_R - \mu_S \\ \sigma_z &= \sqrt{\sigma_R^2 + \sigma_S^2} \end{aligned}\right\} \quad （1-20）$$

将式（1-20）代入式（1-19），可求得可靠指标：

$$\beta = \frac{\mu_R - \mu_S}{\sqrt{\sigma_R^2 + \sigma_S^2}} \quad （1-21）$$

式（1-21）与式（1-18）相比，可见可靠指标 β 的计算比直接求失效概率 p_f 来得方便。

由式（1-21）可见，可靠指标 β 不仅与结构抗力 R 和荷载效应 S 的平均值 μ_R, μ_S 有关，还与它们的标准差 σ_R, σ_S 有关。R 和 S 的平均值即 μ_R 与 μ_S 相差愈大，β 也愈大，结构就愈可靠，这与传统的采用定值的安全系数在概念上是一致的。当 R 和 S 的平均值 μ_R, μ_S 不变时，它们的标准差 σ_R, σ_S 愈小，也就是说它们的变异性（离散程度）愈小时，β 值就愈大，结构就愈可靠。

3. 目标可靠指标与结构安全级别

为使所设计的结构构件既安全可靠又经济合理，必须确定一个大家都能接受的结构允许失效概率 $[p_f]$。要求在设计基准期内，结构的失效概率 p_f 不大于允许失效概率 $[p_f]$。

当采用可靠指标 β 表示时，则要确定一个目标可靠指标 β_T，要求在设计基准期内，结构的可靠指标 β 不得小于目标可靠指标 β_T，即

$$\beta \geqslant \beta_T \quad （1-22）$$

目标可靠指标 β_T 的应根据结构的重要性和破坏后果的严重程度以及社会经济等条件，运用前述"概率极限状态理论"（或称为近似概率法）反算出由原有设计规范设计出的各类结构构件在不同材料和不同荷载组合下的一系列可靠指标 β_i，再在分析的基础上把这些 β_i 综合成一个较为合理的目标可靠指标的 β_T。

承载能力极限状态的目标可靠指标与结构的安全级别有关，结构安全级别要求愈高，目标可靠指标就应愈大。目标可靠指标还与构件的破坏性质有关。钢筋混凝土受压、受剪等构件，破坏时发生的是突发性的脆性破坏，与受拉、受弯构件破坏前有明显变形或预兆的延性破坏相比，其破坏后果要严重许多，因此脆性破坏的目标可靠指标应高于延性破坏。

第二章 水工钢筋混凝土受弯构件截面承载力计算

第一节 受弯构件正截面承载力计算

一、受弯构件基本概念和一般构造要求

（一）受弯构件的相关概念

受弯构件是指截面上承受弯矩和剪力作用的构件，在土木工程中最为常见，以梁、板构件居多，梁和板的区别在于：梁的截面高度一般大于其宽度，而板的截面高度则远小于其宽度，如图 2-1 所示。其受力特点是在外荷载作用下，截面主要承受弯矩 M 和剪力 V，而轴向力 N 较小，可忽略不计。

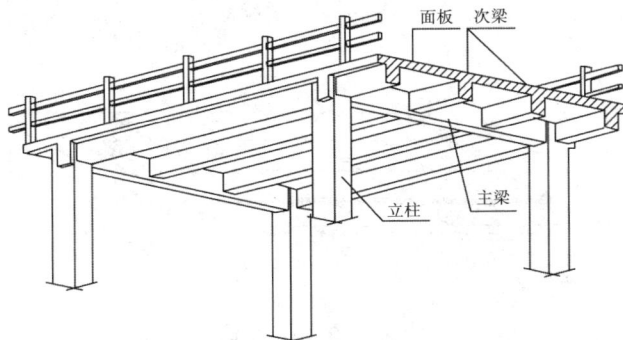

图 2-1 实际工程中的受弯构件示意图

受弯构件上弯矩 M 和剪力 V 数值变化较大，在不同的受力条件和不同的配筋条件下，受弯构件可以出现两种不同的破坏形式：一种是由弯矩作用引起的，破坏面与构件的纵轴线垂直，称为正截面破坏，需要配置纵向受力钢筋；另一种

是由弯矩和剪力共同作用引起的，破坏面与构件的纵轴线斜交，称为斜截面破坏，通常需要配置腹筋（箍筋和弯起钢筋），因此受弯构件的承载力计算可以分成以下两种：

第一，弯矩作用下的正截面承载力计算；

第二，弯矩和剪力共同作用下的斜截面承载力计算。

受弯构件中的主要钢筋有：沿构件轴线方向布置的纵向受力钢筋和架立钢筋，前者主要作用是承受因弯矩而产生的拉力或压力，后者主要作用为固定箍筋位置；在构件中腹部分设置弯起钢筋和箍筋（统称为腹筋），其主要作用是承受剪力。对于板，通常配有受力钢筋和分布钢筋。受力钢筋沿板的受力方向配置，分布钢筋则与受力钢筋相垂直，放置在受力钢筋的内侧。上述几种钢筋组成一个完整的受力骨架，以保证构件的正截面受弯承载力和斜截面受剪承载力，如图 2-2 和图 2-3 所示。

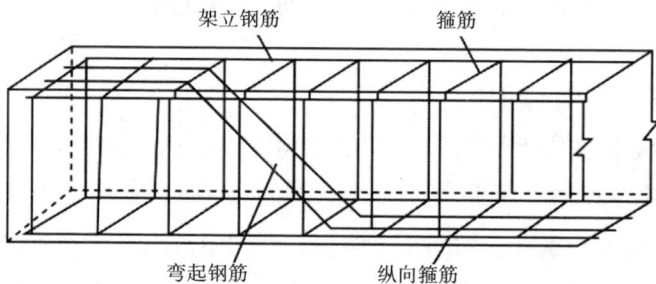

图 2-2 梁的配筋

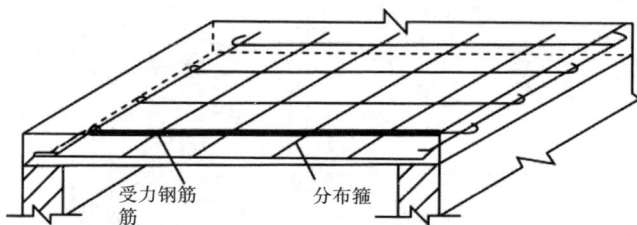

图 2-3 板的配筋

钢筋混凝土受弯构件的截面尺寸和受力钢筋面积是由结构计算确定的，但为了施工便利及考虑计算中无法反映的因素，同时还要满足相应的构造规定。

（二）受弯构件的构造要求

1. 截面形式与尺寸

（1）梁和板的截面形式

梁的截面形式有矩形、T 形、工字形、Π 形、箱型等，为了施工方便，梁的截面常采用矩形截面和 T 形截面。板的截面一般为矩形，根据使用要求，也可采用空心板和槽形板等，如图 2-4 所示。

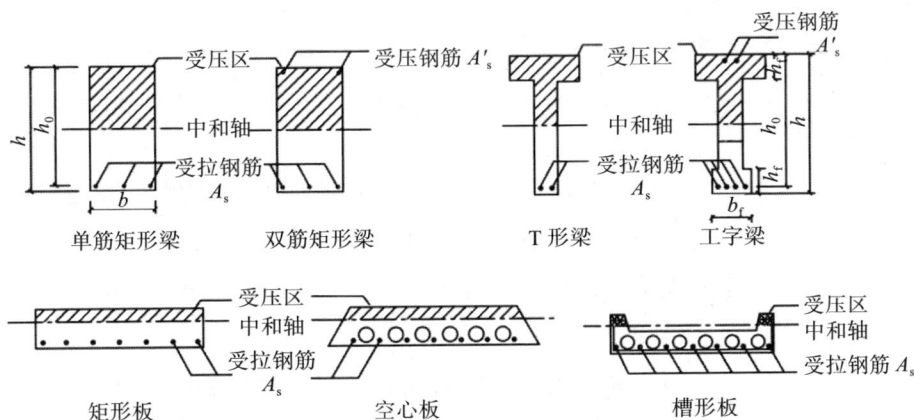

图 2-4　梁和板的截面形式

受弯构件中，仅在受拉区配置纵向受力钢筋的截面，称为单筋截面；在受拉区与受压区同时配置纵向受力钢筋的截面，称为双筋截面。

（2）梁和板的截面尺寸

①梁的截面高度 h 可参考表 2-1 来确定。

表 2-1　梁的截面高度取值范围

项次	构件种类 简支		支承条件		
			连续	悬臂	
1	独立梁		$l_0/12$	$l_0/15$	$l_0/6$
2	整浇肋形结构	主梁	$l_0/12$	$l_0/15$	$l_0/6$
		次梁	$l_0/20$	$l_0/025$	$l_0/6$

当梁的截面高度 $h \leqslant 800\text{mm}$ 时，常取 50mm 的整数倍数；$h > 800\text{mm}$ 时，常取 100mm 的整数倍。整浇肋形结构的主梁高度与次梁高度之差应不小于 50mm；主梁下部钢筋为双层布置时，不应小于 100mm。

②梁的截面宽度

A. 对于矩形截面梁，宜取其截面宽度 $b = \left(\frac{1}{3} \sim \frac{1}{2} \right) h$；对于 T 形、倒 L 形截面梁，宜取其腹板宽度 $b = \left(\frac{1}{4} \sim \frac{1}{2.5} \right) h$。

B. 梁额截面宽度一般采用 120mm、150mm、180mm、200mm，当截面宽度 $b > 200mm$ 时，常取 50mm 的整数倍。

C. 整体浇筑的肋形结构中，主梁的截面宽度一般不小于 250mm；次梁的截面宽度一般不小于 200mm。

D. 预制梁的截面宽度 b 一般不小于 $l_0 / 40$，其中 l_0 为其计算跨度。

③板的厚度

钢筋混凝土板的厚度 h 应根据承载能力和正常使用（挠度变形及裂缝控制）等要求，并考虑建筑、施工及经济等方面的因素，经设计计算确定。在水工建筑物中，由于板所处位置及受力条件不同，其厚度可能相差极大。薄板的最小厚度只有 100mm 左右，厚板的厚度则可达几米。

实际工程中，薄板的厚度常取 10mm 的整数倍；厚板的厚度常取 100mm 的整数倍。

2. 混凝土保护层

（1）混凝土保护层的定义

混凝土保护层是指纵向受力钢筋外边缘到混凝土近表面的距离，用符号 c 表示。

（2）混凝土保护层的作用

混凝土保护层可防止钢筋受空气的氧化和其他侵蚀性介质的侵蚀，并保证钢筋与混凝土之间有足够的黏结力。

（3）混凝土保护层的要求

梁、板的混凝土保护层厚度不应小于最大钢筋直径，同时也不应小于粗骨料最大粒径的 1.25 倍。

在计算受弯构件承载力时，因混凝土开裂后拉力完全由钢筋承担，这时能发挥作用的截面高度应为受拉钢筋合力点到截面受压边缘的距离，称为截面有效高度 h_0，纵向受拉钢筋合力点到截面受拉边缘的距离为 a_s，即 $h_0 = h - a_s$。a_s 的确定方法有两种。

3. 梁中配筋

（1）纵向受力钢筋

一般现浇梁板常采用 HPb235、HRb335 钢筋。因钢筋强度和配筋率对受弯承载力起着决定作用，为了节约钢材，跨度较大的梁宜采用 HRb400 钢筋。

梁内钢筋直径一般可以选用 12 ~ 28mm。钢筋直径过小会造成钢筋骨架刚度不足且不利于施工；钢筋直径过大则会造成裂缝宽度过大，钢筋加工困难。截面每排受力钢筋直径最好一样，以利于施工，若需要配置两种不同直径钢筋时（可使钢筋截面积满足设计要求），其直径相差至少 2mm 以上，以便识别。

为了保证混凝土与钢筋之间具有良好的黏结性能，避免因钢筋过密而影响混凝土浇筑和振捣，梁下部纵向钢筋的净间距不得小于钢筋的最大直径 d 和 25mm，梁上部纵向钢筋的净间距不得小于钢筋最大直径的 1.5 倍和 30mm，同时两者均不得小于最大骨料粒径的 1.25 倍。

梁内纵向受力钢筋至少为 2 根，以满足形成钢筋骨架的需要。为保证截面内力臂为最大，纵向受力钢筋最好一排布置。当一排布置不下时，可采用两排布置或三排布置。当钢筋布置多于两排时，靠外侧钢筋的根数宜多一些，直径宜粗一些，第三排及以上各排钢筋的间距应比下面两排增大一倍。上、下两层钢筋应对齐布置，以免影响混凝土浇筑。当钢筋数量很多时，可以将钢筋成束布置（每束以两根为宜）。梁中混凝土保护层厚度及钢筋间距如图 2-5 所示。

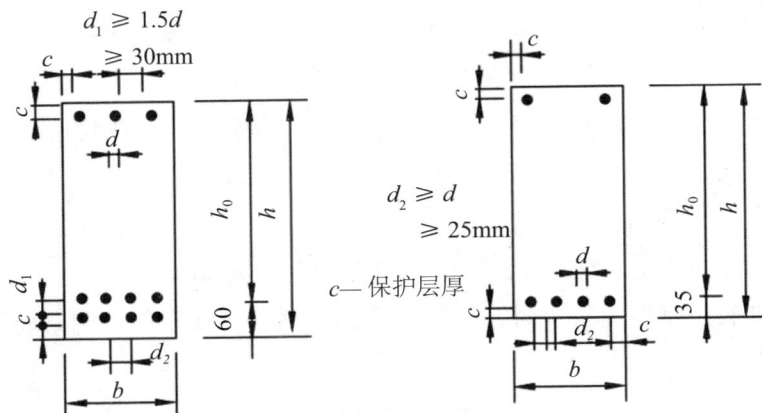

图 2-5 梁内钢筋净间距及保护层厚度

（2）构造钢筋

为保证受力钢筋位置不变且与其他钢筋形成受力骨架，梁截面的上角部应设置构造钢筋架立钢筋（HPb235 或 HRb335），若受压区配有纵向受压钢筋，则可以不再配置架立钢筋。架立钢筋的直径与梁的跨度有关，当跨度小于 4m 时，架立钢筋直径 d ≥ 8mm；当跨度为 4 ~ 6m 时，架立钢筋直径 d ≥ 10mm；当跨度大于 6m 时，架立钢筋直径 d ≥ 12mm，如图 2-6 所示。

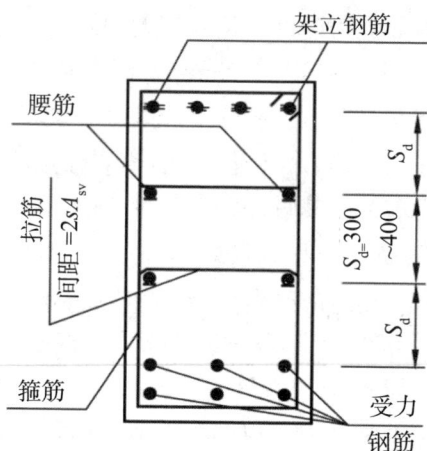

图 2-6 梁内构造钢筋类别及布置

当梁腹高度 h_w ≥ 450mm（矩形梁全高）时，梁腹两侧应设置纵向构造钢筋（腰筋）并用直径为 6mm 的拉筋连接（见图 2-6）。每侧纵向构造钢筋的截面面积不小于 $0.001\ bh_w$，纵向构造钢筋沿梁高的间距不大于 200mm。拉筋直径与箍筋的相同，其间距多为箍筋间距的 2 ~ 3 倍，一般为 500 ~ 700mm。

薄腹梁下部 1/2 梁高内的腹板两侧应配置直径为 10 ~ 14mm 的纵向构造钢筋，其间距为 100 ~ 150mm；上部 1/2 梁高内的腹板每侧纵向构造钢筋的截面面积不小于 $0.001\ bh_w$，纵向构造钢筋沿梁高的间距不大于 200mm。

在独立 T 形截面梁中，为保证受压翼缘与梁肋的整体性，可以在翼缘顶面处配置横向受力钢筋（HPb235 钢筋），其直径 d ≥ 6mm，间距 s ≤ 200mm，当翼缘外伸较长且厚度较小时，应按受弯构件确定翼缘顶面处的钢筋截面积，如图 2-7 所示。

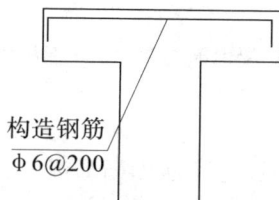

图 2-7 形梁翼缘构造钢筋

二、受弯构件正截面受力破坏特征及破坏界限条件

（一）梁的正截面受弯性能试验分析

1. 适筋梁正截面的受力过程

图 2-8 所示为钢筋混凝土受弯试验的加载装置和量测仪器布置示意图，构件采用两点对称加载，以保证构件中间部分为纯受弯区段（忽略构件自重）。荷载按预计的破坏荷载分级施加，直至构件破坏。

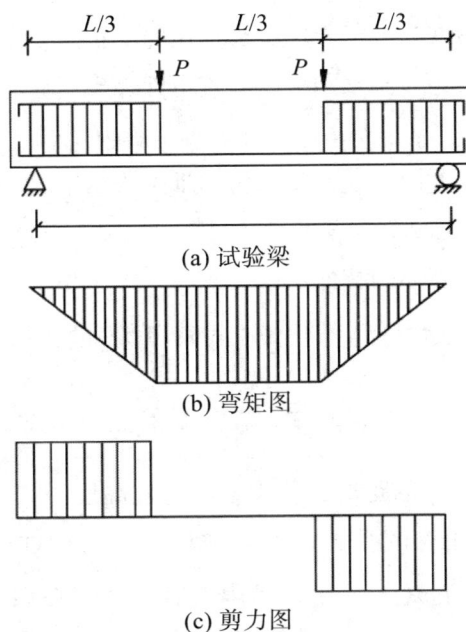

(a) 试验梁

(b) 弯矩图

(c) 剪力图

图 2-8　适筋梁正截面试验

（1）第 I 阶段——未裂阶段

从梁开始加荷至梁受拉区即将出现第一条裂缝时的整个受力过程，称为第 I 阶段。当荷载很小时，梁截面上各点的应力及应变均很小，混凝土处于弹性工作阶段，应力与应变成正比，此时，受拉区拉力由钢筋和混凝土共同承担。随着荷载增加，受拉区混凝土表现出塑性性质，应变增长速度比应力增长速度快。当受拉区最外缘混凝土应变即将达到极限拉应变时，相应的混凝土应力接近混凝土抗拉强度 f_t，而受压区混凝土仍处于弹性阶段。此时，梁处于即将开裂的极限状态

（即第 I 阶段末），这一阶段作为受弯构件抗裂验算的依据。

（2）第 II 阶段——裂缝阶段

当受弯构件上的弯矩增加到使某一薄弱截面的下部出现第一条裂缝时，构件的受力状态进入裂缝工作阶段。当裂缝出现之后，受拉区混凝土上的拉力转由钢筋承担，因此裂缝处钢筋的应变和应力明显增大。同时，混凝土受压区随中和轴的上移而逐渐减小，其压应力也逐渐增大，表现出较明显的塑性性质，当受拉钢筋应力达到屈服强度 f_y（即第 II 阶段末）时，该阶段可作为受弯构件正常使用阶段变形验算和裂缝宽度验算的依据。

（3）第 III 阶段——破坏阶段

钢筋屈服后，随着弯矩的增大，裂缝迅速向上扩展，中和轴随之快速上移，混凝土受压区减小且应力也越来越大，混凝土即表现出充分的塑性特征，当弯矩增加到极限弯矩 M_u 时，受压区边缘达到混凝土极限压应变 ε_{cu}，构件因受压区混凝土压碎而完全破坏。此时的受力状态为第 III 阶段结束时的受力状态，该应力状态可以作为构件极限承载力的计算依据。

2. 受弯构件正截面破坏的特征

将受拉钢筋截面积 A_s 与混凝土有效截面积 bh_0 的比值定义为受弯构件的配筋率 ρ，即 $\rho = \dfrac{A_s}{bh_0} \times 100\%$，其中，$b$ 为梁的截面宽度，h_0 为受拉钢筋的重心至混凝土受压区外边缘的距离，称为梁的有效高度。

钢筋混凝土受弯构件的受力特点和破坏特征与构件中纵向受力钢筋配筋率 ρ、钢筋强度 f_y、混凝土强度 f_c 等因素有关。但在钢筋与混凝土强度等级确定的情况下，破坏形态只与配筋率 ρ 有关。一般情况下，受弯构件随着配筋率 ρ 的增大依次产生少筋破坏、适筋破坏及超筋破坏三种破坏形式，如图2-9所示。

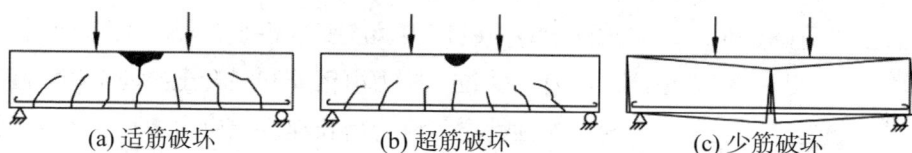

图 2-9　受弯构件的破坏形式

（1）适筋破坏（$\rho_{min} \leqslant \rho \leqslant \rho_{max}$）

配筋率 ρ 适当的受弯构件称为适筋受弯构件。适筋破坏的特征：受拉钢筋应力先达到屈服强度，受压区混凝土因达到极限压应变而被压碎。破坏前构件上有明显主裂缝和较大挠度，给人以明显的破坏征兆，属于塑性破坏（即延性破坏）。因这种情况安全可靠，且能充分发挥材料强度，是受弯构件正截面计算的依据。

（2）超筋破坏 ρ（$\rho > \rho_{max}$）

当截面配置受拉钢筋数量过多时，即发生超筋破坏。超筋破坏的特征：受拉钢筋达到屈服强度之前，受压区混凝土因达到极限压应变而被压碎。破坏前构件的裂缝宽度和挠度都较小，破坏无明显预兆，属于脆性破坏。超筋破坏不仅破坏突然，而且钢筋用量大，不经济。因此，设计时不允许采用超筋截面。

（3）少筋破坏 ρ（$\rho < \rho_{min}$）

当截面配置受拉钢筋数量过少时，即发生少筋破坏。少筋破坏的特征：破坏时的极限弯矩等于开裂弯矩，一裂即断。构件一旦开裂，裂缝截面混凝土即退出工作，拉力由钢筋承担而使钢筋应力突增，并很快达到并超过屈服强度，进入强化阶段，导致较宽裂缝和较大变形而使构件破坏。因少筋破坏是突然发生的，也属于脆性破坏。所以，设计中禁止采用少筋截面。

综上所述，当受弯构件的截面尺寸、混凝土强度等级相同时，正截面破坏的特征随配筋量多少而变化，其规律是：配筋量太少时，破坏弯矩等于开裂弯矩，其大小取决于混凝土的抗拉强度及截面尺寸大小；配筋量过多时，配筋不能充分发挥作用，构件的破坏弯矩取决于混凝土的抗压强度及截面尺寸；配筋量适中时，构件的破坏弯矩取决于配筋量、钢筋的强度等级及截面尺寸。钢筋混凝土受弯构件设计必须采用适筋截面。因此，以适筋截面的破坏为基础，建立受弯构件正截面受弯承载力的计算公式，再配以公式的适用条件，以限制超筋和少筋破坏的发生。

（二）正截面受弯承载力的计算假定和破坏界限条件

1. 正截面承载力计算的基本假定

正截面承载力计算的基本假定如下。

①截面应变保持平面。

②不考虑混凝土的抗拉强度。

③混凝土受压的应力与应变曲线采用曲线加直线段，如图 2-10 所示。

④钢筋的应力—应变关系：钢筋应力取等于钢筋应变与其弹性模量的乘积，但不应大于其相应的强度设计值，即钢筋屈服前，应力按 $\sigma_s = E_s \varepsilon_s$ 计算；钢筋屈服后，其应力一律取强度设计值 f_y。

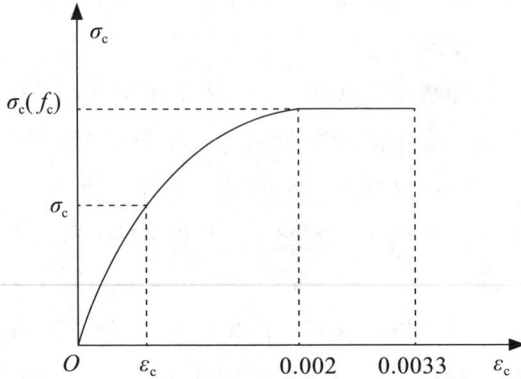

图 2-10 混凝土应力 – 应变关系曲线

2. 受压区混凝土的等效应力图形

根据平截面假定和混凝土应力 – 应变曲线，可绘制出受压区混凝土的应力 – 应变图形。由于得到的应力 – 应变曲线为二次抛物线，不便于计算，采用等效的矩形应力图形代替曲线应力图形，根据混凝土压应力的合力相等和合力作用点位置不变的原则，近似取 $x = 0.8x_0$，将其简化为等效矩形应力图形，如图 2-11 所示。

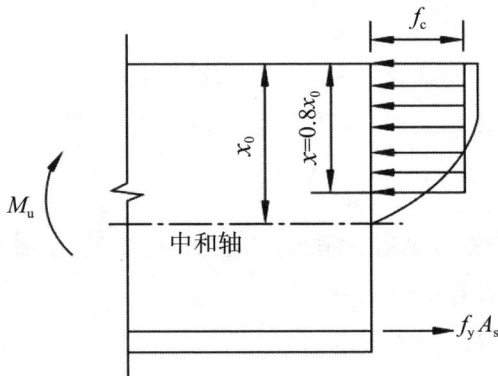

图 2-11 等效应力图形

三、单筋矩形截面受弯承载力计算

（一）基本公式及适用条件

1. 计算简图

根据受弯构件适筋破坏特征，在进行单筋矩形截面的受弯承载力计算时，忽略受拉区混凝土的作用；受压区混凝土的应力图形采用等效矩形应力图形，应力值取为混凝土的轴心抗压强度 f_c；受拉钢筋应力达到钢筋的强度设计值 f_y。计算简图如图 2-12 所示。

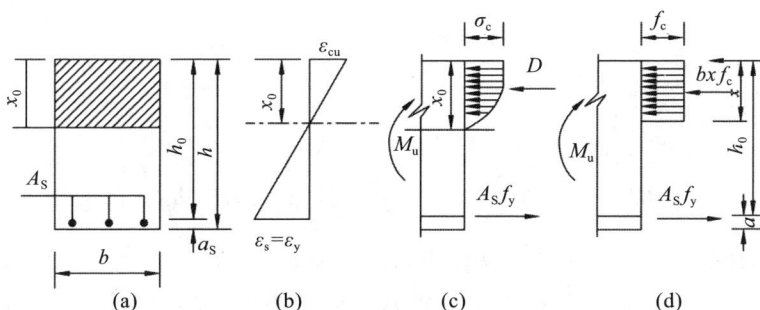

图 2-12　单筋矩形截面、板正截面承载力的计算简图

2. 基本公式

根据计算简图和截面内力平衡条件，并满足承载能力极限状态计算表达式的要求，可得基本公式为

$$\sum X = 0 \quad f_c bx = f_y A_s \quad （2-1）$$

$$\sum M = 0 \quad KM \leqslant f_c bx \left(h_0 - 0.5x \right) \quad （2-2）$$

式中：M ——弯矩设计值，按荷载效应基本组合或偶然组合计算，N·mm；

f_c ——混凝土轴心抗压强度设计值，N/mm²；

b ——矩形截面宽度，mm；

x ——混凝土受压区计算高度，mm；

h_0 ——截面有效高度，mm；

f_y ——受压钢筋的强度设计值，N/mm²；

A_s ——受拉钢筋的截面积，mm²；

K——承载力安全系数。

利用基本公式进行截面设计时，必须求解方程组，比较麻烦。为简化计算，引入截面抵抗矩系数 α_s，令

$$\alpha_s = \xi(1-0.5\xi) \quad （2-3）$$

同时引用 $\xi = x / h_0$，则式（2-1）、式（2-2）可写为

$$KM \leqslant \alpha_s f_c b h_0^2 \quad （2-4）$$

$$f_c b h_0 \xi = f_y A_s \quad （2-5）$$

由式（2-4）可得

$$\rho = f_c \xi / f_y \quad （2-6）$$

3. 公式适用条件

（1）防止超筋破坏

基本公式是依据适筋构件破坏时的应力图形情况推导的，仅适用于适筋截面。

当超筋截面破坏时，受拉钢筋没有屈服，即未达到 f_y，受压区混凝土达到了极限压应变 ξ_{eu}。为了保障结构安全，更有效地防止发生超筋破坏，应用基本公式和由它派生出来的计算公式计算时，必须符合下列条件：

$$\xi \leqslant 0.85\xi_b \quad （2-7）$$

即

$$x \leqslant 0.85\xi_b h_0 \quad （2-8）$$

$$\rho \leqslant \rho_{max} = 0.85 f_c \xi_b / f_y \quad （2-9）$$

上述三个公式意义相同，满足其中之一，则必满足其余两式。

（2）防止少筋破坏

钢筋混凝土构件破坏时承担的弯矩等于同截面素混凝土受弯构件所能承担的弯矩时的受力状态，为适筋破坏与少筋破坏的分解。这时梁的配筋率应是适筋受弯构件的最小配筋率。因此，计算公式应满足

$$\rho \geqslant \rho_{min} \quad （2-10）$$

式中：ρ_{min}——最小配筋率。

（二）单筋矩形截面受弯承载力计算公式的应用

受弯构件正截面承载力计算包括截面设计和截面校核两方面的内容，截面设计是指根据构件所承受的荷载效应（设计弯矩）和初步拟定的截面形式、尺寸、材料强度等级等条件，计算纵向受力钢筋的截面积；截面校核是指按已确定的构件尺寸、材料强度及纵向受力钢筋的截面积计算构件截面所能承担的最大设计弯矩值。

1. 截面设计

（1）截面尺寸的拟定

一般可以借鉴相关设计经验或参考类似结构来确定构件截面高度 h，再根据截面宽高比的一般范围确定截面宽度 b。由于能满足承载能力要求的截面尺寸可能有很多，因此，截面尺寸的拟定不能仅考虑承载能力的要求，而应综合考虑构件承载能力和正常使用等要求以及施工和造价等因素。

一般情况下，构件截面尺寸与受力钢筋配筋率有着紧密联系，截面尺寸大则配筋率较低，反之则较大。配筋率过大或过小，不仅容易产生脆性破坏，而且不经济。为此应将构件配筋率控制在使各方面的性能及指标均较好的范围内，该范围内的配筋率称为经济配筋率。

对于一般的梁、板等受弯构件而言，其经济配筋率：板（一般为薄板），0.4% ~ 0.8%；矩形截面梁，0.6% ~ 1.5%；T形截面梁，0.9% ~ 1.8%（相对梁肋而言）。

（2）内力计算

①确定计算简图

计算简图中应包括计算跨度、支座条件、荷载形式等的确定。简支梁与板的计算跨度 l_0 可取下列各值中的较小值。

对于简支梁、空心板：$l_0 = l_n + a$ 或 $l_0 = 1.05 l_n$

对于简支实心板：$l_0 = l_n + a$，$l_0 = l_n + h$ 或 $l_0 = 1.1 l_n$

式中：l_n——梁或板的净跨；

a——梁或板的支承长度；

h——板厚。

板宽通常取单位宽度 1m。

②确定弯矩设计值 M

按照荷载的不利组合，计算出跨中最大正弯矩和支座最大负弯矩的设计值。

③配筋计算

A. 计算 $\alpha_s = \dfrac{KM}{f_c b h_0^2}$。

B. 计算 $\xi = 1 - \sqrt{1 - 2\alpha_s}$。验算 $\xi \leqslant 0.85\xi_b$，若不满足，则会发生超筋破坏，可以通过加大截面尺寸、提高混凝土强度等级或采用双筋截面来解决此问题。

C. 计算 $A_s = f_c b \xi h_0 / f_y$。

D. 计算 $\rho = A_s / b h_0$。验算 $\rho \geqslant \rho_{min}$，若 $\rho < \rho_{min}$，将会发生少筋破坏，此时需要按 $\rho = \rho_{min}$ 进行配筋。截面的实际配筋率 ρ 应满足 $\rho_{min} \leqslant \rho \leqslant \rho_{max}$，最好处于梁或板的常用配筋率范围内。

2. 截面校核

截面校核又称承载力复核，它是在已知截面尺寸、受拉钢筋截面积、钢筋级别和混凝土强度等级的条件下，验算构件正截面的承载能力，具体计算过程可按下述步骤进行。

由式 $f_c b x = f_y A_s \to x \to \xi \to$ 验证 $\xi \leqslant 0.85\xi_b$

$$\to \begin{cases} \text{是} \to \text{将 } \xi \text{ 代入 } M_u = \xi(1 - 0.5\xi) f_c b h_0^2 \to \text{验证} KM \leqslant M_u \\ \text{否} \to \text{取 } \xi = 0.85\xi_b \to M_u = \alpha_s f_c b h_0^2 \to \text{验证} KM \leqslant M_u \end{cases}$$

四、双筋矩形截面受弯承载力计算

（一）基本公式及适用条件

1. 使用双筋截面的前提条件

同时在受拉区和受压区配置纵向受力钢筋的矩形截面受弯构件称为双筋矩形截面受弯构件。一般来说，采用受压钢筋协助混凝土承受压力是不经济的。双筋矩形截面受弯构件主要应用于以下几种情况。

①截面承受的弯矩设计值很大，超过了单筋矩形截面适筋梁所能承担的最大弯矩，而构件的截面尺寸及混凝土强度等级又都受到限制而不能增大或提高。

②结构或构件承受某种交变的作用（如地震和风荷载作用），使构件同一截面上的弯矩可能发生变号，即同一截面既可能承受正弯矩，又可能承受负弯矩。

③因某种原因在构件截面的受压区已经布置了一定数量的受力钢筋（如框架梁和连续梁的支座截面）。

④在计算抗震设防裂度 6 度以上地区，为了增加构件的延性，在受压区配置普通钢筋，对结构抗震有利。

由于双筋截面构件采用钢筋协助混凝土承受压力，造成用钢量增大，一般情况下是不经济的，因此应尽量少用。但是双筋截面可以提高构件的承载力和延性，同时可以承受正、反两个方向的弯矩，在地震区和承受动荷载时则应优先采用。

只要满足 $\xi \leqslant 0.85\xi_b$ 的条件，双筋受弯构件仍然具有适筋受弯构件的塑性破坏特征，即受拉钢筋首先屈服，然后经历一个较长的变形过程，受压区混凝土才被压碎（混凝土压应变达到极限压应变）。受压钢筋压应力 σ'_s 的大小与受压区高度 x_0 有关，当受压区高度 x_0 比较大时，受压钢筋可以达到抗压屈服强度 f'_y；而在受压区高度 x_0 太小时，受压钢筋应力 σ'_s 可能低于抗压屈服强度 f'_y。除此之外，双筋截面破坏时的应力分布图形与单筋截面的应力分布图形相同。确定了截面的应力图形后，双筋截面的设计计算就与单筋截面的设计计算类似。

2. 计算公式及适用条件

（1）计算简图

双筋矩形截面受弯承载力的计算简图如图 2-13 所示。

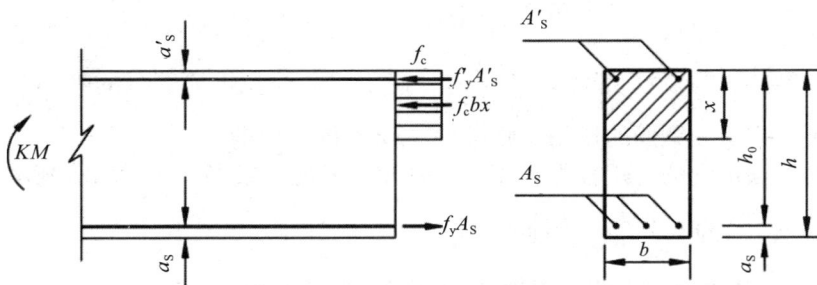

图2-13 双筋矩形截面受弯承载力计算简图

（2）基本公式

$$\sum X = 0, \quad f_c bx + f'_y A'_s = f_y A_s \quad （2-11）$$

$$\sum M = 0, \quad KM \leqslant f_c bx\left(h_0 - 0.5x\right) + f'_s A'_s\left(h_0 - a'_s\right) \quad （2-12）$$

为简化计算，将 $x = \xi h_0$ 及 $\alpha_s = \xi(1-0.5\xi)$ 代入式（2-11）、式（2-12），得

$$f_c b \xi h_0 + f'_y A'_s = f_y A_s \quad (2\text{--}13)$$

$$KM \leqslant \alpha_s f_c b h_0^2 + f'_y A'_s \left(h_0 - a'_s \right) \quad (2\text{--}14)$$

式中：f'_y——受压钢筋的抗压强度设计值，N/mm²；

A'_s——受压钢筋的截面积，mm²；

a'_s——受压区钢筋合力点至截面受压边缘的距离，mm。

（3）适用条件

双筋截面应保证受拉钢筋先达到屈服强度 f_y，然后混凝土达到极限压应变 ε_{cu}，即不发生超筋破坏，因此其受压区高度 x 和相对受压区高度 ξ 同样应满足相应要求。为了保证受压钢筋的应力能达到 f'_y，受压区高度应满足 $x \geqslant 2a'_s$。综上所述，双筋截面受弯构件基本计算公式的适用条件为

$$2a'_s \leqslant x \leqslant 0.85 \xi_b h_0 \quad (2\text{--}15)$$

若 $x < 2a'$，纵向受压钢筋应力尚未达到；f'_y，此时受压钢筋不能充分发挥作用，因此可以取 $A'_s = \rho'_{min} b h_0$，同时受压区高度较小，受压区混凝土的合力与受压钢筋的合力相距很近，可近似地认为二者重合，即取 $x \approx 2a's$。并对受压钢筋合力作用点取矩，即得

$$KM \leqslant f_y A_s \left(h_0 - a'_s \right) \quad (2\text{--}16)$$

式（2–16）为双筋截面 $x < 2a'$ 时，确定纵向受拉钢筋数量的唯一公式。若计算中不考虑受压钢筋的作用，则条件 $x \geqslant 2a'_s$ 即可取消。

双筋截面承受的弯矩较大，相应的受拉钢筋配置较多，一般均能满足最小配筋率的要求，无须验算 ρ_{min} 的条件。

（二）双筋矩形截面受弯承载力计算公式的应用

双筋矩形截面受弯承载力计算内容与单筋的相同，仍包括以下两方面的内容。

第一，截面设计。根据构件所承受的荷载效应（设计弯矩）和初步拟定的截面形式、尺寸、材料强度等级等条件，计算纵向受力钢筋的截面积。

第二，截面校核。按已确定的构件尺寸，材料强度及纵向受力钢筋的截面积计算构件截面所能承担的最大设计弯矩值。

1. 截面设计

双筋截面的配筋计算，会遇到下列两种情况。

（1）A_s 和 A_s' 均未知

式（2-11）和式（2-12）中的 x 均未知，两个方程无法求解三个未知数，可按下列步骤进行计算：

假设为单筋截面，按单筋截面承载力计算公式

$$KM \leqslant f_c bx(h_0 - 0.5x) \rightarrow \xi \rightarrow$$

验证 $\xi \leqslant 0.85\xi_b \rightarrow$
- 是: 说明假设正确, 继续按单筋进行计算
- 否: 说明会发生超筋破坏 $\rightarrow$
  - 增加压区截面尺寸
  - 高混凝土强度等级
  - 压区配置受力钢筋

查钢筋表, 选配钢筋 $\leftarrow$
$$\left. \begin{array}{l} A_s' = \dfrac{KM - \alpha_{s\max} f_c bh_0^2}{f_y'(h_0 - a_s')} \\[2mm] A_s = \dfrac{0.85 f_c bh_0 \xi_b + f_y' A_s'}{f_y} \end{array} \right\} \leftarrow 令 \xi = 0.85\xi_b$$

（2）A_s 或 A_s' 有一个未知

下面以已知 A_s'、未知 A_s 的情况求解，另一种情况以此类推。

将 A_s' 代入式（2-13），即 $KM \leqslant \alpha_s f_c bh_0^2 + f_y' A_s'(h_0 - a_s') \rightarrow \alpha_s \rightarrow \xi \rightarrow$

若 $\xi > 0.85\xi_b$，明已配置的 A_s 数量不足, 此时应按 A_s 和 A_s' 均未知重新计算

若 $2a_s' \leqslant x \leqslant 0.85\xi_b h_0$，则 $A_s = \dfrac{f_c bh_0 \xi + f_y' A_s'}{f_y}$

若 $x < 2a_s'$，$A_s = \dfrac{KM}{f_y(h_0 - a_s')}$

2. 截面校核

已知截面尺寸、受拉钢筋和受压钢筋截面面积、钢筋级别、混凝土强度等级，验算构件正截面的承载能力。具体可按下列步骤进行：

将 A_s、A_s' 代入式（2-11）$\rightarrow x = \dfrac{f_y A_s - f_y' A_s'}{f_c b} \rightarrow \xi \rightarrow$

$$\begin{cases} 若\ \xi > 0.85\xi_b,则取\xi = 0.85\xi_b,验证KM \leqslant \alpha_{smax}f_cbh_0^2 + f'_yA'_s\left(h_0 - a'_s\right) \\ 若\ 2a'_s \leqslant x \leqslant 0.85\xi_bh_0,则验证式(2-16),即KM \leqslant f_cbx\left(h_0 - 0.5x\right) + f'_yA'_s\left(h_0 - a'_s\right) \\ 若\ x < 2a'_s,则验证式(2-16),即M \leqslant f_yA_s\left(h_0 - a'_s\right) \end{cases}$$

→满足上述条件，则说明截面安全，否则，不安全。

第二节　受弯构件斜截面承载力计算

一、斜截面受剪承载力计算

（一）基本公式及适用条件

1. 计算简图

斜截面抗剪承载力计算是以剪压破坏特征建立的计算公式。图 2–14 所示为配置适量腹筋的简支梁，在主要斜裂缝 AB 出现（临界破坏）时，取 AB 到支座的一段梁作为脱离体，与斜裂缝相交的箍筋和弯起钢筋均可达到屈服，余留截面混凝土的应力也达到抗压极限强度，斜截面的内力如图 2–14 所示。

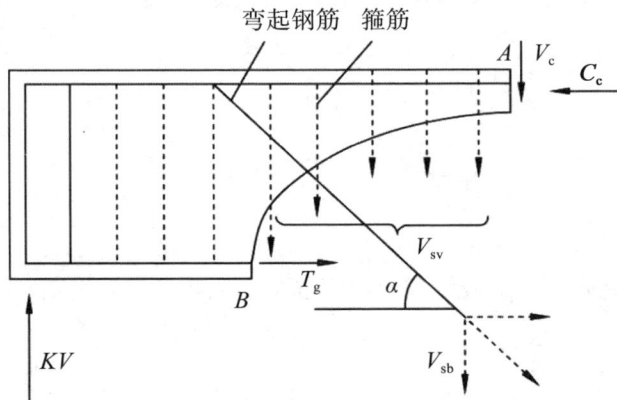

图 2-14　斜截面承载力的组成

2. 基本公式

根据承载力极限状态计算原则和脱离体竖向力的平衡条件，可得

$$KV \leqslant V_c + V_{sv} + V_{sb} \quad （2-17）$$

式中：V——斜截面的剪力设计值，N；

V_c——混凝土的受剪承载力，N；

V_{sv}——箍筋的受剪承载力，N；

V_{sb}——弯起钢筋的受剪承载力，N；

K——承载力安全系数。

若梁不配置弯起钢筋，仅配箍筋时，梁的受剪承载力则由混凝土的受剪承载力 V_c 和箍筋的受剪承载力 V_{sv} 两部分组成，并用 V_{cs} 表示，即 $V_{cs} = V_c + V_s$。

（1）仅配箍筋的梁

对于承受一般荷载的矩形、T 形和工字形截面梁，其受剪承载力计算基本公式为

$$V_{cs} = V_c + V_{sv} = 0.7 f_t b h_0 + 1.25 f_{yv} \frac{A_{sv}}{s} h_0 \quad （2-18）$$

对于承受集中力为主的重要的独立梁，其受剪承载力计算基本公式为

$$V_{cs} = V_c + V_{sv} = 0.5 f_t b h_0 + f_{yv} \frac{A_{sv}}{s} h_0 \quad （2-19）$$

式中：f_t——混凝土轴心抗拉强度设计值，N/mm²；

b——矩形截面的宽度或 T 形、工形截面的腹板宽度，mm；

h_0——截面有效高度，mm；

f_{yv}——箍筋抗拉强度设计值，N/mm²；

A_{sv}——配置在同一截面内箍筋各肢的全部截面积，mm²；

s——箍筋间距，mm。

（2）弯起钢筋的受剪承载力 V_{sb}

弯起钢筋的受剪承载力是指通过破坏斜裂缝的斜筋所能承担的最大剪力，其值等于弯起钢筋所承受的拉力在垂直于梁轴线方向的分力的值（见图 2-14），即

$$V_{sb} = f_y A_{sb} \sin \alpha_s \quad （2-20）$$

式中：A_{sb}——同一弯起平面内弯起钢筋的截面积，mm²；

α_s——斜截面上弯起钢筋与构件纵向轴线的夹角。

（二）斜截面受剪承载力计算步骤和方法

1. 计算位置规定要求

在进行受剪承载力计算时，应先根据危险截面确定受剪承载力的计算位置，对于矩形、T形和工字形截面构件受剪承载力的计算位置（见图2-15）应按下列规定采用：

①支座边缘处的截面1-1；

②受拉区弯起钢筋弯起点处的截面2-2、截面3-3；

③箍筋截面积或间距改变处的截面4-4；

④腹板宽度改变处的截面。

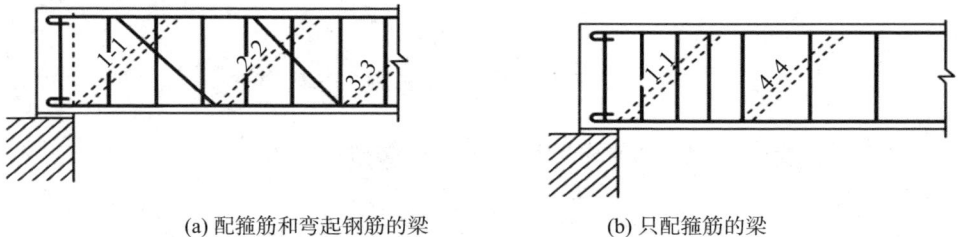

(a) 配箍筋和弯起钢筋的梁   (b) 只配箍筋的梁

图2-15 斜截面受剪承载力计算位置

2. 剪力值取值要求

当计算梁的抗剪钢筋时，剪力设计值 V 按下列方法采用：当计算支座截面的箍筋和第一排（对支座而言）弯起钢筋时，取用支座边缘的剪力设计值，对于仅承受直接作用在构件顶面的分布荷载的梁，可取距离支座边缘为 $0.5h_0$ 处的剪力设计值；当计算以后的每一排弯起钢筋时，取前一排（对支座而言）弯起钢筋弯起点处的剪力设计值。弯起钢筋设置的排数与剪力图形及 V_{cs}/K 值的大小有关。弯起钢筋的计算一直要进行到最后一排弯起钢筋的弯起点，进入 V_{cs}/K 所能控制区之内，如图2-16所示。

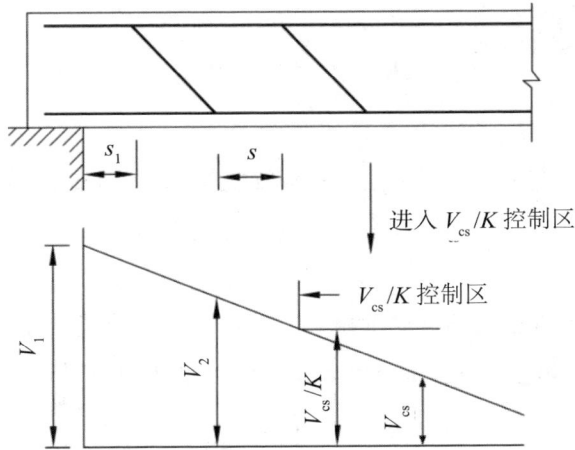

图 2-16 弯起钢筋的剪力计算值

在设计构件时，如能满足 $V \leqslant V_{cs}/K$ ，则表示构件所配的箍筋足以抵抗荷载引起的剪力。如果 $V > V_{cs}/K$ ，则说明所配的箍筋不能满足抗剪要求，可以采用如下的解决办法：将箍筋加密或加粗；增大构件截面尺寸；提高混凝土强度等级；将纵向钢筋弯起成为斜筋或加焊斜筋以增加斜截面受剪承载力。在纵向钢筋有可能弯起的情况下，利用弯起的纵筋来抗剪可收到较好的经济效果。

3. 斜截面受剪承载力计算步骤和方法

斜截面受剪承载力计算，包括截面设计和承载力复核两个方面。截面设计是在正截面承载力计算完成之后，即在截面尺寸、材料强度、纵向受力钢筋已知的条件下，计算梁内腹筋。承载力复核是在已知截面尺寸和梁内腹筋的条件下，验算梁的抗剪承载力是否满足要求。

（1）作梁的剪力图并确定受剪承载力的计算位置

剪力设计值的计算跨度取构件的净跨度，即 $l_0 = l_n$ ，并按规定选取计算位置。

（2）截面尺寸验算

按验算构件的截面尺寸，如不满足，则应加大截面尺寸或提高混凝土强度等级。

（3）验算是否按计算配置腹筋

当梁满足下列条件时，可不必进行抗剪计算，只需满足构造要求。

①对于一般荷载作用下的矩形、T形及工字形截面的受弯构件，有

$$KV \leqslant 0.7 f_t b h_0 \quad (2-21)$$

②对于承受集中力为主的重要的独立梁，有

$$KV \leqslant 0.5 f_t b h_0 \quad （2-22）$$

（4）腹筋的计算

梁内腹筋通常有两类配置方法：一是仅配箍筋；二是既配箍筋又配弯起钢筋。至于采用哪一种方法，应视构件具体情况、剪力的大小及纵向钢筋的数量而定。

①仅配箍筋

当剪力完全由混凝土和箍筋承担时，箍筋按下列公式计算：

对于矩形、T形或工字形截面的梁，由式（2-18）可得

$$\frac{A_{sv}}{s} \geqslant \frac{KV - 0.7 f_t b h_0}{1.25 f_{yv} h_0} \quad （2-23）$$

对于承受集中力为主的重要的独立梁，由式（2-19）可得

$$\frac{A_{sv}}{s} \geqslant \frac{KV - 0.5 f_t b h_0}{f_{yv} h_0} \quad （2-24）$$

计算出 A_{sv}/s 后，可先确定箍筋的肢数（通常是双肢箍筋）和直径，再求出箍筋间距 s。选取的箍筋直径和间距必须满足构造要求。

②既配箍筋又配弯起钢筋

当需要配置弯起钢筋参与承受剪力时，一般先选定箍筋的直径、间距和肢数，然后按式（2-18）或式（2-19）计算出 V_{cs}，如果 $KV > V_{cs}$，则需按下式计算弯起钢筋的截面积，即

$$A_{sb} \geqslant \frac{KV - V_{cs}}{f_y \sin \alpha_s} \quad （2-25）$$

第一排弯起钢筋上弯点距支座边缘的距离应满足 $50\text{mm} \leqslant s_1 \leqslant s_{max}$，习惯上一般取 $S_1 = 50\text{mm}$ 或 $S_1 = 100\text{mm}$。弯起钢筋一般由梁中纵向受拉钢筋弯起而成。当纵向钢筋弯起不能满足正截面和斜截面受弯承载力要求时，可设置单独的仅作为受剪的弯起钢筋，这时，弯起钢筋应采用"吊筋"的形式。

（5）配箍率验算

验算配箍率是否满足最小配箍率的要求，以防止发生斜拉破坏。

二、纵向受拉钢筋的截断与弯起位置的确定

（一）纵向受拉钢筋的截断位置确定

1. 梁跨中正弯矩钢筋截断位置的确定

为了保证斜截面的受弯承载力，梁内纵向受拉钢筋一般不宜在受拉区截断。因为截断处受力钢筋面积突然减小，会引起混凝土拉应力突然增大，从而导致在纵筋的截断处过早出现裂缝，故对梁底承受正弯矩的钢筋不宜采取截断方式。将计算上不需要的钢筋弯起作为抗剪钢筋或作为承受支座负弯矩的钢筋，不弯起的钢筋则直接伸入支座内锚固。

2. 支座负弯矩钢筋截断位置的确定

对于承受负弯矩的区段或焊接骨架中的钢筋，为节约材料可以截断，但截断长度必须符合以下规定。

（1）钢筋的实际截断点应伸过其理论切断点，延伸长度 l_w 应满足下列要求

①当 $KV \leqslant V_c$ 时，$l_w \geqslant 20d$（d 为截断钢筋的直径）；

②当 $KV > V_c$ 时，$l_w \geqslant h_0$ 和 $l_w \geqslant 20d$。

（2）钢筋的充分利用点至该钢筋的实际截断点的距离 l_d 还应满足下列要求

①当 $KV \leqslant V_c$ 时，$l_d \geqslant 1.2l_a$；

②当 $KV > V_c$ 时，$l_d \geqslant 1.2l_a + h_0$。

式中：l_a——受拉钢筋的最小锚固长度，mm。

在设计中必须同时满足 l_w 与 l_d 的要求，如图 2-17 所示。

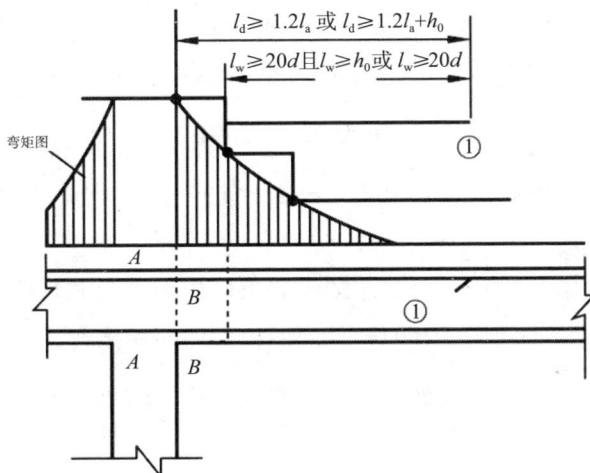

图 2-17　纵筋截断点及延伸长度要求

钢筋①的强度充分利用截面；B–B 按计算不需要钢筋①的截面。

（二）纵向受拉钢筋的弯起位置确定

纵向受拉钢筋的弯起时，应同时满足下列两种要求。

1. 保证正截面的受弯承载力

在梁的受拉区中，如果弯起钢筋的弯起点设在正截面受弯承载力计算不需要该钢筋截面之前，弯起钢筋与梁中心线的交点就应在钢筋的理论不需要点之外，必须使整个抵抗弯矩图都包在设计弯矩图之外，如图 2–18 所示。

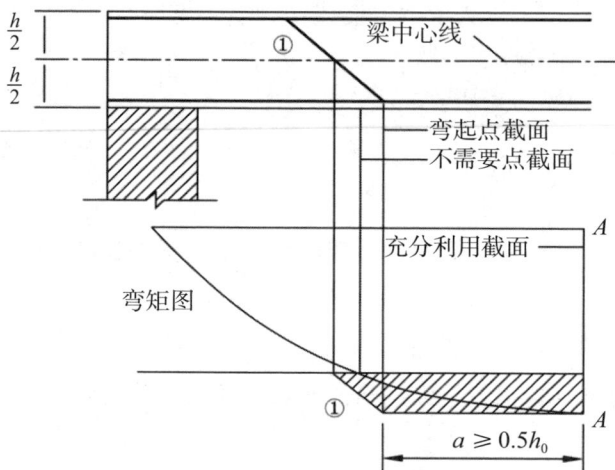

图 2–18 纵向受拉钢筋的弯起

2. 保证斜截面的受弯承载力

截面 A–A 是钢筋①的充分作用点。在伸过截面 A–A 一段距离 a 以后，钢筋①被弯起。纵筋的弯起点与该钢筋充分利用点的距离应满足：

$$a \geqslant 0.5h_0 \quad （2–26）$$

式中：a——弯起钢筋的弯起点到该钢筋充分利用点间的距离，mm；

h_0——截面的有效高度，mm。

以上要求可能与腹筋最大间距的限制条件相矛盾，尤其在承受负弯矩的支座的附近容易出现这个问题，其原因是同一根弯筋同时抗弯又抗剪。腹筋最大间距的限制是为保证斜截面的受剪承载力，而 $a \geqslant 0.5h_0$ 的条件是为保证斜截面的受弯承载力。当两者发生矛盾时，只能考虑弯起钢筋的一种作用，一般以满足受弯要求而另加斜筋受剪。

第三章　水工钢筋混凝土构件承载力计算

第一节　受压构件承载力计算

一、受压构件的构造要求

（一）受压构件的基本概念

水工钢筋混凝土结构中，除了板、梁等受弯构件外，另一种主要的构件就是受压构件。

受压构件可分为两种：轴向压力通过构件截面重心的受压构件称为轴心受压构件；轴向压力不通过截面重心，而与截面重心有一偏心距 ℓ_0 的称为偏心受压构件。截面上同时作用有通过截面重心的轴向压力 N 及弯矩 M 的压弯构件，也是偏心受压构件，因为轴向压力 N 及弯矩 M 可以换算成具有偏心距 $e_0 = M / N$ 的偏心轴向压力。

水电站厂房中支承吊车梁的柱子是一个典型的偏心受压构件（见图 3-1）。它承受屋架传来的垂直力 P_1 及水平力 H_1、吊车轮压 P_2、吊车横向制动力 T_H、风荷载 W、自重 G_1 和 G_2 等外力，使截面同时受到通过截面重心的轴向压力和弯距的作用。

渡槽的支承刚架、闸墩、桥墩、箱形涵洞以及拱式渡槽的支承拱圈等，在某些荷载组合下也都是偏心受压构件。

严格地说，实际工程中真正的轴心受压构件是没有的。因为实际的荷载合力对构件截面重心来说总是或多或少存在着偏心。例如，混凝土浇筑的不均匀、构件尺寸的施工误差、钢筋的偏位、装配式构件安装定位不明确等，都会导致轴向压力产生偏心。因此，不少国家的设计规范中规定了一个最小偏心距值，从而所有受压构件均按偏心受压构件设计。在我国，规范目前仍对这两种构件分别计算，并认为像等跨柱网的有柱、桁梁的压件、码头中的桩等结构，当偏心很小在设计中可略去不计时，就可当作轴心受压构件计算。

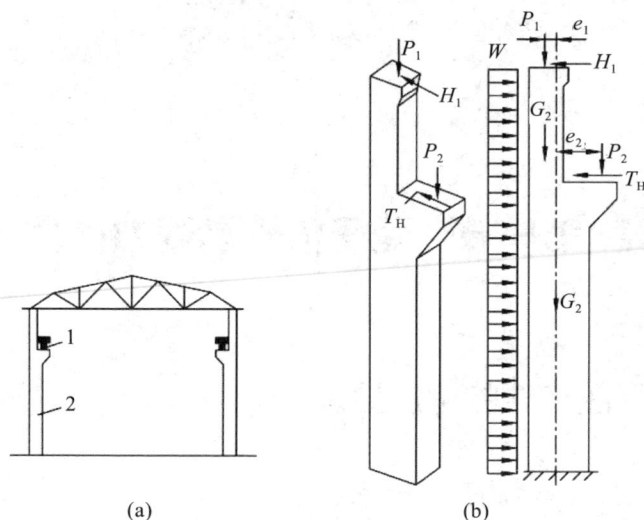

1—吊车梁；2—柱

图 3-1 水电站厂房柱

（二）受压构件的构造要求

1. 截面形式和尺寸

为了方便模板制作，受压构件一般采用方形或矩形截面。偏心受压构件采用矩形截面时，截面长边布置在弯矩作用方向，长边与短边的比值一般为 1.5 ~ 2.5。

为了减轻自重，预制装配式受压构件也可能做成工字形截面。某些水电站厂房的框架立柱及拱结构中也有采用 T 形截面的。灌注桩、预制桩、预制电杆等受压则采用圆形和环形截面。

受压构件的截面尺寸不宜太小，因为构件越细长，纵向弯曲的影响力越大，承荷载降低越多，不能充分利用材料强度。水工建筑中现浇的立柱，其边长不宜小于 300mm，否则施工缺陷所引起的影响就较为严重。在水平位置浇件的装配式柱则可不受此限制。顶部承受竖向荷载的承重墙，其厚度不应小于无支承高度的 $\frac{1}{25}$，也不宜小于 150mm。

为了施工方便，截面尺寸一般采用整数。柱边长在 800mm 以下时以 50mm 为模数，800mm 以上时以 100mm 为模数。

2. 受压构件中混凝土的构造要求

受压构件的承载力主要受控于混凝土的抗压强度等级。因此，与受弯构件不同，混凝土的强度等级对受压构件的承载力影响很大，取用较高强度等级的混凝土是经济合理的。通常排架立柱、拱圈等受压构件可采用强度等级为 C25、C30 或更高强度等级的混凝土，其目的是充分利用混凝土的优良抗压性能以减少构件截面尺寸。当截面尺寸不是由承载力条件确定时（如闸墩、桥墩），也可以采用 C20 混凝土。

3. 受压构件中纵向钢筋的构造要求

受压构件内配置的钢筋一般可用 HRb335 及 HRb400 钢筋。对受压钢筋来说，不宜采用高强度钢筋，因为它的抗压强度受到混凝土极限压应变的限制，不能充分发挥其高强度作用。纵向受力钢筋的直径不宜小于 12mm。直径过小则钢筋骨架柔性大，施工不便，工程中常用的钢筋直径为 12 ~ 32mm。受压构件承受的轴向压力很大而弯矩很小时，钢筋大体可沿周边布置，每边不少于 2 根；承受弯矩大而轴向压力小时，钢筋侧沿垂直于弯矩作用平面的两个面布置。为了顺利地浇筑混凝土，现浇时纵向钢筋的净距不应小于 50mm，水平浇筑（装配式柱）时净距可参照梁的相关规定。同时，纵向受力钢筋的间距也不应大于 300mm。偏心受压柱边长大于或等于 600mm 时，沿边长中间应设置直径为 10 ~ 16mm 的纵向构造钢筋，其间距不大于 400mm。

承重墙内竖向钢筋的直径不应小于 10mm，间距不应大于 300mm。当按计算不需配置竖向受力钢筋时，则在墙体截面两端各设置不少于 4 根直径为 12mm 或 2 根直径为 16mm 的竖向构造钢筋。

受压杆件的纵向钢筋，其用量不能过少。纵向钢筋太少，构件破坏时呈脆性，这对抗震很不利。同时钢筋太少，在荷载长期作用下，由于混凝土的徐变，容易引起钢筋的过早屈服。

纵向配筋也不宜过多，配筋过多既不经济，施工也不方便。在柱子中全部纵向钢筋的合适配筋率为 0.8% ~ 2.0%，荷载特大时，也不宜超过 5%。

4. 受压构件中箍筋的构造要求

受压杆件中除了平行于轴向压力配置纵向钢筋外，还应配置箍筋。箍筋能阻止纵向钢筋受压时的向外弯凸，从而防止混凝土保护层向外膨胀剥落。受压杆件的箍筋都应做成封闭式，与纵钢筋绑扎或焊接成整体骨架。在墩墙类受压杆件（如闸墩）中，则可用水平钢筋代替箍筋，但应设置连系拉住墩墙两侧的钢筋。

柱中箍筋直径不应小于 0.25 倍纵向钢筋的直径，亦不应小于 6mm。

箍筋间距 S 应符合下列三个条件（见图 3–2）：

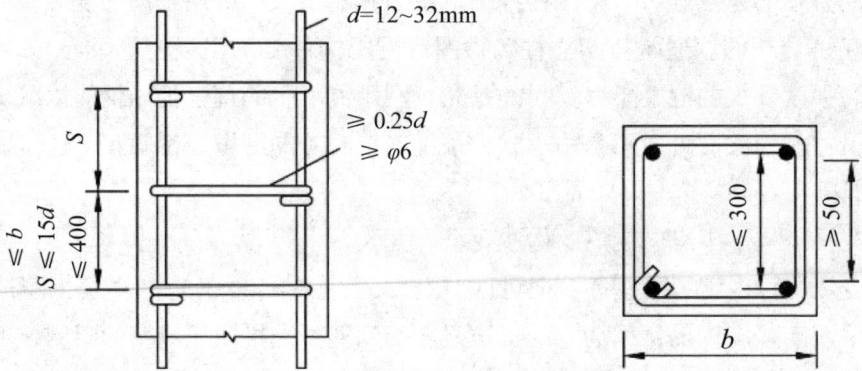

图 3-2 箍筋的间距

① $S \leq 15d$（绑扎骨架）或 $S \leq 20d$（焊接骨架），d 为纵向钢筋的最小直径；

② $S \leq b$，b 为截面的短边尺寸；

③ $S \leq 400mm$。

当纵向钢筋的接头采用绑扎搭接时，则在搭接长度范围内箍筋应加密。当钢筋受压时，箍筋间距 S 不应大于 $10d$（d 为搭接钢筋中的最小直径），且不大于 200mm。

当全部纵向受力钢筋的配筋率超过 3% 时，钢筋直径不宜小于 8mm，间距不应大于 $10d$（d 为纵向钢筋的最小直径），且不应大于 200mm；箍筋末端做成 135° 弯钩，末端平直段长度不应小于直径的 10 倍；箍筋也可以焊成封闭式。

当截面尺寸大于 400mm 且各边纵向钢筋多于 3 根时，或当柱截面短边尺寸不大于 400mm 且各边纵向钢筋多于 4 根时，必须设置复合箍筋（除上述基本箍筋外，为了防止中间纵向钢筋的曲率，还需添置附加箍筋或连系箍筋），如图 3–3 所示。原则上希望纵向钢筋每隔一根就置于箍筋的转角处，使该纵向钢筋能在两个方向受到固定。当偏心受压杆截面长边设置纵向构造钢筋时，也要相应地设置复合箍筋或连系拉筋。

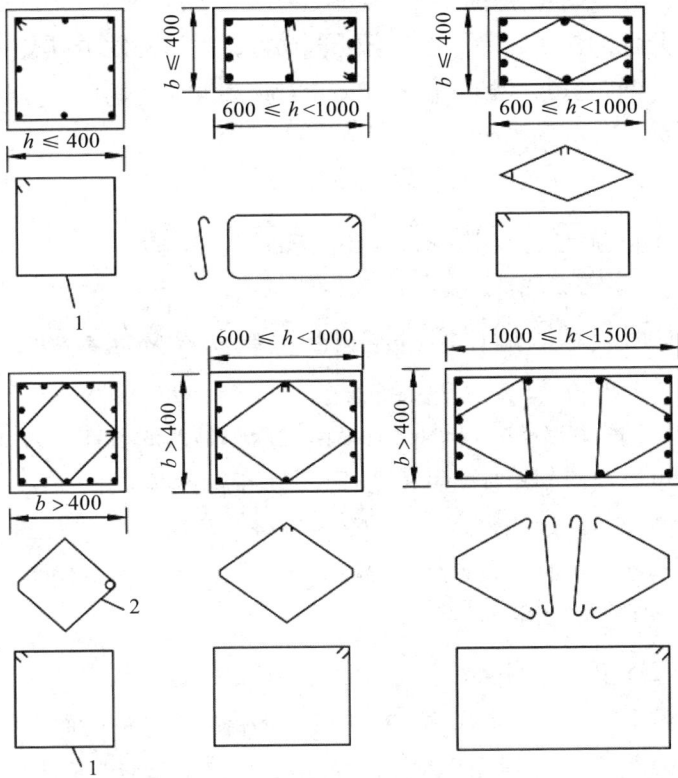

1—基本箍筋；2—附加箍筋

图 3-3　基本箍筋与附加箍筋

当纵向钢筋构造配置钢筋强度未充分利用时，箍筋的配置要求可适当放宽。

不应采用有内折角的箍筋，如图 3-4（b）所示，内折角箍筋受力后拉直的趋势易使转角处混凝土崩裂。遇到截面有内折角时，箍筋可按图 3-4（a）所示的方式布置。

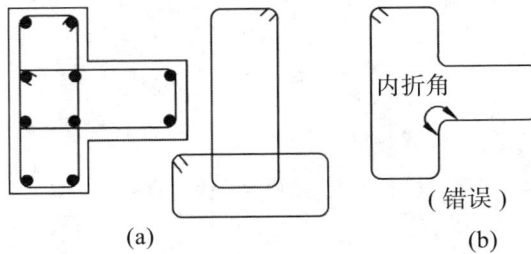

图 3-4　截面有内折角时箍筋的布置

箍筋除了具有固定纵向钢筋，防止纵向钢筋弯凸的功能外，还有抗剪力及增加受压杆件延性的作用。除了上述普通箍筋外，受压构件中也有采用螺旋形或焊环式箍筋的。间距紧密的螺旋箍或焊环箍对提高混凝土的抗压强度和延性有很大的作用，常用于抗震结构中。

二、轴心受压构件正截面承载力计算

（一）轴心受压构件受力分析和承载力计算公式的推导

1.受力破坏分析

轴心受压构件试验时，采用配有纵向钢筋和箍筋的短柱体为试件。在整个加载过程中，可以观察到短柱全截面受压，其压应变是均匀的。由于钢筋与混凝土之间存在黏结力，从加载到破坏，钢筋与混凝土共同变形，两者的压应变始终保持一样。在荷载较小时，材料处于弹性状态，所以混凝土和钢筋两种材料应力的比值基本上符合它们的弹性模量之比。

随着荷载逐步加大，混凝土的塑性变形开始发展，其变形模量降低。因此，当柱子变形越来越大时，混凝土的应力却增加得越来越慢。而钢筋由于在屈服之前一直处于弹性阶段，因此混凝土应力的增加始终与其应变成正比。在此情况下，混凝土和钢筋两者的应力之比不再符合弹性模量之比，如图 3-5 所示。如果荷载长期持续作用，混凝土还有徐变发生，此时混凝土与钢筋之间更会引起混凝土应力有所减少，而钢筋的应力有所增大的情况，如图 3-5 中的实线所示。

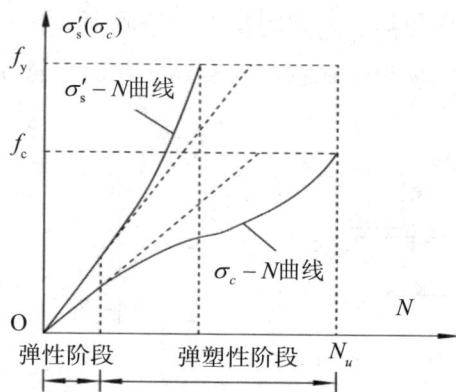

图 3-5 轴心受压柱的应力 – 荷载曲线

图 3–6 所示为混凝土和钢筋混凝土理想轴心受压短柱在短期荷载作用下的荷载与纵向压应变的关系示意图。所谓理想的轴心受压是指轴向压力与截面物理中心重合。其中曲线 A 代表不配筋的素混凝土短柱，其曲线形状与混凝土棱柱体受压的应力–应变曲线相同。曲线 B 代表配置普通箍筋的钢筋混凝土短柱（其中 B_1、B_2 表示不同箍筋用量），曲线 C 则代表配置螺旋箍筋的钢筋混凝土短柱，其中 C_1、C_2、C_3 分别表示不同螺旋的螺旋箍筋。

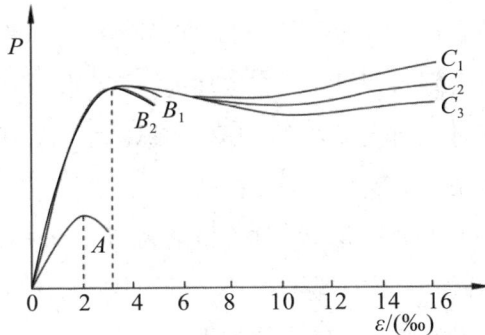

图 3–6 不同箍筋短柱的荷载 – 应变曲线

钢筋混凝土短柱的承载力比素混凝土短柱的高。它的延性比素混凝土短柱的也好得多，表现在最大荷载作用时的变形（应变）值比较大，而且荷载–应变曲线的下降段的坡度也较为平缓。素混凝土棱柱体构件达到最大压应力值时的压应变为 0.0015 ～ 0.002，而钢筋混凝土短柱混凝土达到应力峰值时的压应变一般为 0.0025 ～ 0.0035。柱子延性的好坏主要取决于箍筋的数量和形式。箍筋数量越多，对柱子的侧向约束程度越大，柱子的延性就越好，特别是螺旋箍筋，对增加延性的效果更为明显。

破坏时，一般是纵向钢筋先达到屈服强度，此时可继续增加一些荷载。最后混凝土达到极限压应变，构件破坏。当纵向钢筋的屈服强度较高时，可能会出现钢筋没有达到屈服强度而混凝土达到了极限压应变的情况。但由于热扎钢筋的抗压强度设计值 f'_y 不大于 400N/mm^2，它是以构件的压应变达到 0.002 为控制条件确定的。因而，破坏时混凝土的应力达到了混凝土轴心抗压强度设计值 f_c，钢筋应力达到了抗压强度设计值 f'_y。

根据分析，配置普通箍筋的钢筋混凝土短柱的正截面极限承载力由混凝土和纵向钢筋两部分受压承载力组成，即

$$N_u = f_c A_c + f'_y A'_s \quad （3–1）$$

式中： N_u ——截面破坏时的极限轴向压力；

A_c ——混凝土截面积；

A'_s ——全部纵向受压钢筋截面积。

上述破坏情况只是对比较粗的短柱而言的。当柱子较细长时，则会发现它的破坏荷载小于短柱的，且柱子越细长，破坏荷载小得越多。

长柱在轴向压力作用下，不仅发生压缩变形，同时还发生纵向弯曲，产生横向挠度。在荷载不大时，长柱截面也是全部受压的。但由于发生纵向弯曲，内凹一侧的压应力就比外凸一侧的来得大。在破坏前，横向挠度增加得很快，使长柱的破坏来得突然。破坏时，凹侧混凝土被压碎，纵向钢筋被压弯而向外弯凸；凸侧则由受压突然变为受拉，出现水平的受拉裂缝。

这一现象的发生是由于钢筋混凝土柱不可能为理想的轴心受压构件，而轴向压力多少存在一个初始偏心，这一偏心所产生的附加弯距对于短柱来说，影响不大，可以忽略不计。但对长柱来说，会使构件产生横向挠度，横向挠度又加大了初始偏心，这样互为影响，使得柱子在弯矩及轴力共同作用下发生破坏。很细长的长柱还有可能发生失稳破坏，失稳时的承载力也就是临界压力。

因此，在设计中必须考虑由于纵向弯曲对柱子承载力降低的影响。

常用稳定系数 φ 来表示长柱承载力较短柱降低的程度。φ 是长柱承载力（临界压力）与短柱承载力的比值，即

$$\varphi = \frac{N_{u长}}{N_{u短}} \quad (3-2)$$

显然 φ 是一个小于 1 的数值。

影响 φ 值的主要因素为柱的长细比 $\dfrac{l_0}{b}$（b 为矩形截面柱短边尺寸，l_0 为柱子的计算长度），混凝土强度等级和配筋率对 φ 值影响很小，可予以忽略。

2.普通箍筋柱的正截面受压承载力计算

根据以上受力性能分析，普通箍筋柱的正截面受压承载力（见图 3-7），可按下列公式计算：

$$KN \leqslant N_u = \varphi \left(f_c A + f'_y A'_s \right) \quad (3-3)$$

式中：K ——承载力安全系数；

N——轴向压力设计值；

N_u——截面破坏时的极限轴向压力；

φ——钢筋混凝土轴心受压构件稳定系数；

f_c——混凝土的轴心抗压强度设计值；

A——构件截面积（当配筋率 $\rho' > 3\%$ 时，需扣去纵向钢筋截面积，

$\rho' = \dfrac{A'}{A}$ ）；

f_y'——纵向钢筋的抗压强度设计值；

A_s'——全部纵向钢筋的截面积。

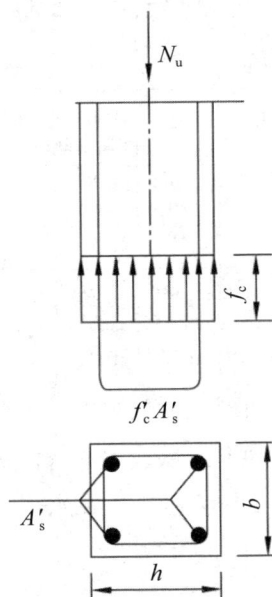

图 3-7 轴心受压柱正截面受压承载力计算图

（二）普通箍筋柱正截面受压承载力计算公式的应用

1. 截面设计

柱的截面尺寸可根据构造要求或参照同类结构确定，然后根据 $\dfrac{l_0}{b}$ 或 $\dfrac{l_0}{i}$ 由表 3-1 查出 φ ，再按式（3-3）计算所需要钢筋截面积

$$A_s' = \frac{KN - \varphi f_c A}{\varphi f_y'} \quad (3-4)$$

求得钢筋截面积 A'_s 后，验算配筋率 $\rho' = \dfrac{A'_s}{A}$ 是否适中（柱子的合适配筋率为 0.8% ~ 2.0%）。如果 ρ' 过大或过小，说明截面尺寸选择不当，可另行选定，重新进行计算。

2. 承载力复核

轴心受压柱的承载力复核，是已知截面尺寸、钢筋截面积和材料强度后，验算截面承受某一轴向压力时是否安全，即计算截面能承担多大的轴向压力。

可根据 $\dfrac{l_0}{b}$ 查表 3–1 得值，然后按式（3–3）计算所能承受的轴向压力 N。

表 3–1 钢筋混凝土轴心受压构件的稳定系数

l_0/b	≤ 8	10	12	14	16	18	20	22	24	26	28
l_0/i	≤ 28	35	42	48	55	62	69	78	83	90	97
φ	1.0	0.98	0.95	0.92	0.87	0.81	0.75	0.70	0.65	0.60	0.56
l_0/b	30	32	34	36	38	40	42	44	46	48	50
l_0/i	104	111	118	125	132	139	146	153	160	167	174
φ	0.52	0.48	0.44	0.40	0.36	0.32	0.29	0.26	0.23	0.21	0.19

若柱的截面能做八角形或圆形，并配置纵向钢筋和横向螺旋筋，则称为螺旋箍筋柱。螺旋箍筋柱能增加柱的纵向承载力并且能极大地提高结构的延性，常用于抗震的框架柱中。但由于施工较为复杂，在水工建筑中不常采用。

第二节　受拉构件承载力计算

一、受拉构件基本概念和一般构造要求

（一）受拉构件相关概念

以承受轴向拉力为主的构件属于受拉构件。钢筋混凝土受拉构件可分为轴心受拉构件和偏心受拉构件两类：当轴向拉力作用点与截面重心重合时，称为轴心受拉构件；当构件上既作用有拉力又作用有弯矩，或轴向拉力作用点偏离截面重

心时，称为偏心受拉构件。

由于混凝土是一种非匀质材料，加之施工上的误差，无法做到轴向拉力能通过构件任意横截面的重心连线，许多构件上既有拉力作用又有弯矩作用，因此理想的轴心受拉构件在工程中是没有的。但是对于承受轴向拉力为主的构件，当偏心距很小（或弯矩很小）时，为方便计算，可近似按轴心受拉构件计算，如图 3-8（a）（b）所示。又如渡槽侧墙的拉杆、钢筋混凝土屋架下弦杆、单纯承受管内水压力的管道壁（管壁厚度不大时）等都属于轴心受拉构件。而单侧弧门推力作用下的预应力闸墩颈部、矩形水池的池壁、调压井的侧壁、浅仓的仓壁、圆形水管在管外土压力和管内水压力作用下的管壁等，均属偏心受拉构件，如图 3-8（c）（d）所示。

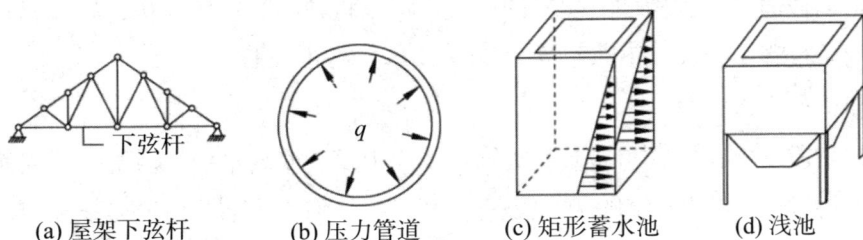

(a) 屋架下弦杆　　(b) 压力管道　　(c) 矩形蓄水池　　(d) 浅池

图 3-8　受拉构件实例

（二）受拉构件的构造要求

1. 纵向受拉钢筋

①为了增强钢筋与混凝土之间的黏结力并减少构件的裂缝开展宽度，受拉构件的纵向受力钢筋宜采用直径稍细的带肋钢筋，宜采用 HRb335 级、HRb400 级钢筋。轴心受拉构件的受力钢筋应沿构件周边均匀布置；偏心受拉构件的受力钢筋布置在垂直于弯矩作用平面的两边。

②轴心受拉和小偏心受拉构件（如桁架和拱的拉杆）中的受力钢筋不得采用绑扎接头，必须采用焊接；大偏心受拉构件中的受拉钢筋，当直径大于 28mm 时，也不宜采用绑扎接头，构件端部处的受力钢筋应可靠地锚固在支座内。钢筋接头位置应错开，在接头截面左右 350mm 且不小于 500mm 的区段内所焊接的受拉钢筋截面积不宜超过受拉钢筋总截面积的 50%。

③为了避免受拉钢筋配置过少引起的脆性破坏，受拉钢筋的用量不应小于最

小配筋率配筋。

④纵向钢筋的混凝土保护层厚度的要求与梁的相同。

2.箍筋

在受拉构件中，箍筋的作用是与纵向钢筋形成骨架，固定纵向钢筋在截面中的位置；对于有剪力作用的偏心受拉构件，箍筋主要起抗剪作用。受拉构件中的箍筋，其构造要求与受弯构件箍筋的相同。

二、轴心受拉构件正截面承载力计算

（一）轴心受拉构件的受力破坏过程

根据截面受力和构件上裂缝的开展，可以将轴心受拉构件从开始加载到构件破坏的全过程，分成以下三个受力阶段。

1.构件未裂阶段

该阶段发生在加载初期，此时构件上应力及应变均很小，混凝土与钢筋能保持变形协调，外荷载由钢筋和混凝土共同承担，但绝大部分由混凝土承担。由于这一阶段内钢筋与混凝土均在弹性范围内工作，因此构件的拉力与其应变基本上呈直线关系。这一阶段结束时，混凝土的应变达到极限拉应变，此时的截面应力分布是验算构件抗裂性的依据。

2.混凝土开裂至钢筋屈服前的阶段

当荷载增至某值时，构件在某一截面产生第一条裂缝，裂缝的开展方向大体上与荷载作用方向相垂直，而且很快贯穿整个截面。随着荷载的逐渐增大，构件其他截面上也陆续产生裂缝，这些裂缝将构件分割成许多段，各段之间仅以钢筋连接着，如图3-9（b）所示。在裂缝截面上，外荷载全部由钢筋承担，混凝土不参与受力。这一阶段是验算构件裂缝宽度的依据。

3.钢筋屈服至构件破坏阶段

随着荷载进一步增大，截面中部分钢筋逐渐达到屈服强度，此时裂缝迅速扩展，构件的变形随之大幅度增加，裂缝宽度也增大许多，如图3-9（c）所示，此时构件已达到破坏状态。这一阶段构件的应力分布是构件承载力计算的依据。

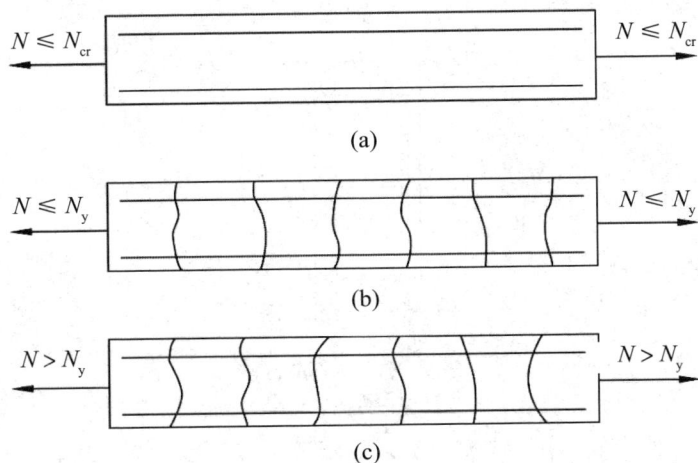

图 3-9　轴心受拉构件受力全过程示意图

（二）轴心受拉构件承载力计算公式推导

在轴心受拉构件中，混凝土开裂以前，混凝土与钢筋共同承担拉力。混凝土开裂以后，裂缝截面与构件轴线垂直，并贯穿于整个截面，在裂缝截面上，混凝土退出工作，全部拉力由纵向钢筋承担。当纵向钢筋受拉屈服时，构件达到其极限承载力而破坏。

由上述分析，得出轴心受拉构件正截面受拉承载力计算简图，如图 3-10 所示。根据承载力计算简图和内力平衡条件，并满足承载能力极限状态设计表达式的要求，可建立基本公式：

$$KN \leqslant f_y A_s \quad (3-5)$$

式中：N——轴向拉力设计值，N；

K——承载力安全系数；

f_y——抗拉强度设计值，N/mm^2；

A_s——全部纵向钢筋的截面积，mm^2。

69

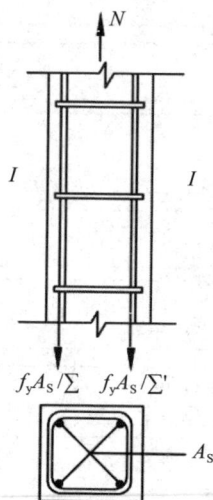

图 3–10 钢筋混凝土轴心受拉构件

三、剪力对偏心受拉构件承载力的影响

一般偏心受拉构件，在承受弯矩和拉力的同时，也存在着剪力，尚需进行斜截面受剪承载力计算。

轴向拉力可以使构件产生贯穿全截面的垂直裂缝，若再有横向荷载，则由剪力产生的斜裂缝可以直接与拉力产生的垂直裂缝相交，使剪压区混凝土截面减小，甚至没有剪压区。

轴向拉力的存在，增大了由剪力和弯矩产生的主拉应力。因此，构件的斜截面承载力比无轴向拉力时的要降低。建议偏心受拉构件的斜截面承载力按下式计算：

$$KV \leqslant V_c + V_{sv} + V_{sb} - 0.2N \quad （3-6）$$

式中：N——与剪力设计值 V 相应的轴向拉力设计值。

当式（3–6）右边的计算值小于 $V_{sv} + V_{sb}$ 时，应取为 $V_{sv} + V_{sb}$，这相当于不考虑混凝土的受剪承载力。同时要求箍筋的受剪承载力 V_{sv} 不应小于 $0.36 f_t bh_0$，这是为了保证箍筋具有一定的受剪承载力。

为防止发生斜压破坏，常见截面形式（矩形、T 形、工形）的偏心受拉构件，其截面尺寸应满足下式要求：

$$KV \leqslant 0.25 f_c bh_0 \quad （3-7）$$

第三节　受扭构件承载力计算

一、矩形截面纯扭构件承载力计算

（一）矩形截面纯扭构件的破坏形态

钢筋混凝土纯扭构件的最终破坏形态为三面螺旋形受拉裂缝和一面（截面长边）的斜压破坏面，如图3-11和图3-12所示。钢筋混凝土构件截面的极限扭矩比相应的素混凝土构件的增大很多，但开裂扭矩增大不多。

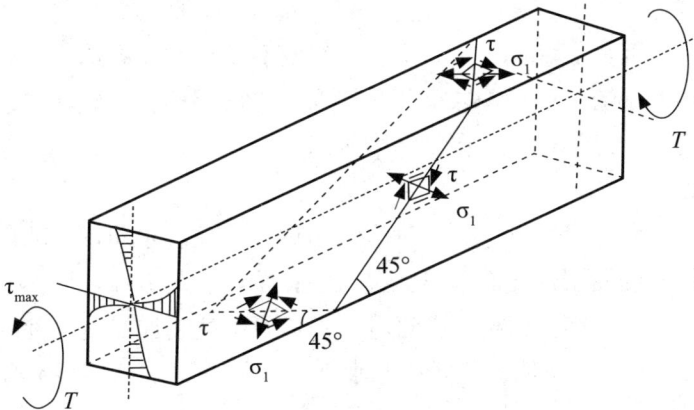

图3-11　未开裂混凝土构件受扭

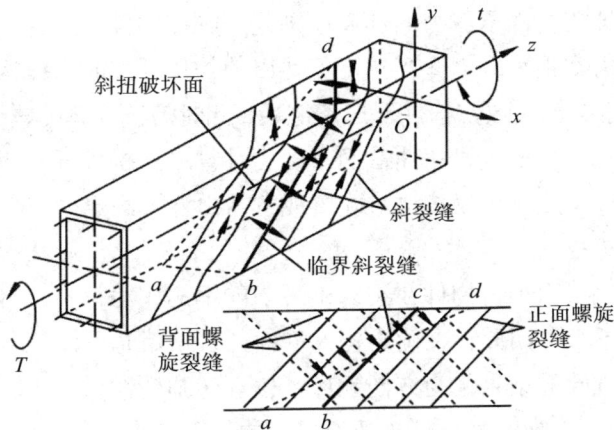

图3-12　开裂混凝土构件的受力状态

（二）纵筋和箍筋配置对纯扭构件破坏形态的影响

受扭构件的破坏形态与受扭纵筋和受扭箍筋配筋率的大小有关，大致可分为适筋破坏、部分超筋破坏、超筋破坏和少筋破坏等四种破坏形态。

1. 适筋破坏

对于正常配筋条件下的钢筋混凝土构件，在扭矩作用下，纵筋和箍筋先达到屈服强度，然后混凝土被压碎而破坏。这种破坏与受弯构件适筋梁的类似，属延性破坏。此类受扭构件称为适筋受扭构件。受扭承载力取决于受扭钢筋配筋量。

2. 部分超筋破坏

当纵筋和箍筋配筋比率相差较大，破坏时仅配筋率较小的纵筋或箍筋达到屈服强度，而另一种钢筋不屈服，此类构件破坏时，亦具有一定的延性，但比适筋构件的延性小，此类构件称为部分超配筋构件。这类构件应在设计中予以避免。

3. 超筋破坏

当纵筋和箍筋配筋率都过高，会发生纵筋和箍筋都没有达到屈服强度，而混凝土先行压坏的现象，这种现象类似于受弯构件的超筋脆性破坏，这种受扭构件称为超配筋构件。这类构件应在设计中予以避免。

4. 少筋破坏

若纵筋和箍筋配置均过少，一旦裂缝出现，构件会立即发生破坏。此时，纵筋和箍筋不仅达到屈服强度而且可能进入强化阶段，其破坏特性类似于受弯构件中的少筋梁，称为少筋受扭构件。这种破坏以及上述超筋受扭构件的破坏，均属脆性破坏，在设计中应予以避免。受扭承载力取决于截面尺寸和混凝土抗压强度。

（三）矩形截面纯扭构件承载力计算

矩形截面纯扭构件承载力的计算原则是，纯扭构件在裂缝出现前，构件内纵筋和箍筋的应力都很小，因此当扭矩不足以使构件开裂时，按构造要求配置受扭钢筋即可。在扭矩较大致使构件形成裂缝后，此时需按计算配置受扭纵筋及箍筋，以满足构件的承载力要求。扭曲截面承载力计算中，构件开裂扭矩的大小决定了受扭构件的钢筋配置是否仅按构造配置或者需由计算确定。

1. 开裂扭矩

由于钢筋混凝土纯扭构件在裂缝出现前的钢筋应力很小，钢筋的存在对开裂扭矩的影响也不大，因此，在确定构件截面开裂扭矩时可以忽略钢筋的作用。

根据大量试验的结果，为方便起见，按理想弹塑性材料计算的开裂扭矩乘以0.7的降低系数，作为混凝土材料开裂扭矩的计算公式：

$$T_{er} = 0.7W_t f_t \quad (3-8)$$

式中：W_t——受扭构件的截面受扭塑性抵抗矩。

2. 纯扭构件的承载力计算公式

受扭的素混凝土构件，一旦出现斜裂缝即完全破坏。若配置适量的受扭纵筋和受扭箍筋，则不但其承载力有较显著的提高，且构件破坏时会具有较好的延性。

通过对钢筋混凝土矩形截面纯扭构件的试验研究和统计分析，在满足可靠度要求的前提下，提出如下半经验半理论的纯扭构件承载力计算公式。

（1）$h_w / b \leq 6$ 矩形截面钢筋混凝土纯扭构件受扭承载力计算公式

计算公式为：

$$T_u = 0.35 f_t W_t + 1.2\sqrt{\zeta}\, \frac{f_{yv} A_{st1} A_{cor}}{s} \quad (3-9)$$

$$\zeta = \frac{f_y A_{stl} s}{f_{yv} A_{st2} u_{cor}} \quad (3-10)$$

式中：ζ——受扭纵向钢筋与箍筋的配筋强度比；

h_w——截面的腹板高度，对矩形截面，取有效高度 h_0；

A_{st1}——受扭计算中对称布置的全部纵向钢筋截面积；

A_{st2}——受扭计算中沿截面周边所配置箍筋的单肢截面积；

f_y——抗扭纵筋抗拉强度设计值；

f_{yv}——抗扭箍筋抗拉强度设计值；

s——箍筋间距；

u_{cor}——截面核心部分周长，$u_{cor} = 2(h_{cor} + b_{cor})$，其中，$b_{cor}$ 和 h_{cor} 分别为截面核心短边与长边长度，如图 3-13 所示。

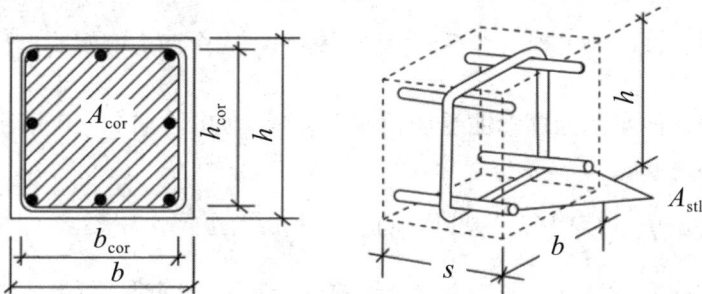

图 3-13 纵筋与箍筋强度比

式（3-9）由两项组成：第一项为开裂混凝土承担的扭矩，第二项为钢筋承担的扭矩，它是建立在适筋破坏形式的基础上的。

系数 ζ 为受扭纵向钢筋与箍筋的配筋强度比，用来考虑纵筋与箍筋不同配筋比和不同强度比对受扭承载力的影响，以避免某一种钢筋配置过多形成部分超筋破坏。试验表明，若 ζ 在 0.5 ~ 2.0 内变化，构件破坏时，其受扭纵筋和箍筋应力均可达到屈服强度。为稳妥起见，ζ 的限制条件为 $0.6 \leqslant \zeta \leqslant 1.7$，当 $\zeta > 1.7$ 时，按 $\zeta = 1.7$ 计算。

（2）$h_w / t_w \leqslant 6$ 的箱形截面钢筋混凝土纯扭构件受扭承载力计算公式

一定壁厚箱形截面的受扭承载力与相同尺寸的实心截面构件是相同的。对于箱形截面纯扭构件，采用下列计算公式：

$$T_u = 0.35 \alpha_h f_t W_t + 1.2 \sqrt{\zeta} f_{yv} \frac{A_{st1} A_{cor}}{s} \quad （3-11）$$

式中：α_h——箱形截面壁厚影响系数；

W_t——箱形截面受扭塑性抵抗矩。

二、矩形截面剪扭构件承载力计算

（一）矩形截面剪扭构件破坏类型

钢筋混凝土受扭构件随弯矩、剪力和扭矩比值和配筋不同，有以下三种破坏类型。

第 I 类型——结构在弯剪扭共同作用下，当弯矩作用显著（即扭弯比 $\psi = \frac{T}{M}$ 较小）时，扭矩产生的拉应力减少了截面上部的弯压区钢筋压应力。裂缝首先在弯曲受拉底面出现，然后发展到两侧面。三个面上的螺旋形裂缝形成一个扭曲破坏面，而第四面即弯曲受压顶面无裂缝，如图 3-14（a）所示。该破坏形态通常称为弯型破坏。

第 II 类型——结构在弯剪扭共同作用下，当扭矩作用显著（即扭弯比 ψ 和扭剪比 $\chi = \frac{T}{Vb}$ 均较大），而构件顶部纵筋少于底部纵筋时，可形成如图 3-14（b）

所示的扭型破坏。

　　第Ⅲ类型——结构在弯剪扭共同作用下，若剪力和扭矩起控制作用，则裂缝首先在侧面出现，然后向顶面和底面扩展，这三个面上的螺旋形裂缝形成扭曲破坏面，破坏时与螺旋形裂缝相交的纵筋和箍筋受拉并达到屈服强度，而受压区则靠近另一侧面，形成如图3-14（c）所示的剪扭型破坏。

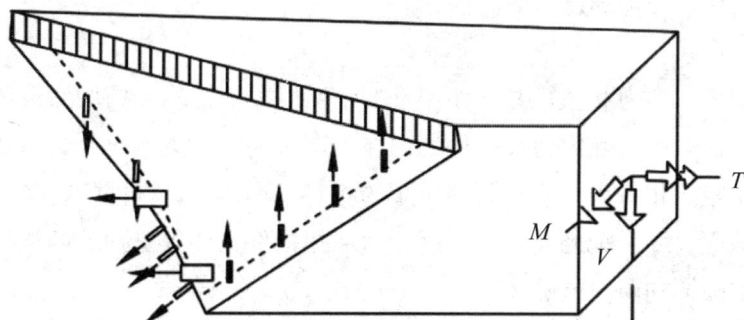

（a）弯型破坏

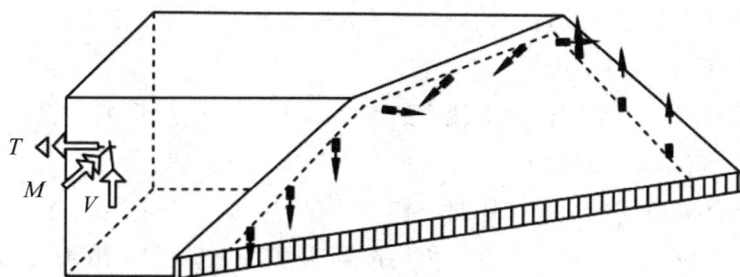

（b）扭型破坏

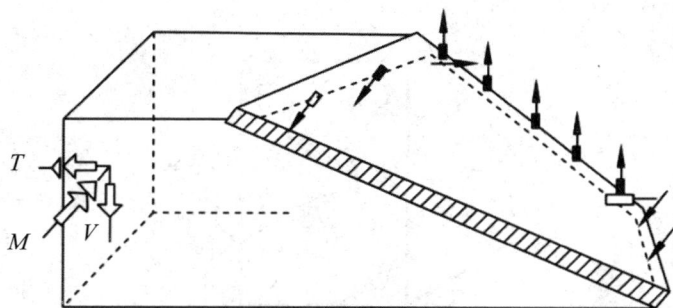

（c）剪扭型破坏

图3-14　矩形截面剪扭构件的破坏类型

（二）弯剪扭构件承载力的影响因素

对于工程中大多处于弯矩、剪力、扭矩共同作用的受扭构件，其受扭承载力的大小与受弯和受剪承载力是相互影响的。也就是说，构件的受扭承载力随同时作用的弯矩、剪力的大小而发生变化；同样，构件的受弯和受剪承载力也随同时作用的扭矩大小而发生变化。对于这样的复杂受力构件，其各类承载力之间存在显著的相关性，必须加以考虑。

1.破坏形式

处于弯矩、剪力和扭矩共同作用下的钢筋混凝土结构，构件的破坏特征及其承载力与构件截面所受内力及构件的内在因素有关。对于截面所受内力，应考虑其弯矩和扭矩的相对大小或剪力和扭矩的相对大小；对于构件的内在因素，则是指构件的截面尺寸、配筋及材料强度。弯剪扭构件主要有三种破坏类型，即弯型破坏、扭型破坏和剪扭型破坏。

受弯矩和剪力作用的构件斜截面会发生剪压破坏。对于弯剪扭共同作用下的构件，除了前述的三种破坏形态外，若剪力作用十分显著而扭矩较小，则还会发生与剪压破坏十分相近的剪切破坏形态。扭矩值相比另外二者小到一定程度时，将不起控制作用。

2.扭矩对受弯、受剪构件承载力的影响——承载力之间的相关性

（1）弯矩和扭矩的相关性

受弯构件同时受到扭矩作用时，扭矩的存在使纵筋产生拉应力，加重了受弯构件纵向受拉钢筋的负担，使其应力提前到达屈服强度，因而降低了受弯承载能力，如图 3–15 所示。

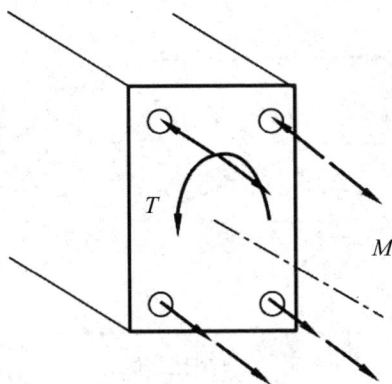

图 3–15 弯矩和扭矩的相关性

（2）剪力和扭矩的相关性

对于同时受到剪力和扭矩作用的构件，由于二者的剪应力在构件的一个侧面上是相互叠加的，因此承载力低于剪力或扭矩单独作用时的承载力。

工程上把这种相互影响的性质称为构件各承载力之间的相关性，如图 3-16 所示。

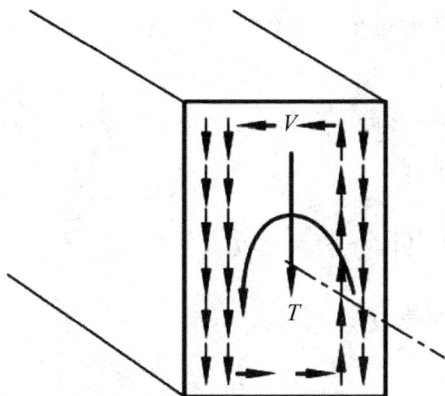

图 3-16 剪力和扭矩的相关性

（三）剪扭构件的承载力计算公式

1. 承载力相关性

在弯矩、剪力和扭矩的共同作用下，各项承载力相互关联，相互影响十分复杂。

①弯扭作用时，不考虑弯、扭的相关作用，而分别计算其抗弯和抗扭承载力。对钢筋混凝土矩形截面弯剪扭构件，其纵向钢筋应按弯扭构件的受弯、受扭承载力分别计算所需的纵筋面积之和配置。

②弯剪扭作用时，按剪扭构件的承载力和弯扭构件的承载力分别考虑。其纵向钢筋应按弯扭构件的受弯、受扭承载力分别计算所需的纵筋面积之和配置，其箍筋应按剪扭构件的受剪、受扭承载力分别计算所需的箍筋截面积之和进行配置。

采用混凝土受扭承载力降低系数来考虑剪扭共同作用的影响。混凝土受扭承载力降低系数计算公式如下。

当均布荷载为主时，$\beta_t = \dfrac{1.5}{1 + 0.5\dfrac{VW_t}{Tbh_0}}$

当集中荷载为主时，$\beta_t = \dfrac{1.5}{1+0.2(\lambda+1)\dfrac{VW_t}{Tbh_0}}$ 其中，λ 为计算截面的剪跨比，

当 $\lambda < 1.5$ 时，取 $\lambda = 1.5$；当 $\lambda > 3$ 时，取 $\lambda = 3$。

当 $\beta_t < 0.5$ 时，取 $\beta_t = 0.5$；当 $\beta_t > 1.0$ 时，取 $\beta_t = 1.0$。

2. 剪扭承载力计算

对于混凝土部分在剪扭承载力计算中，有一部分被重复利用，对其抗扭和抗剪能力应予以降低。

（1）对于一般的矩形截面构件

剪扭构件的受剪承载力

$$V_u = 0.7(1.5-\beta_t)f_tbh_0 + 1.25f_{yv}\frac{A_{sv}}{s}h_0 \quad （3-12）$$

剪扭构件的受扭承载力

$$T_u = 0.35\beta_tf_tW_t + 1.2\sqrt{\zeta}f_{yv}\frac{A_{st1}}{s}A_{cor} \quad （3-13）$$

其中，β_t 的表达式为

$$\beta_t = \frac{1.5}{1+0.5\dfrac{V}{T}\dfrac{W_t}{bh_0}} \quad （3-14）$$

对集中荷载作用下独立的钢筋混凝土剪扭构件，包括作用有多种荷载，且集中荷载对支座截面或节点边缘所产生的剪力值占总剪力值的 75% 以上的情况，式（3-12）应改为

$$V_u = \frac{1.75}{\lambda+1}(1.5-\beta_t)f_tbh_0 + f_{yv}\frac{A_{sv}}{s}h_0 \quad （3-15）$$

且公式之中的剪扭构件混凝土承载力降低系数 β_t 应按下式计算：

$$\beta_t = \frac{1.5}{1+0.2(\lambda+1)\dfrac{V}{T}\dfrac{W_t}{bh_0}} \quad （3-16）$$

按式（3-14）和式（3-15）计算得出的剪扭构件混凝土承载力降低系数 β_t 值，若小于 0.5，则不考虑扭矩对混凝土受剪承载力的影响，故此时取 $\beta_t = 0.5$；若

大于 1.0，则可不考虑剪力对混凝土受扭承载力的影响，故此时取 $\beta_t = 1.0$。λ 为计算截面的剪跨比。

（2）箱形截面的钢筋混凝土一般剪扭构件

对于箱形截面的一般剪扭构件，需要考虑箱形截面壁厚影响系数 α_h 对混凝土受扭承载力的修正。

$$T_u = 0.35\alpha_h\beta_t f_t W \quad (3\text{--}17)$$

（3）T 形和工字形截面剪扭构件

T 形和工字形截面可以看作由简单矩形截面所组成的复杂截面。剪力全部由腹板承担；扭矩由腹板、受拉翼缘和受压翼缘共同承受，并按各部分截面的抗扭塑性抵抗矩分配。

第四章 水工钢筋混凝土梁板设计

第一节 矩形截面钢筋混凝土梁的设计

一、梁的构造知识

钢筋混凝土构件的受力钢筋数量是由计算决定的。但在构件设计中，还需要满足许多构造上的要求，以照顾施工的方便和某些在计算中无法考虑到的因素。下面列出水工钢筋混凝土梁正截面的一般构造规定，以供参考。

（一）截面形式与尺寸

梁的截面形式最常用的是矩形和 T 形。在装配式构件中，为了减轻自重及增大截面惯性矩，也常采用工字形、H 形、箱形等截面，如图 4—1 所示。

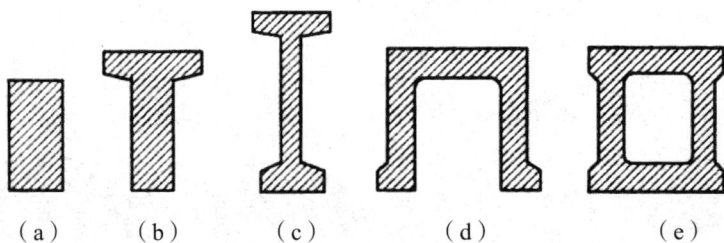

（a）　　（b）　　（c）　　（d）　　（e）

图 4-1 梁的截面形式

为了使梁的截面尺寸有统一的标准，便于重复利用模板并方便施工，确定截面尺寸时，通常要考虑以下一些规定：

①现浇的矩形梁梁宽 b 常取为 120mm、150mm、180mm、200mm、220mm、250mm，250mm 以上则以 50mm 为模数递增。梁高 h 常取为 250mm，300mm，

350mm，400mm、800mm，以 50mm 为模数递增；800mm 以上则可以 100mm 为模数递增。

②梁的高度 h 通常可根据跨度 l_0 确定，简支梁的高跨比 h/l_0 一般为 $1/12 \sim 1/8$。矩形截面梁的高宽比 h/b 一般为 $2 \sim 3$。

（二）混凝土保护层

在钢筋混凝土构件中，为防止钢筋锈蚀，并保证钢筋和混凝土能牢固地黏结在一起，钢筋外面必须有足够厚度的混凝土保护层（见图 4-2）。这种必要的保护层厚度主要与钢筋混凝土结构构件的种类、所处环境等因素有关。纵向受力钢筋的混凝土保护层厚度是指从纵向受力钢筋外边缘到混凝土近表面的垂直距离，用 c 表示，其值不应小于纵向受力钢筋直径及表 4-1 所列的数值，同时不宜小于粗骨料最大粒径的 1.25 倍。梁中箍筋和构造钢筋的保护层厚度不应小于 15mm；钢筋端头保护层不应小于 15mm。水工混凝土结构所处的环境类别见表 4-2。

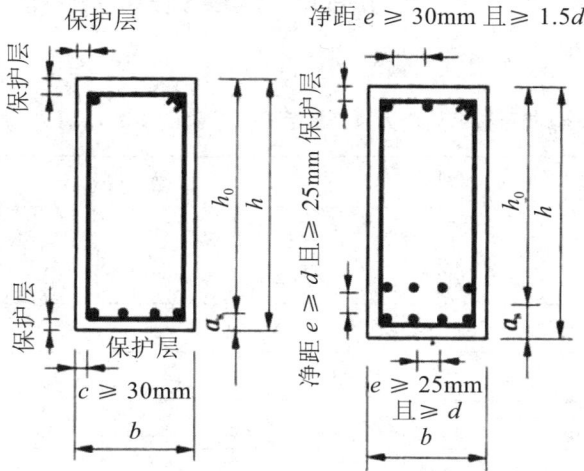

图 4-2 混凝土保护层、纵筋净距和截面有效高度

表 4-1 混凝土保护层最小厚度 c（单位：mm）

项次	构件类别	环境条件类别				
		一	二	三	四	五
1	板、墙	20	25	30	45	50
2	梁、柱、墩	30	35	45	55	60
3	截面厚度不小于 2.5m 的底板及墩墙	—	40	50	60	65

表 4-2 水工混凝土结构所处的环境类别

环境类别	环境条件
一	室内正常环境
二	室内潮湿环境；露天环境；长期处于水下或地下的环境
三	淡水水位变化区；有轻度化学侵蚀性地下水的地下环境；海水水下区
四	海上大气区；轻度盐雾作用区；海水水位变化区；中度化学侵蚀性环境
五	使用除冰盐的环境；海水浪溅区；重度盐雾作用区；严重化学侵蚀性环境

（三）截面有效高度

在计算梁承载力时，混凝土开裂后，拉力完全由钢筋承担，则梁发挥作用的截面高度应为受拉钢筋合力点到受压混凝土边缘的距离，这一距离称为截面有效高度，用 h_0 表示。如图 4-2 所示，$h_0=h-a_s$，a_s 值可由混凝土保护层最小厚度 c 和钢筋直径 d 计算得出。当钢筋单排布置时，$a_s=c-d/2$；当钢筋双排布置时，$a=c+d+e/2$，其中 e 为两排钢筋的净距。对梁来说，一般情况下，可按钢筋直径 20mm 来估算 a_s 值（见表 4-3）。

表 4-3 纵向受拉钢筋合力点至截面受拉边缘的距离 a_s（单位：mm）

钢筋类型	梁、柱、墩	
	一排钢筋	二排钢筋
一	40	65
二	45	70
三	55	80
四	65	90
五	70	95

二、梁正截面受弯承载力计算

（一）正截面承载力计算的规定

1.基本假定

钢筋混凝土受弯构件正截面承载力的计算依据的是适筋梁在第Ⅲ阶段末的应力状态。为了建立基本计算公式，在大量试验研究的基础上做出以下四条假定：

①平截面假定。构件正截面在弯曲变形后仍保持为一平面，即截面上每一纵向纤维的应变沿梁高呈线性分布。

②不考虑截面受拉区混凝土的抗拉强度，即假定截面受拉区的拉力全部由纵向受拉钢筋来承担。

③受压区混凝土的应力应变关系采用理想化的应力 – 应变曲线（见图4–3）。混凝土弯曲受压时，当 $\varepsilon_c \leqslant 0.002$ 时，应力与应变关系曲线为抛物线；当压应变 $\varepsilon_c > 0.002$ 时，应力与应变关系曲线为水平线，其极限压应变 ε_{cu} 取 0.0033，相应的最大压应力取混凝土轴心抗压强度设计值 f_c。

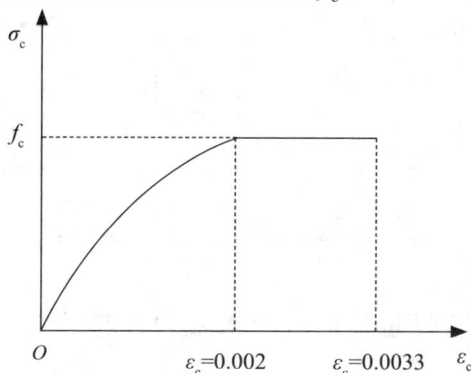

图4-3　混凝土 $\sigma_c \sim \varepsilon_c$ 曲线

④软钢的应力与应变关系曲线见图4–4。纵向钢筋的应力等于钢筋应变 ε_s 与其弹性模量 E_s 的乘积，但不应大于其相应的强度设计值。即钢筋屈服之前，应力按 $\sigma_s = E_s \varepsilon_s$ 计算；钢筋屈服之后，应力一律取为强度设计值 f_y。

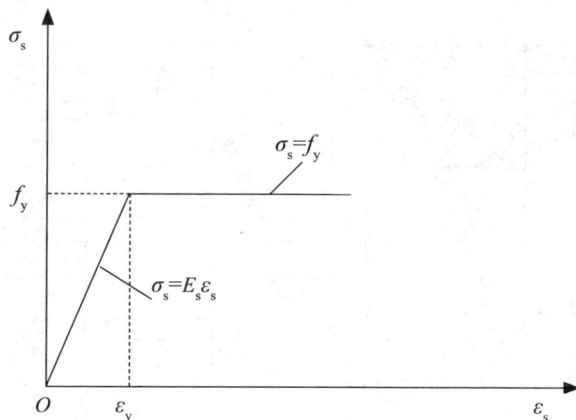

图4-4　有明显屈服点钢筋的 $\sigma_s \sim \varepsilon_s$ 曲线

2.受压区混凝土的等效应力图形

根据平截面假定，可得到每一纵向纤维的应变值，在受压区混凝土的应力与应变关系曲线上可得到与某一应变值对应的应力值。这样，便可绘制出受压区混凝土的应力图形［见图 4–5（c）］。由于得到的应力图形为二次抛物线，不便计算，根据两个应力图形合力相等和合力作用点位置不变的原则，将其简化为等效矩形分布的应力图形［见图 4–5（d）］。

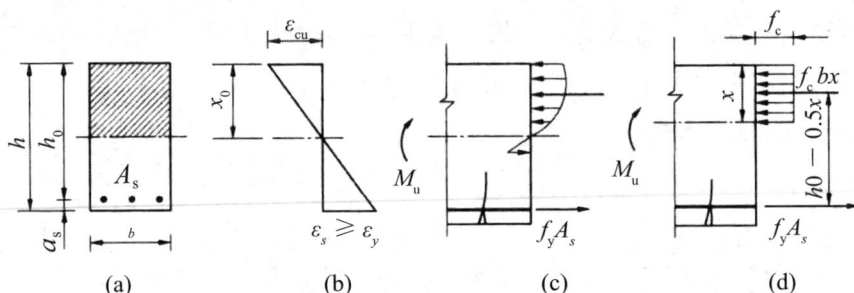

图 4–5 单筋矩形截面应力图形转化

（二）单筋矩形截面梁正截面承载力计算

1.计算简图

根据受弯构件适筋破坏的特征，在进行单筋矩形截面受弯承载力计算时，忽略受拉区混凝土的作用；受压区混凝土的应力图形采用等效矩形应力图形，应力值达到混凝土的轴心抗压强度设计值 f_c；受拉钢筋应力达到其抗拉强度设计值 f_y。计算简图如图 4–6 所示。

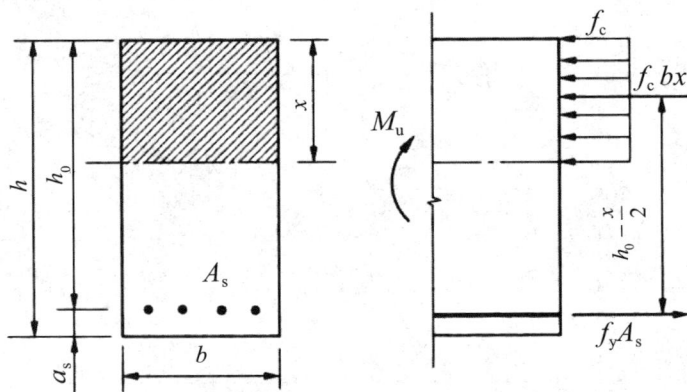

图 4–6 单筋矩形截面梁正截面承载力计算简图

2. 基本公式

根据计算简图（见图4-6），由截面内力的平衡条件，并满足承载能力极限状态设计表达式的要求，可得出两个基本计算公式：

$$KM \leqslant M_u = f_c bx \left(h_0 - \frac{x}{2} \right) (4-1)$$

$$f_c bx = f_y A_s \quad （4-2）$$

式中 M——弯矩设计值，N·mm；

K——承载力安全系数；

f_c——混凝土轴心抗压强度设计值，N/mm^2；

b——形截面宽度，mm；

x——混凝土受压区计算高度，mm；

h_0——截面有效高度，mm，$h_0 = h - a_s$，h 为截面高度，a_s 为纵向受拉钢筋合力点至截面受拉边缘的距离；

f_y——钢筋抗拉强度设计值，N/mm^2；

A_s——受拉区纵向钢筋截面面积，mm^2。

在式（4-1）和式（4-2）中，是假定受拉钢筋的应力达到 f_y，受压混凝土的应力达到 f_c 的。这种应力状态只在配筋量适中的构件中才会发生，所以基本公式只适用于适筋梁，而不适用于超筋梁和少筋梁。应用基本公式时应满足下面两个适用条件：

$$x \leqslant 0.85\xi_b h_0 \quad （4-3）$$

$$\rho \geqslant \rho_{min} \quad （4-4）$$

式中 ξ_b——相对界限受压区计算高度，对于热轧钢筋；

ρ——受拉区纵向钢筋配筋率；

ρ_{min}——受弯构件纵向受拉钢筋最小配筋率。

式（4-3）是为了防止配筋过多而发生超筋破坏，式（4-4）是为了防止配筋过少而发生少筋破坏。

按式（4-1）和式（4-2），在已知材料强度、截面尺寸等条件下，可联立解出受压区高度 x 及受拉钢筋截面面积 A_s 值，但比较麻烦。为了计算方便，可将式（4-1）及式（4-2）改写如下：

将 $\xi = x/h_0$(即 $x = \xi h_0$)代入式（4-1）、式（4-2），并令

$$\alpha_s = \xi(1-0.5\xi) \quad (4-5)$$

则有

$$KM \leqslant M_u = \alpha_s f_c b h_0^2 \quad (4-6)$$

$$f_c b \xi h_0 = f_y A_s \quad (4-7)$$

此时，其适用条件相应为

$$\xi \leqslant 0.85\xi_b \quad (4-8)$$

$$\rho \geqslant \rho_{min} \quad (4-9)$$

（三）双筋矩形截面梁正截面承载力计算

1. 使用双筋的条件

在梁的受拉区和受压区同时按计算配置纵向受力钢筋的截面称为双筋截面。由于在梁的受压区布置受压钢筋来承受压力是不经济的，故一般情况下不宜采用。

在下列情况下可采用双筋截面：

①当截面承受的弯矩较大，而截面高度及材料强度等级又由于种种原因不能提高，以至于按单筋矩形截面计算时 $x > 0.85\xi_b h_0$，即出现超筋情况时，可采用双筋截面。此时在混凝土受压区配置受压钢筋是补充混凝土抗压能力的不足。

②构件在不同的荷载组合下承受异号弯矩的作用，如风荷载作用下的框架横梁。由于风向的变化，在同一截面既可能出现正弯矩，又可能出现负弯矩，此时就需要在梁的上下方都布置受力钢筋。

③在抗震地区，为了增加构件截面的延性，一般应在其受压区配置一定数量的受压钢筋。

2. 基本公式及适用条件

双筋截面是在单筋截面的基础上，在受压区配置一定数量的受压钢筋帮助受压混凝土承受压力。双筋截面只要满足 $\xi \leqslant 0.85\xi_b$，就仍具有单筋截面适筋构件的破坏特征。

（1）双筋矩形截面受弯构件的计算应力

钢筋和混凝土之间具有黏结力，所以受压钢筋与周边混凝土共同变形，具有相

同压应变，即 $\varepsilon_s' = \varepsilon_c$。当构件受压边缘混凝土纤维达到极限压应变 ε_{cu} 时，受压钢筋应力 $\sigma_s' = \varepsilon_s' E_s = \varepsilon_c E_s = \varepsilon_{cu} E_s$。其中 ε_{cu} 值在 0.002 ～ 0.004 内变化。为安全起见，计算受压钢筋应力时取 ε_{cu} =0.002，则 σ_s' =$0.002 \times 2.0 \times 10^5$=400（N/mm^2）。

若采用中、低强度钢筋做受压钢筋，且混凝土受压区计算高度 $x \geqslant 2a_s'$（a_s' 为受压钢筋合力点到受压区边缘的距离），则在构件破坏时受压钢筋应力就能达到屈服强度 f_y'；若采用高强度钢筋作为受压钢筋，由于受到混凝土极限压应变限制，钢筋强度不能充分发挥，钢筋抗压强度设计值只能取 360N/mm^2，所以受压钢筋一般不宜采用高强钢筋。

（2）基本公式

根据截面内力的平衡条件以及承载能力极限状态设计表达式的要求，可写出如下基本计算公式：

$$KM \leqslant M_u = f_c bx\left(h_0 - \frac{x}{2}\right) + f_y' A_s'\left(h_0 - a_s'\right) \quad (4\text{--}10)$$

$$f_c bx + f_y' A_s' = f_y A_s \quad (4\text{--}11)$$

为简化计算，将 $x = \xi h_0$ 及 $\alpha_s = \xi(1 - 0.5\xi)$ 代入上式得

$$KM \leqslant M_u = \alpha_s f_c b h_0^2 + f_y' A_s'\left(h_0 - a_s'\right) \quad (4\text{--}12)$$

$$f_c b \xi h_0 + f_y' A_s' = f_y A_s \quad (4\text{--}13)$$

式中 f_y'——纵向钢筋的抗压强度设计值，N/mm^2；

A_s'——受压区纵向钢筋的全部截面面积，mm^2；

a_s'——受压区全部纵向钢筋受压合力点至截面受压边缘的距离，mm。

（3）公式适用条件

① $\xi = x / h_0 \leqslant 0.85\xi_b$。是为了避免超筋破坏，保证截面破坏时纵向受拉钢筋应力能达到抗拉强度设计值 f_y。

② $x \geqslant 2a_s'$。是为了保证截面破坏时纵向受压钢筋应力能达到抗压强度设计值 f_y'。

（四）T形截面梁正截面承载力计算

1.T形截面的特点

矩形截面梁的受拉区混凝土在承载力计算时，由于开裂而不考虑其作用，若

去掉其中一部分，将钢筋集中放置，就成了 T 形截面，如图 4-7 所示，这样做并不会降低它的受弯承载力，却能节省混凝土用量并减轻自重，显然较矩形截面有利。T 形梁中间部分称为梁肋，两边伸出部分称为翼缘。对于翼缘位于受拉区的上形截面，由于受拉区翼缘混凝土开裂，不起受力作用，所以仍按矩形截面（宽度为肋宽）计算。因此，决定是否按 T 形截面计算，不能只看其外形，应当看受压区的形状是否为 T 形。

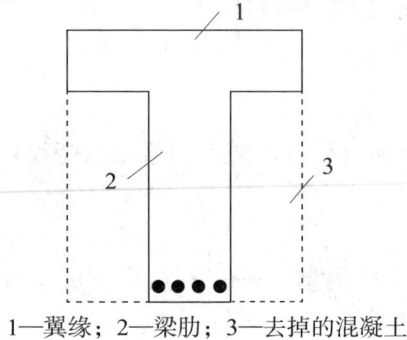

1—翼缘；2—梁肋；3—去掉的混凝土

图 4-7 T 形截面的形成

工字形、箱形及空心截面均可按 T 形截面计算（见图 4-8）。

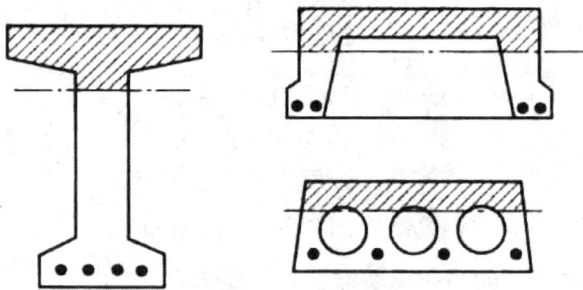

图 4-8 工字形、空心形截面

2. 翼缘计算宽度用

当 T 形梁受力时，沿翼缘宽度上压应力分布是不均匀的，压应力由梁肋中部向两边逐渐减少，当翼缘宽度很大时，远离梁肋的部分翼缘几乎不承受压力，如图 4-9（a）所示。为简化计算，合理确定翼缘宽度，假定在这个范围之内压力均匀分布，之外翼缘不再起作用，此翼缘宽度称为翼缘计算宽度 b_f'，如图 4-9（b）所示。翼缘的计算宽度主要与梁的工作情况（是整体梁还是独立梁）、梁的跨度以及受压翼缘高度与截面有效高度之比（即 h_f' / h_0）有关。

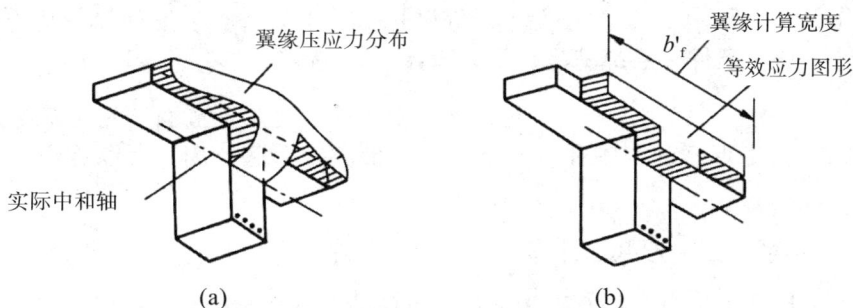

图 4-9　T 形截面梁受压区实际应力和计算应力图

3. T 形截面计算的基本公式

（1）T 形截面的分类

T 形截面受弯构件，按中和轴所在位置不同分为两类：

①中和轴位于翼缘内，即受压区计算高度 $x \leqslant h_{\mathrm{f}}'$ 的截面为第一类 T 形截面。

②中和轴位于梁肋内，即受压区计算高度 $x > h_{\mathrm{f}}'$ 的截面为第二类 T 形截面。

（2）T 形截面类型判别

用定义判别 T 形截面类型需求出截面受压区高度 x，比较麻烦。中和轴刚好通过翼缘下边缘（即 $x = h_f'$）时，为两种情况的分界。为此可以通过建立 $x = h_{\mathrm{f}}'$ 时的计算公式对 T 形截面进行判别。

对于截面设计问题，已知 M，其判别方法为：

当 $KM \leqslant f_c b_{\mathrm{f}}' h_{\mathrm{f}}' \left(h_0 - \dfrac{h_{\mathrm{f}}'}{2} \right)$ 时，为第一类 T 形截面；否则，为第二类 T 形截面。

对于截面复核问题，已知 A_s，其判别方法为：

当 $f_y A_s \leqslant f_c b_f' h_f'$ 时，为第一类 T 形截面；否则，为第二类 T 形截面。

（3）第一类 T 形截面基本公式及适用条件

根据截面内力平衡条件，并满足承载力极限状态表达式的要求，可得以下基本公式：

$$f_c b_{\mathrm{f}}' x = f_y A_{\mathrm{s}} \quad （4-14）$$

$$KM \leqslant M_u = f_c b_{\mathrm{f}}' x \left(h_0 - \dfrac{x}{2} \right) \quad （4-15）$$

基本公式适用条件为：

①$x \leqslant 0.85\xi_b h_0$。以防止发生超筋破坏。对于第一类 T 形截面，其受压区高度较小，该项条件一般都满足，不必验算。

②$\rho \geqslant \rho_{\min}$。以防止发生少筋破坏。对于第一类 T 形截面，此项需要验算。第一类 T 形截面因中和轴以下受拉区混凝土不起作用，所以这样的 T 形截面与宽度为 b'_f 的矩形截面完全一样。

（4）第二类 T 形截面计算公式及适用条件

根据内力平衡条件，并满足承载力极限状态表达式的要求，第二类 T 形截面的基本公式为：

$$f_c bx + f_c \left(b'_f - b\right)h'_f = f_y A_s \quad （4-16）$$

$$KM \leqslant M_u = f_c bx\left(h_0 - \frac{x}{2}\right) + f_c (b'_f - b)h'_f\left(h_0 - \frac{h'_f}{2}\right) \quad （4-17）$$

式中 b'_f——T 形截面受压区翼缘计算宽度，mm；

h'_f——T 形截面受压翼缘高度，mm。

基本公式适用条件为：

①$x \leqslant 0.85\xi_b h_0$。以防止发生超筋破坏。

②$\rho \geqslant \rho_{\min}$。以防止发生少筋破坏。由于 T 形截面的受拉钢筋配置较多，一般能满足 $\rho \geqslant \rho_{\min}$ 的要求，通常可不验算这一条件。

4.计算方法

（1）截面设计

已知弯矩设计值 M、截面尺寸、材料强度等级，求纵向受拉钢筋截面面积 A_s。其计算步骤为：

①确定翼缘计算宽度 b'_f。

②判别 T 形截面类型。

③若为第一类 T 形截面，按梁宽为出的矩形截面计算。若为第二类 T 形截面，由式（4-16）及式（4-17）得

$$\alpha_s = \frac{KM - f_c\left(b'_f - b\right)h'_f\left(h_0 - \frac{h'_f}{2}\right)}{f_c bh_0^2} \quad （4-18）$$

$$\xi = 1 - \sqrt{1 - 2\alpha} \quad （4-19）$$

$x = \xi h_0$，若 $x \leqslant 0.85\xi_b h_0$，则

$$A_s = \frac{f_c bx + f_c \left(b'_f - b\right)h'_f}{f_y} \quad (4-20)$$

否则，需加大截面尺寸或提高混凝土强度等级或改用双筋截面。

④选配钢筋，绘制截面配筋图。

（2）承载力复核

已知弯矩设计值 M、截面尺寸、材料强度等级、纵向受拉钢筋截面面积 A_s，复核梁的正截面是否安全。其步骤为：

①确定翼缘计算宽度 b'_f。

②判别 T 形截面类型。

③若为第一类 T 形截面，则按宽度为 b'_f 的矩形截面复核。若为第二类 T 形截面，则由式（4-16）得：

$$x = \frac{f_y A_s - f_c \left(b'_f - b\right)h'_f}{f_c b} \quad (4-21)$$

当 $x \leqslant 0.85\xi_b h_0$ 时

$$M_u f_c bx \left(h_0 - \frac{x}{2}\right) + f_c(b'_f - b)h'_f \left(H_0 - \frac{H'_f}{2}\right) \quad (4-22)$$

当 $x \geqslant 0.85\xi_b h_0$ 时，令 $x = 0.85\xi_b h_0$，求得 M_u。

④复核截面是否安全。

三、钢筋混凝土梁斜截面承载力计算

一般情况下，受弯构件除承受弯矩作用外，同时还承受剪力的作用。钢筋混凝土构件在承受弯矩的区段内，其正截面受弯承载力计算已如前所述，而在弯矩和剪力共同作用的剪弯区段内，常常产生斜裂缝，并可能沿斜截面（斜裂缝）发生破坏，因此在设计时必须进行斜截面承载力计算。

为了防止斜截面破坏，应使梁有足够的截面尺寸，并配置箍筋和弯起钢筋，这些钢筋通常称为腹筋。腹筋同纵向受拉钢筋和架立钢筋绑扎或焊接在一起，形成钢筋骨架，与混凝土共同承受截面弯矩和剪力，防止截面破坏。

（一）梁的斜截面受剪破坏分析

1. 有腹筋梁斜截面受剪破坏形态

有腹筋梁斜截面的受剪破坏形态有斜压破坏、剪压破坏和斜拉破坏三种形态。其破坏形态主要与梁的剪跨比和腹筋用量等因素有关。

（1）斜压破坏

当腹筋数量配置过多，或剪跨比较小（$\lambda < 1$）时，斜裂缝将集中荷载作用点和支座间的混凝土分割成若干受压短柱，然后随着荷载增加，最后这些混凝土短柱达到混凝土轴心抗压强度而被压碎，破坏时腹筋未达到屈服。破坏特征是腹筋强度得不到充分利用，是一种没有预兆的脆性破坏，与正截面超筋梁破坏相似。

（2）剪压破坏

当腹筋数量配置适当，且剪跨比适中（$1 \leqslant \lambda \leqslant 3$）时，随着荷载的增加，首先在受拉区出现一些垂直裂缝和几根细微的斜裂缝。当荷载增大到一定程度时，在细微斜裂缝中出现一条又宽又长的主要斜裂缝。荷载进一步增加，与主要斜裂缝相交的腹筋应力不断增加，直到屈服，主要斜裂缝向斜上方伸展，使截面受压区高度减小。最后，由于主要斜裂缝顶端余留截面的压应力超过混凝土抗压强度而破坏。其特征是破坏时腹筋能够达到屈服强度，最后剪压区混凝土被压碎而破坏，与正截面适筋梁破坏相似。

（3）斜拉破坏

当腹筋数量配置过少，且剪跨比较大（$\lambda > 3$）时，随着荷载的增加，斜裂缝一开裂，腹筋的应力就会很快达到屈服，腹筋不能起到限制斜裂缝开展的作用，梁很快沿斜向裂成两部分而破坏。其特征是破坏荷载与出现斜裂逢时的荷载很接近，一裂即坏，破坏突然，属于脆性破坏，与正截面少筋梁破坏相似。

2. 影响斜截面抗剪承载力的主要因素

（1）混凝土强度

混凝土强度反映了混凝土的抗压强度和抗拉强度，直接影响余留截面抵抗主拉应力和主压应力的能力。凡截面尺寸及纵向钢筋配筋率相同的受弯构件，受剪承载力随混凝土强度的提高而提高，两者基本呈线性关系。

（2）纵筋配筋率

由于斜裂缝破坏的直接原因是受压区混凝土被压碎（剪压）或拉裂（斜拉），因此增加纵筋配筋率 ρ 可抑制斜裂缝向受压区的伸展，从而提高骨料咬合力，并加大了受压区混凝土余留截面及提高了纵筋销栓作用。总之，随着 ρ 的增大，梁的受剪承载力有所提高，但增幅不太大。

（3）腹筋用量

腹筋包括箍筋及弯起的纵向钢筋。在斜裂缝发生之前，混凝土在各方向的应变都很小，所以腹筋的应力很低，对阻止斜裂缝的出现几乎不起作用。但是当斜裂缝出现后，与斜裂缝相交的腹筋，不仅能承担很大一部分剪力，还能延缓斜裂缝开展，有效地减少斜裂缝的开展宽度，保留了更大的混凝土余留截面，从而提高了混凝土的受剪承载力。另外，箍筋可限制纵向钢筋的竖向位移，有效地阻止混凝土沿纵筋的撕裂，从而提高纵筋的销栓作用。

弯起钢筋几乎与斜裂缝垂直，传力直接，但由于弯起钢筋是由纵筋弯起而成的，一般直径较粗，根数较少，受力不很均匀；箍筋虽然不与斜裂缝正交，但分布均匀。一般在配置腹筋时，先配以一定数量的箍筋，需要时再加配适当的弯起钢筋。

（二）斜截面受剪承载力计算

1.计算公式

斜截面受剪承载力的计算是以剪压破坏形态为依据的。现取斜截面左侧为隔离体，由隔离体竖向力的平衡条件，并满足承载力极限状态的计算要求，可得基本计算公式为：

$$KV \leqslant V_u = V_c + V_{sv} + V_{sb} \quad （4\text{--}23）$$

式中 K ——承载力安全系数；

V ——构件斜截面上剪力设计值，N；

V_u ——斜截面受剪承载力极限值，N；

V_c ——剪压区混凝土的受剪承载力设计值，N；

V_{sv} ——与斜截面相交的箍筋的受剪承载力设计值，N；

V_{sb} ——弯起钢筋的受剪承载力设计值，N。

2.计算公式的适用条件

梁的斜截面受剪承载力计算公式是根据有腹筋梁剪压破坏建立的，为防止斜压破坏和斜拉破坏，还必须确定计算公式的适用条件。

（1）防止斜压破坏的适用条件

为了防止梁截面尺寸过小、腹筋配置过多而发生斜压破坏，构件的截面尺寸必须符合下列条件：

当 $h_w / b \leqslant 4.0$ 时

$$KV \leqslant 0.25 f_c bh_0 \quad (4-24)$$

当 $h_w / b \geqslant 6.0$ 时

$$KV \leqslant 0.2 f_c bh_0 \quad (4-25)$$

当 $4.0 < h_w / b < 6.0$ 时，按线性内插法取用。

式中 h_w ——截面的腹板高度，mm，矩形截面取有效高度，T形截面取有效高度减去翼缘高度，工字形截面取腹板净高。

（2）防止斜拉破坏的适用条件

①抗剪箍筋的最小配箍率

抗剪箍筋的配箍率用 ρ_{sv} 来表示，它反映了梁沿纵向单位水平截面含有的箍筋截面面积，计算公式为：

$$\rho_{sv} = \frac{A_{sv}}{bs} = \frac{nA_{sv1}}{bs} \quad (4-26)$$

式中 A_{sv} ——同一截面内的箍筋截面面积，mm^2；

n ——同一截面内箍筋的肢数；

A_{sv1} ——单肢箍筋截面面积，mm^2；

s ——沿梁轴线方向箍筋的间距，mm；

b ——梁的截面宽度，mm。

为防止箍筋过少而发生斜拉破坏，梁中抗剪箍筋的配箍率应满足：

$$\rho_{sv} \geqslant \rho_{sv,\min} \quad (4-27)$$

箍筋最小配箍率 $\rho_{sv,\min}$，当采用 HPB235 级钢筋时为 0.15%，当采用 HRB335 级钢筋时为 0.10%。

②腹筋的最大间距

在满足了最小配箍率要求后，为防止因箍筋选得过粗而间距过大，从而使箍筋无法发挥作用。同样，为防止弯起钢筋间距太大，出现不与弯起钢筋相交的斜裂缝，当按计算要求配置弯起钢筋时，前一排弯起点至后一排弯终点的距离 s 不应大于最大箍筋间距，且第一排弯起钢筋弯终点距支座边缘的间距会也不应大于 $s_{\max}$。

（三）斜截面受剪承载力计算方法及步骤

斜截面受剪承载力计算与正截面受弯承载力计算一样，有截面设计和截面复核。

1. 截面设计

截面设计一般先由正截面设计确定截面尺寸、混凝土强度等级及纵向钢筋用量，然后进行斜截面受剪承载力设计计算。其具体步骤为：

①绘制梁的剪力图，确定计算截面位置，计算其剪力设计值 V。

②复核截面尺寸。按式（4–24）进行构件截面尺寸复核，若不满足要求，则应加大截面尺寸或提高混凝土强度等级。

③确定是否按计算配置腹筋。若符合 $KV \leqslant V_c$，则不需进行斜截面受剪配筋计算，仅按构造要求设置箍筋，否则需按计算配置腹筋。按构造设置箍筋时，对于截面高度大于 300mm 的梁，应按梁的全长设置；对于截面高度小于 300mm 的梁，可仅在梁的端部各 1/4 跨度范围内设置，但当梁的中部 1/2 跨度范围内有集中荷载作用时，则应沿梁的全长配置。

④计算腹筋用量。梁内腹筋通常有两种配置方法：第一种是仅配置箍筋，第二种是既配置箍筋又配置弯起钢筋。至于采用哪一种方法，视构件具体情况、V 的大小及纵向钢筋的配置而定。

2. 斜截面受剪承载力复核

承载力复核是已知材料强度、截面尺寸、腹筋数量，复核斜截面受剪承载力是否满足要求，按下述步骤验算：

①复核截面尺寸。

②验算腹筋间距及配箍率。

③计算受剪承载力 V_u。

若配箍率 $\rho_{sv} < \rho_{sv,min}$，或腹筋间距 $s > s_{max}$，则受剪承载力 $V_u = V_c$。

若 $\rho_{sv} \geqslant \rho_{sv,min}$，且 $s \leqslant s_{max}$，计算受剪承载力。

④复核斜截面受剪承载力，即验算是否满足 $KV \leqslant V_u$。

第二节 钢筋混凝土板的设计

一、板的构造知识

（一）截面形式与尺寸

1. 截面形式

现浇板的截面一般是实心矩形截面，根据使用要求，也可采用空心矩形截面和槽形截面。板的截面形式如图 4-10 所示。

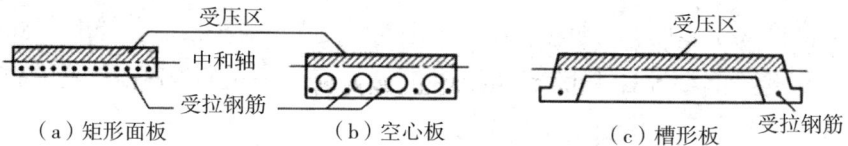

（a）矩形面板　　　　（b）空心板　　　　（c）槽形板

图 4-10 板的截面形式

2. 截面尺寸

在水工建筑物中，由于板在工程中所处的位置及受力条件不同，板的厚度变化范围很大，薄的可为 100mm 左右，厚的则可达几米。对于实心板，其厚度一般不宜小于 100mm，但有些屋面板厚度也可为 60mm。当板的厚度在 250mm 以下时，板的厚度以 10mm 为模数递增；当板的厚度在 250mm 以上 800mm 以下时，则以 50mm 为模数递增；当板厚超过 800mm 时，以 100mm 为模数递增。

板的厚度要满足承载能力、抗变形能力的要求。厚度不大的板（如工作桥、公路桥的面板，水电站主厂房楼板），其厚度为板跨度的 1/20 ~ 1/12。对于预制构件，为了减轻自重，其截面尺寸可根据具体情况确定，级差模数不受上列规定限制。

（二）板的钢筋

板内通常只配置受力钢筋和分布钢筋。

1. 板的受力钢筋

（1）受力钢筋的直径

板的纵向受力钢筋宜采用HPB235、HRB335级钢筋,按计算和构造要求配置。一般厚度的板,其受力钢筋直径常用6 ~ 12mm;对于厚板大于200mm的较厚板（如水电站厂房安装车间的楼面板）和厚度大于1500mm的厚板（如水闸、船闸的底板）,其受力钢筋直径常用12 ~ 25mm。同一板中受力钢筋的直径最好相同。为了节约钢材,也可采用两种不同直径的钢筋,但两种直径宜相差在2mm以上,便于识别。

（2）受力钢筋的间距

为使构件受力均匀,避免混凝土局部破坏,或防止产生过宽裂缝,板内受力钢筋的间距s（中距）不能过大。当板厚$h \le 200mm$时,$s \le 200mm$;当板厚$200mm < h \le 500mm$时,$s \le 250mm$;当板厚$h > 1500mm$时,$s \le 300mm$。但为了便于施工,板内受力钢筋的间距s也不宜过小,一般情况下,其间距$s \ge 70mm$。板内受力钢筋沿板跨方向布置在受拉区,一般每米宜采用4 ~ 10根。

（3）受力钢筋的弯起

板中弯起钢筋的弯起角不宜小于30°。厚板中的弯起角可为45°或60°。钢筋弯起后,板中受力钢筋直通伸入支座的截面面积不应小于跨中钢筋截面面积的1/3,其间距不应大于400mm。

（4）受力钢筋的标注

板中纵向受力钢筋的标注方式为钢筋级别符号＋钢筋直径＋间距。

2. 板的分布钢筋

板中的分布钢筋是垂直于受力钢筋方向布置的构造钢筋,一般采用光面钢筋,布置于纵向受力钢筋的内侧。分布钢筋的作用是:

①将板面荷载更均匀地传给受力钢筋;

②固定受力钢筋处于正确位置;

③防止因温度变化或混凝土收缩等造成沿板跨方向产生裂缝。

单向板每米板宽中分布钢筋的截面面积不少于受力钢筋截面面积的15%（集中荷载时为25%）,分布钢筋的直径一般不宜小于6mm。在承受均布荷载的厚板中,分布钢筋的直径可采用10 ~ 16mm。分布钢筋的间距s不宜大于250mm;当集中荷载较大时,分布钢筋的间距s不宜大于200mm;对于承受分布荷载的厚板,其间距s可为200 ~ 400mm。分布钢筋的标注方式同板中纵向受力钢筋。

在温度、收缩应力较大的现浇板区域内,钢筋间距宜取为150 ~ 200mm,

并应在板的未配筋表面布置温度收缩钢筋，板的上、下表面沿纵、横两个方向的配筋率不宜小于 0.1%。

二、板的正常使用极限状态验算

板是一种受弯构件，由于截面高度小，其抗裂能力小，在水利工程中，对于使用上要求不允许出现裂缝的构件如矩形截面输水渡槽侧墙在水压力等荷载作用下，其底部截面受拉，一旦开裂就会造成渗漏现象；水电站副厂房楼盖如果裂缝过大，会影响结构的耐久性等。

板的正常使用极限状态验算方法与梁相同。

第五章　水工钢筋混凝土柱设计

第一节　柱及其构造要求

一、柱的概述

水工钢筋混凝土结构中，除受弯构件外，还有另一种主要的构件，就是受压构件，它常以柱的形式出现，如水闸工作桥的支柱、水电站厂房中支撑吊车梁的柱子、渡槽的支撑刚架柱、闸墩、桥墩以及拱式渡槽的支撑拱圈等都属于受压构件。图 5-1 所示水闸工作桥的中墩支柱，它主要承受纵向压力，并将上部相邻两孔纵梁传来的压力及自重传递给闸墩。

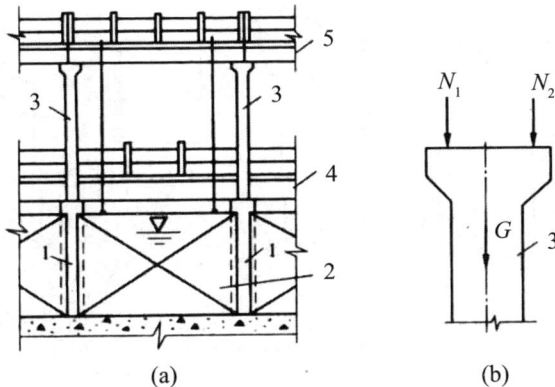

1—闸墩；2—闸门；3—支柱；4—公路桥；5—工作桥

图 5-1　水闸工作桥及其中墩支柱受力情况

如图 5-2 所示水电站厂房中支撑吊车梁的立柱，它主要承受屋架传来的竖向力及水平力、吊车轮压及横向制动力、风荷载、自重等外力。

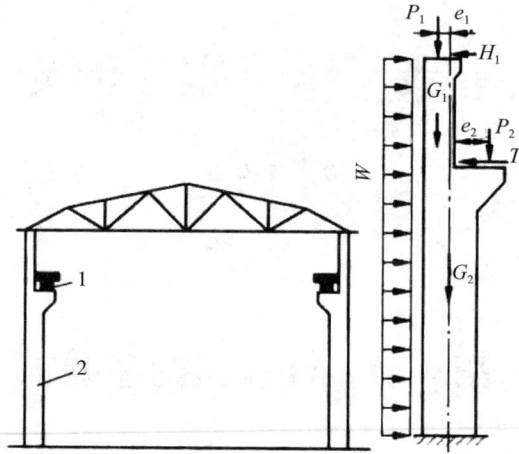

1—吊车梁；2—立柱图
图 5-2 水电站厂房及其立柱受力情况

柱可以分为轴心受压柱和偏心受压柱，偏心受压柱又分为单向偏心受压柱和双向偏心受压柱。如图 5-3 所示，当截面上只作用有轴向压力且轴向压力作用线与构件重心轴重合时，称为轴心受压柱；当轴向压力作用线与构件重心轴不重合时，称为偏心受压柱。

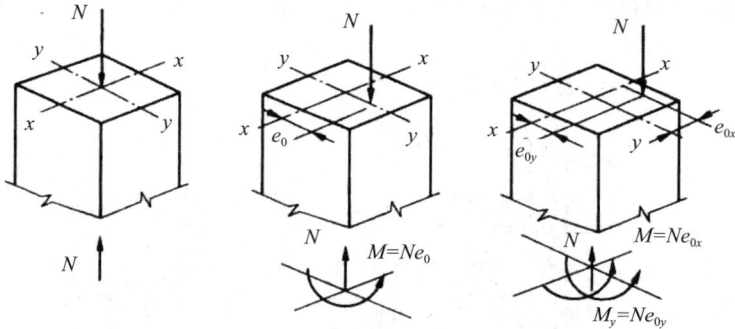

（a）轴心受压柱 （b）单向偏心受压柱 （c）双向偏心受压柱
图 5-3 柱的类型

在实际工程中，真正的轴心受压柱是不存在的。由于施工时截面几何尺寸的误差、构件混凝土浇筑的不均匀、钢筋的不对称布置及装配式构件安装定位的不准确等，都会导致轴向力产生偏心。当偏心距小到在设计中可忽略不计时，则可当作轴心受压柱计算。如恒载较大的等跨多层房屋的中间柱、桁架的受压腹杆等构件，因为主要承受轴向压力，弯矩很小，一般可忽略弯矩的影响，近似按轴心受压柱构件计。实际工程中的单层厂房边柱、一般框架柱等构件均属于偏心受压柱。

二、柱的构造

（一）截面形式与尺寸

轴心受压柱截面形式一般采用方形和圆形。偏心受压柱一般采用矩形截面，截面长边布置在弯矩作用方向，截面长短边尺寸之比一般为 1.5 ~ 2.5。为了减轻自重，预制装配式受压柱也可采用工字形截面，某些水电站厂房的框架立柱也有采用 T 形截面的。

柱截面尺寸与长度相比不宜太小，因为构件越细长，纵向弯曲的影响越大，承载力降低就越多，不能充分利用材料的强度。水工建筑物中，现浇立柱的边长不宜小于 300mm。若立柱边长小于 300mm，混凝土施工缺陷所引起的影响就较为严重，在设计计算时，混凝土强度设计值应该乘以系数 0.8。水平浇筑的装配式柱则不受此限制。

为了施工支模方便，截面尺寸宜使用整数。当柱截面边长在 800mm 及以下时，以 50mm 为模数递增；当柱截面边长在 800mm 以上时，以 100mm 为模数递增。

（二）柱材料的选择

混凝土强度等级对钢筋混凝土柱的承载力影响较大。采用强度等级较高的混凝土，可减小构件截面尺寸并节省钢材，比较经济。柱中混凝土强度等级常采用 C25、C30、C35、C40 等，若截面尺寸不是由强度条件确定（如闸墩、桥墩），也可采用 C15 混凝土。

钢筋混凝土柱内配置的纵筋级别可采用 HRB335 级、HRB400 级和 RRB400 级。对于柱内受压钢筋来说，不宜采用高强度钢筋，因为钢筋的抗压强度受到混凝土极限压应变的限制，不能充分发挥其高强度作用。

钢筋混凝土柱内箍筋一般采用 HPB235 级和 HRB335 级钢筋。

（三）钢筋的构造要求

柱内钢筋包括纵向钢筋、箍筋和其他构造钢筋。其纵向钢筋和箍筋一般构造要求见图 5–4。

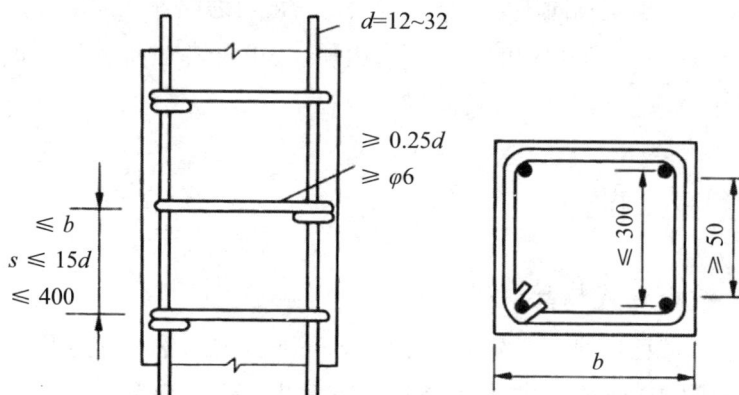

图 5-4 纵向钢筋与箍筋构造要求（单位：mm）

1. 纵向受力钢筋的构造

柱中的纵向钢筋应符合下列要求：

①纵向受力钢筋直径 d 不宜小于 12mm，工程中常用钢筋直径为 12 ~ 32mm。

②纵向受力钢筋的配筋率不得低于规范规定，全部纵向受力钢筋配筋率不宜超过 5%，柱全部纵向受力钢筋的经济配筋率为 0.8% ~ 3.0%。

③纵向受力钢筋的根数。方形柱和矩形柱纵向钢筋根数不得少于 4 根，每边不得少于 2 根；圆形柱中纵向钢筋宜沿周边均匀布置，根数不宜少于 8 根，且不应少于 6 根。

④纵向受力钢筋的布置。在轴向受压柱的纵向受力钢筋应沿截面周边均匀布置，在偏心受压柱的纵向受力钢筋则应沿截面垂直于弯矩作用平面的两个边布置。方形柱和矩形柱截面每个角必须有 1 根钢筋。

⑤纵向受力钢筋的间距。

A. 柱内纵向钢筋的净距不应小于 50mm；在水平位置上浇筑的预制柱，其纵向钢筋的最小净距按梁的规定取用。

B. 偏心受压柱中垂直于弯矩作用平面的侧面上的纵向受力钢筋以及轴心受压柱中各边的纵向受力钢筋，其间距（中距）不应大于 300mm。

2. 箍筋的构造

箍筋既可与纵向钢筋形成钢筋骨架，保证纵向钢筋的正确位置，又可防止纵向钢筋受压时向外弯凸和混凝土保护层横向胀裂剥落，还可以约束混凝土，提高柱的承载能力和延性。柱中的箍筋应符合下列要求：

（1）箍筋的形状

柱中箍筋应做成封闭式，与纵筋绑扎或焊接，形成整体骨架。

（2）箍筋的直径

箍筋直径不应小于 0.25 倍纵向钢筋的最大直径，亦不应小于 6mm；当柱中全部纵向受力钢筋的配筋率超过 3% 时，箍筋直径不宜小于 8mm。

（3）箍筋的间距

①箍筋的间距不应大于 400mm，亦不应大于构件截面的短边尺寸。同时，在绑扎骨架中不应大于 15d，在焊接骨架中不应大于 20d（d 为纵向钢筋的最小直径）。

②当柱中全部纵向受力钢筋的配筋率超过 3% 时，箍筋间距不应大于 10d（d 为纵向钢筋的最小直径），且不应大于 200mm，此时箍筋末端应做成 135° 弯钩，且弯钩末端平直段长度不应小于箍筋直径的 10 倍。

③当柱内纵向钢筋采用绑扎搭接时，绑扎搭接长度范围内的箍筋应加密。

（4）复合箍筋设置

当柱截面短边尺寸大于 400mm 且各边纵向钢筋多于 3 根时，或当柱截面短边尺寸不大于 400mm 且各边纵向钢筋多于 4 根时，应设置复合箍筋。

第二节　钢筋混凝土轴心受压柱的设计

一、轴心受压柱试验分析

轴心受压柱按照箍筋配置方式不同，可分为普通箍筋柱和螺旋箍筋柱。本节仅介绍普通箍筋柱。就普通箍筋柱而言，根据长细比 l_0 / b 或 l_0 / i 的不同（l_0 为柱的计算长度，b 为截面短边尺寸，i 为截面最小回转半径），钢筋混凝土柱可分为短柱和长柱。钢筋混凝土受压短柱和受压长柱的破坏特征有较大的差别，轴心受压短柱和长柱的破坏特征具体如下。

（一）轴心受压短柱破坏试验

短柱轴心受压试验时，选用配有纵向钢筋和普通箍筋的短柱为试件。根据试验观察，短柱的破坏可分为三个阶段。

第一阶段：在加载过程中，短柱全截面受压，整个截面的压应变是均匀分布的，混凝土与钢筋始终保持共同变形，两者的压应变保持一致，应力的比值基本上等于两者弹性模量之比，属于弹性阶段。

第二阶段：随着荷载逐步加大，混凝土的塑性变形开始发展，其变形模量降低，随着柱子变形的增大，混凝土应力增加得越来越慢，而钢筋由于在屈服之前一直处于弹性阶段，其应力增加始终与其应变成正比。两者的应力比值不再等于弹性模量之比，属于塑性阶段。如果荷载长期持续作用，混凝土将发生徐变，会引起混凝土与钢筋之间应力的重分配，使混凝土的应力减少，而钢筋的应力增大。

第三阶段：当纵向荷载达到柱子破坏荷载的90%左右时，柱子由于横向变形达到极限而出现纵向裂缝 [见图 5-5（a）]，混凝土保护层开始剥落，箍筋间的纵向钢筋向外弯凸，混凝土被压碎而破坏，整个柱子也就破坏了 [见图 5-5(b)]，属于破坏阶段。破坏时，混凝土的应力达到轴心抗压强度 f_c，钢筋应力也达到受压屈服强度 f_y'。

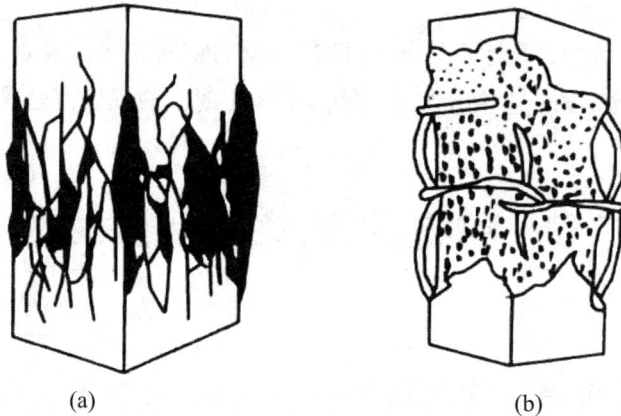

(a)   (b)

图 5-5 轴心受压短柱的破坏形态

柱子延性的好坏主要取决于箍筋的数量和形式。箍筋数量越多，对柱子的侧向约束程度越大，柱子的延性就越好。特别是螺旋箍筋，对增加柱子的延性更为有效。

（二）轴心受压长柱破坏试验

长柱破坏跟短柱破坏有较大的区别。由试验可知，长柱在轴向力作用下，不仅发生压缩变形，同时发生纵向弯曲，产生横向挠度。当柱破坏时，凹侧混凝土被压碎，箍筋间的纵向钢筋受压向外弯曲，凸侧则由受压突然变为受拉，出现水平的受拉裂缝（见图5-6）。

图 5-6　轴心受压长柱的破坏形态

将截面尺寸、混凝土强度等级和配筋相同的长柱与短柱比较，发现长柱承受的破坏荷载小于短柱，而且柱子越细长，则破坏荷载小得越多。因此，在设计中必须考虑由于纵向弯曲对柱子承载力的影响。常用稳定系数φ表示长柱承载力较短柱降低的程度，显然φ是一个小于1的数值。影响φ值的主要因素是柱的长细比l_0/b，φ的取值与长细比的关系见表5-1。

表 5-1　钢筋混凝土轴心受压构件的稳定系数φ

l_0/b	≤ 8	10	12	14	16	18	20	22	24	26	28
l_0/i	≤ 28	35	42	48	55	62	69	76	83	90	97
φ	1.0	0.98	0.95	0.92	0.87	0.81	0.75	0.70	0.65	0.60	0.56
l_0/b	30	32	34	36	38	40	42	44	46	48	50
l_0/i	104	111	118	125	132	139	146	153	160	167	174
φ	0.52	0.48	0.44	0.40	0.36	0.32	0.29	0.26	0.23	0.21	0.19

受压构件的计算长度 l_0 与构件的两端约束情况有关，在实际工程中，支座情况并非理想的固定或不移动校支座，应根据具体情况分析，构件的计算长度 l_0 可由表 5–2 查得。

表 5–2 受压构件的计算长度

杆件	两端约束情况	计算长度 10
直杆	两端固定	0.5l
	一端固定，一端为不移动的铰	0.7l
	两端为不移动的钗	1.0l
	一端固定，一端为自由	2.0l
拱	三铰拱	0.58s
	两铰拱	0.54s
	无铰拱	0.36s

二、普通箍筋轴心受压柱承载力计算

（一）计算公式

根据以上轴心受压柱的破坏特征和受力性能分析，轴心受压柱正截面承载力计算应力图如图 5–7 所示。

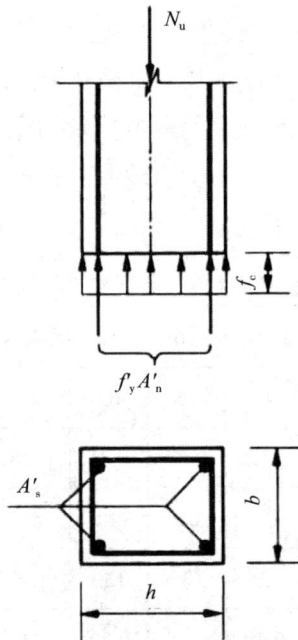

图 5–7 轴心受压柱正截面承载力计算简图

利用平衡条件并满足承载力极限状态设计表达式的要求，可得普通箍筋柱的正截面受压承载力计算公式：

$$KN \leqslant N_u = \varphi\left(f_c A + f_y' A_s'\right) \quad (5-1)$$

式中 K ——承载力安全系数；

N ——轴向压力设计值，N；

N_u ——正截面轴向受压承载力极限值，N；

φ ——钢筋混凝土轴心受压构件稳定系数；

f_c ——混凝土轴向受压强度设计值，N/mm²；

A ——构件截面面积，mm²，当纵向钢筋配筋率大于 3% 时，A 应改为混凝土的净面面积 A_n，$A_n = A - A_s'$；

f_y' ——纵向钢筋抗压强度设计值，N/mm²；

A_s' ——纵向钢筋配筋截面面积，mm²。

（二）截面设计

柱的截面尺寸可根据构造要求或参照同类结构确定，然后根据构件的长细比 l_0 / b 由表 5–1 查出 φ，再按式（5–1）计算所需钢筋截面面积：

$$A_s' = \frac{KN - \varphi f_c A}{\varphi f_y'} \quad (5-2)$$

求得钢筋截面面积 A_s' 后，应验算配筋率 $\rho'\left(\rho' = A_s' / A\right)$ 是否合适。如果 ρ' 过大或过小，说明截面尺寸选择不当，需要重新选择截面尺寸并进行配筋计算。

第三节　钢筋混凝土偏心受压柱的设计

一、偏心受压柱的受力特点及破坏特征

根据正截面的受力特点和截面破坏特征不同，偏心受压构件可划分为大偏心受压构件（又称受拉破坏）和小偏心受压构件（又称受压破坏）两类。

（一）大偏心受压破坏

当轴向力的偏心距较大时，截面部分受拉、部分受压（见图 5-8）。若受拉区配置的受拉钢筋适量，则试件在受力后，首先在受拉区出现横向裂缝。随着荷载增加，裂缝将不断开展延伸，受拉钢筋应力首先达到受拉屈服强度。此时受拉应变的发展大于受压应变，中和轴向受压区边缘移动，使混凝土受压区很快缩小，受压区应变很快增加，最后混凝土压应变达到极限压应变而被压碎，构件破坏。构件破坏时受压钢筋应力也达到其受压屈服强度，因为这种破坏一般发生在轴向力偏心距较大的场合，因此称为大偏心受压破坏。

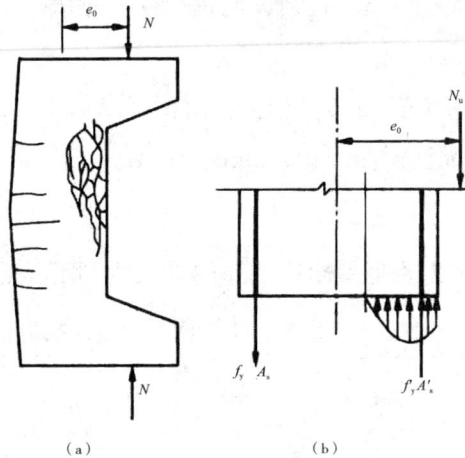

（a）　　　　　　　　　（b）

图 5-8　大偏心受压破坏

它的破坏特征是受拉钢筋应力先达到屈服强度，然后压区混凝土被压碎，受压钢筋也达到屈服，与双筋受弯构件的适筋破坏相类似。大偏心受压破坏具有明显的预兆，属于塑性破坏。

（二）小偏心受压破坏

如图 5-9 所示，小偏心受压破坏包括以下三种情况：

①当偏心距很小时，截面全部受压 [见图 5-9（b）]。一般是靠近轴向力一侧的压应力较大，当荷载增大后，这一侧的混凝土先被压碎，受压钢筋达到受压屈服强度。而另一侧的混凝土和钢筋应力较小，在构件破坏时均不会达到抗压设计强度。

②当偏心距稍大时，截面大部分受压小部分受拉 [见图 5-9（c）]。但由于

受拉钢筋靠近中和轴,应力很小,受压应变的发展大于受拉应变的发展,破坏先发生在受压一侧。破坏时受压一侧混凝土的应变达到极限压应变,受压钢筋屈服,破坏时无明显预兆。混凝土强度等级越高,破坏越带突然性。破坏时在受拉区一侧可能出现一些裂缝,也可能没有裂缝,受拉钢筋应力达不到屈服强度。

③当偏心距较大,且受拉钢筋配置过多时,构件受荷后中和轴位于截面高度中部,截面部分受压部分受拉 [见图 5-9(d)]。受拉区裂缝出现较早,但由于配筋率较高,受拉钢筋 A_s,中应力增长缓慢,受拉钢筋应变很小,破坏是由于受压区混凝土达到其抗压强度,受压钢筋 A'_s 屈服,而受拉钢筋应力此时未达到屈服强度。这种破坏性质与超筋梁类似,在设计中应予,避免。

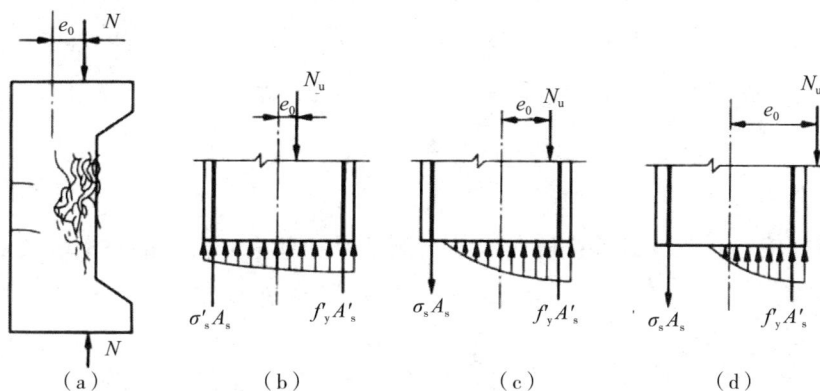

图 5-9 小偏心受压破坏

上述三种情况,尽管破坏时的应力状态有所不同,但破坏特征都是靠近轴向力一侧的受压混凝土应变先达到极限应变、受压钢筋屈服而被压坏,远离轴向力一侧的纵向钢筋不屈服,所以称为受压破坏。前两种破坏发生于轴向力偏心距较小的情况,因此也称为小偏心受压破坏。该类破坏性质属于脆性破坏。

二、大、小偏心受压破坏形态的界限

在大、小偏心受压破坏之间存在一种界限状态,这种状态下的破坏称为"界限破坏"。它的主要特征是受拉钢筋达到屈服强度的同时,受压区边缘混凝土恰好达到极限压应变而破坏,这与受弯构件正截面的界限破坏是相似的。根据平截面假定,可导出大、小偏心受压界限破坏时截面相对受压区高度 ξ_b,其表达式与受弯构件孔 ξ_b 的计算公式相同。

当 $\xi \leqslant \xi_b$ 时，截面破坏时受拉钢筋屈服，属大偏心受压。

当 $\xi > \xi_b$ 时，截面破坏时受拉钢筋未达到屈服，属小偏心受压。

三、偏心受压柱纵向弯曲对其承载力的影响

对于长细比较大的偏心受压柱，其承载力比相同截面尺寸和配筋的偏心受压短柱要低。这是因为在偏心轴向压力 N 的作用下，将发生纵向弯曲，在弯矩作用平面内产生附加挠度 f。随着偏心轴向压力 N 的增加，附加挠度 f 将逐渐增大，致使偏心轴向压力 N 的偏心距从初始偏心距 e_0 增大为 e_0+f，使原来是大偏心受压的，破坏时偏心距更大；使原本是小偏心受压的，破坏时可能转化为大偏心受压。因此，在计算钢筋混凝土偏心受压柱时，应考虑长细比对承载力降低的影响，考虑的方法是将初始偏心距 e_0 乘一个大于 1 的偏心距增大系数 η，即

$$e_0 + f = \left(1 + \frac{f}{e_0}\right)e_0 = \eta e_0 \quad （5\text{--}3）$$

根据偏心受压柱试验挠度曲线的实测结果和理论分析，偏心距增大系数 η 的计算公式：

$$\eta = 1 + \frac{1}{1400 \dfrac{e_0}{h_0}}\left(\frac{l_0}{h}\right)^2 \zeta_1 \zeta_2 \quad （5\text{--}4）$$

其中，

$$\zeta_1 = \frac{0.5 f_c A}{KN} \quad （5\text{--}5）$$

$$\zeta_2 = 1.15 - 0.01 \frac{l_0}{h} \quad （5\text{--}6）$$

式中 e_0——轴向压力对截面重心的初始偏心距，mm，$e_0 = M/N$，在式（5–4）中，当 $e_0 < h_0/30$ 时，取 $e_0 = h_0/30$；

l_0——构件的计算长度，mm；

h——截面高度，mm；

h_0 截面有效高度，mm；

A——构件的截面面积，mm^2；

ζ_1——考虑截面应变对截面曲率的影响系数，当 $\zeta_1 > 1$ 时，取 $\zeta_1 = 1$，对于

大偏心受压构件，直接取 $\zeta_1 = 1$；

ζ_2——考虑构件长细比对截面曲率的影响系数，当时 $l_0 / h \leqslant 15$，取 $\zeta_2 = 1$。

对于矩形截面，当构件长细比 $l_0 / h \leqslant 8$ 时，属于短柱，可取偏心距增大系数 $\eta = 1$；当长细比 $8 < l_0 / h \leqslant 30$ 时，η 按式（5-4）计算；当长细比 $l_0 / h > 30$ 时，上述公式不再适用，采用模型柱法或其他可靠方法计算。

四、偏心受压柱斜截面承载力计算

在实际工程中，有不少偏心受压柱在承受轴向力 N 和弯矩 M 的同时还承受剪力 V 的作用，如框架柱、排架柱等。这类构件由于轴向压力的存在，对其抗剪能力有明显的影响。因此，对于偏心受压柱斜截面受剪承载力的计算，必须考虑轴向压力的影响。偏心受压柱相当于对受弯构件增加了一个轴向压力 N。

（一）轴向压力对斜截面受剪承载力的影响

轴向压力对受剪承载力起着有利的影响。轴向压力能限制构件斜裂缝的出现和开展，增强骨料间的咬合力，增加混凝土剪压区高度，从而提高了混凝土的受剪承载力。但轴向压力对箍筋的受剪承载力无明显的影响。

轴向压力对受剪承载力的有利作用是有一定限度的。随着轴压比 $N / (f_c bh)$ 的增大，斜截面受剪承载力将增大，当轴压比 $N / (f_c bh)$ 为 0.3～0.5 时，斜截面受剪承载力达到最大值，若轴压比再继续增加，受剪承载力将降低，并转变为带有斜裂缝的正截面小偏心受压破坏。

（二）斜截面受剪承载力计算公式

在受弯和偏心受压情况下斜裂缝水平投影长度基本相同，即与斜裂缝相交的腹筋数量相同，所以偏心受压柱腹筋的抗剪承载能力与受弯构件腹筋的抗剪承载能力基本相同。

为了与受弯构件的斜截面受剪承载力计算公式相协调，偏心受压柱斜截面受剪承载力的计算公式是在受弯构件斜截面受剪承载力计算公式的基础上，加上由于轴向压力 N 的存在混凝土受剪承载力提高值得到的。根据试验资料，出于安全考虑，混凝土受剪承载力提高值取为 $0.07N$。矩形、T 形和工字形截面的偏心受压柱，其斜截面受剪承载力按下式计算：

$$KV \leqslant V_c + V_{sv} + V_{sb} + 0.07N \quad (5-7)$$

式中 V——剪力设计值，N；

N——与剪力设计值 V 相应的轴向压力设计值，N，当 $N > 0.3f_cA$ 时，取 $N = 0.3f_cA$，此处 A 为构件的截面面积（mm^2）；

V_c，V_{sv}，V_{sb} 符号意义与梁同。

当符合式（5−7）时，可不进行斜截面受剪承载力计算，仅按构造要求配置箍筋。

$$KV \leqslant V_c + 0.07N \quad （5−8）$$

为防止斜压破坏，矩形、T 形和工字形截面的偏心受压柱截面应满足：

$$KV \leqslant 0.25f_cbh_0 \quad （5−9）$$

偏心受压柱受剪承载力的计算步骤和受弯构件受剪承载力计算步骤类似，可参照受弯构件斜截面受剪承载力计算。

五、偏心受压柱正常使用极限状态验算

钢筋混凝土柱除可能达到承载力极限状态而发生破坏外，还可能由于裂缝和变形过大，超过了允许限值，使结构不能正常使用，达到正常使用极限状态。钢筋混凝土柱正常使用极限状态的验算主要是偏心受压柱正截面抗裂验算和裂缝宽度验算。

（一）偏心受压柱正截面抗裂验算

对使用上不允许出现裂缝的钢筋混凝土偏心受压柱，在荷载效应标准组合下，其抗裂验算应符合下列规定：

$$N_k \leqslant \frac{\gamma_m \alpha_{ct} f_{tk} A_0 W_0}{e_0 A_0 - W_0} \quad （5−10）$$

式中 N_k——按荷载标准值计算的轴向力值，N；

α_{ct}——混凝土拉应力限制系数，对荷载效应的标准组合，α_{ct} 可取 0.85；

f_{tk}——混凝土轴心抗拉强度标准值，N/mm^2；

γ_m——截面抵抗矩塑性系数；

e_0——轴向力对截面重心的初始偏心距，mm，对荷载效应的标准组合，$e_0 = M_k / N_k$；

A_0——换算截面面积，mm^2，$A_0 = A_c + \alpha_E A_s + \alpha_E A_s'$，$\alpha_E = E_s / E_c$；

W_0——算截面受拉边缘的弹性抵抗矩，mm^3，$W_0 = I_0 / (h - y_0)$，y_0为换算截面重心至受压边缘的距离（mm），I_0为换算截面对其重心轴的惯性矩（mm^4），对于单筋矩形截面的y_0和I_0可计算。

（二）偏心受压柱正截面裂缝宽度验算

在一般环境情况下，只要将钢筋混凝土结构构件的裂缝宽度限制在一定范围以内，对结构构件的耐久性不会构成威胁。因此，裂缝宽度的验算可以按下式进行：

$$w_{max} \leqslant w_{lim} \qquad （5-11）$$

式中 w_{max}——按荷载效应标准组合并考虑荷载长期作用影响计算的最大裂缝宽度；

w_{max}——最大裂缝宽度限值。

配置带肋钢筋的矩形、T形及工字形截面偏心受压钢筋混凝土柱，在荷载效应标准组合下的最大裂缝宽度w_{max}（mm）可按下式计算：

$$w_{max} = \alpha \frac{\sigma_{sk}}{E_s} \left(30 + c + 0.07 \frac{d}{p_{te}} \right) \qquad （5-12）$$

式中 a——考虑构件受力特征和荷载长期作用的综合影响系数，对偏心受压柱取$a = 2.1$；

c——最外层纵向受拉钢筋外边缘至受拉区边缘的距离，mm，当$c > 65\text{mm}$时，取$c = 65\text{mm}$；

d——钢筋直径，mm，当钢筋用不同直径时，式中的d改用换算直径$4A_s / u$，此处u为纵向受拉钢筋截面总周长，mm；

ρ_{te}——纵向受拉钢筋的有效配筋率，$\rho_{te} = \dfrac{A_s}{A_{te}}$，当$\rho_{te} < 0.03$时，取$\rho_{te} = 0.03$；

A_{te}——有效受拉混凝土截面面积，mm^2，对于大偏心受压柱，A_{te}取为其重心与受拉钢筋A_n，重心相一致的混凝土面积，即$A_{te} = 2a_s b$，其中a_s为A_s，重心至截面受拉边缘的距离，b为矩形截面的宽度，对有受拉翼缘的倒T形及工字形截面M为受拉翼缘宽度；

A_s——受拉区纵向钢筋截面面积，mm^2，对于大偏心受压构件，A_s取受拉区纵向钢筋截面面积；

σ_{sk}——按荷载标准值计算的构件纵向受拉钢筋应力，N/mm^2。

第四节　钢筋混凝土受拉构件设计

一、受拉构件的类型

钢筋混凝土受拉构件可以分为轴心受拉构件和偏心受拉构件。

钢筋混凝土桁架或拱拉杆、受内压力作用的环形截面管壁及圆形贮液池的筒壁等，通常按轴心受拉构件计算，如图5-10所示。

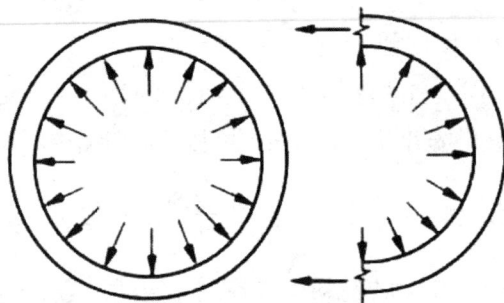

图 5-10　钢筋混凝土轴心受拉构件

矩形水池的池壁、矩形剖面料仓或煤斗的壁板、水压力作用下的渡槽底板，以及双肢柱的受拉肢，均属于偏心受拉构件，如图5-11所示。

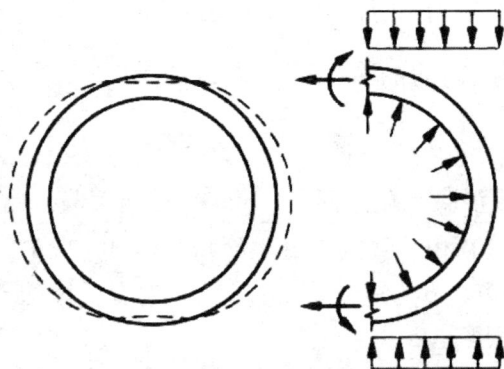

图 5-11　钢筋混凝土偏心受拉构件

受拉构件除承受轴向拉力外，同时受弯矩和剪力作用。

二、轴心受拉构件正截面承载力计算

轴心受拉构件的正截面受拉承载力应符合下列规定：

$$KN \leqslant f_y A_s \quad （5-13）$$

式中 K——承载力安全系数；

N——轴向拉力设计值，N；

f_y——纵向钢筋的抗拉强度设计值，N/mm^2；

A_s——纵向钢筋的全部截面面积，mm^2。

三、偏心受拉构件正截面承载力计算

（一）大、小偏心受拉的界限条件

如图 5-12 所示，距轴向拉力 N 较近一侧的纵向钢筋为较远一侧的纵向钢筋为 A_s。根据轴向力偏心距 e_0 的不同，偏心受拉构件的破坏特征可分为以下两种情况。

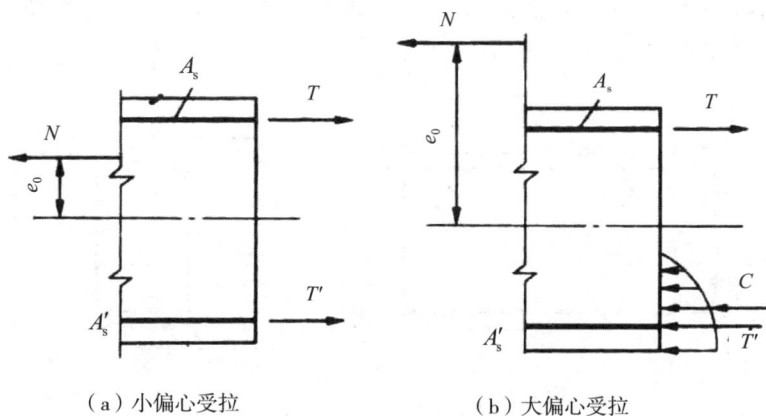

（a）小偏心受拉　　　（b）大偏心受拉

图 5-12　大、小偏心受拉内力图形

①轴向拉力 N 作用在钢筋 A_s 和 A_s' 之间，即偏心距 $e_0 \leqslant h/2 - a_s$ 时，称为小偏心受拉，如图 5-12（a）所示。

当偏心距较小时，受力后即为全截面受拉，随着荷载的增加，混凝土达到极限拉应变而开裂，进而全截面裂通，最后钢筋应力达到屈服强度，构件破坏；当偏心距较大时，混凝土开裂前截面部分受拉，部分受压，在受拉区混凝土开裂后，裂缝迅速发展至全截面裂通，混凝土退出工作，这时截面将全部受拉，随着荷载的不断增加，最后钢筋应力达到屈服强度，构件破坏。

因此，只要拉力 N 作用在钢筋 A_s 和 A_s' 之间，不管偏心距大小如何，构件破坏时均为全截面受拉，拉力由 A_s 和 A_s' 同承担，构件受拉承载力取决于钢筋的抗拉强度，小偏心受拉构件破坏时，构件全截面裂通，截面上不会有受压区存在。

②轴向拉力 N 作用在钢筋 A_s 和 A_s' 之外，即偏心距 $e_0 > h/2 - a_s$ 时，称为大偏心受拉，如图 5-12（b）所示。

由于拉力 N 的偏心距较大，受力后截面部分受拉，部分受压，随着荷载的增加，受拉区混凝土开裂，这时受拉区拉力仅由受拉钢筋 A_s 承担，而受压区压力由混凝土和受压钢筋 A_s' 共同承担。随着荷载进一步增加，裂缝进一步扩展，受拉钢筋 A_s 达到屈服强度 f_y，受压区进一步缩小，以致混凝土被压碎，同时受压钢筋 A_s' 的应力也达到屈服强度 f_y'，其破坏形态与大偏心受压构件类似。大偏心受拉构件破坏时，构件截面不会裂通，截面上有受压区存在。

（二）小偏心受拉构件正截面承载力计算

轴向拉力 N 作用在钢筋 A_s 合力点与 A_s' 合力点之间的小偏心受拉构件正截面承载力计算简图如图 5-13 所示。

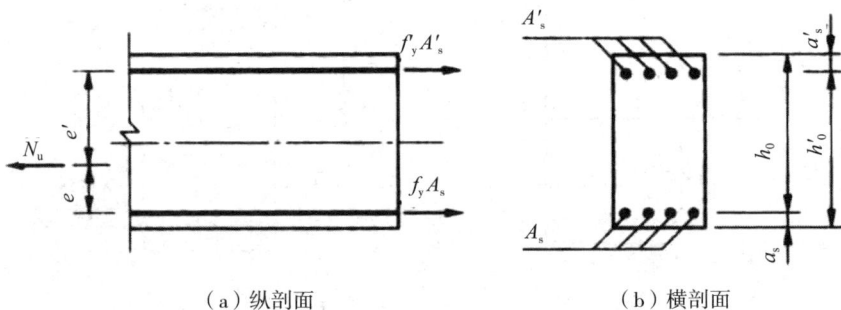

（a）纵剖面　　　　　　　　　　　（b）横剖面

图 5-13 小偏心受拉构件的正截面受拉承载力计算

根据承载力计算简图的内力平衡条件，得：

$$N_u e = f_y A_s' \left(h_0 - a_s' \right) \quad (5\text{-}14)$$

$$N_u e' = f_y A'_s \left(h'_0 - a_s \right) \quad （5-15）$$

根据承载力极限状态设计表达式，得：

$$KN \leqslant N_u \quad （5-16）$$

式中 N_u——轴向受拉承载力极限值，N；

A_s——靠近轴向拉力一侧的纵向钢筋截面面积，mm^2；

A'_s——远离轴向拉力一侧的纵向钢筋截面面积，mm^2；

e——轴向拉力至钢筋 A_s 合力点之间的距离，mm，$e = \dfrac{h}{2} - a_s - e_0$；

e'——轴向拉力至钢筋 A'_s 合力点之间的距离 mm，$e' = \dfrac{h}{2} - a'_s + e_0$；

e_0——轴向拉力对截面重心的偏心距，mm，$e_0 = M / N$。

截面设计时，由式（5-14）、式（5-15）和式（5-16）可得钢筋面积计算公式为：

$$A_s \geqslant \frac{KNe'}{f_y \left(h'_0 - a_s \right)} \quad （5-17）$$

$$A'_s \geqslant \frac{KNe}{f_y \left(h_0 - a'_s \right)} \quad （5-18）$$

计算得到的均 A_s，A'_s 应满足最小配筋率的要求。

构件截面承载力复核时，可由式（5-14）或式（5-15）求出 M，再按式（5-16）复核，若式（5-16）得到满足，则截面承载力满足要求，否则承载力不满足要求。

（三）大偏心受拉构件正截面承载力计算

1. 基本公式

轴向拉力 N 作用在钢筋 A_s 合力点与 A'_s 合力点之外的矩形截面大偏心受拉构件正截面承载力计算简图如图 5-14 所示。

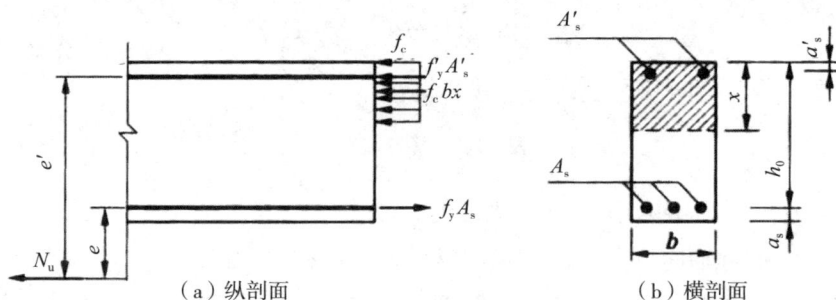

（a）纵剖面　　　　　　　　　　（b）横剖面

图 5-14 矩形截面大偏心受拉构件正截面受拉承载力计算

根据承载力计算简图及内力平衡条件，得：

$$N_u = f_y A_s - f_s' A_s' - f_c bx \quad （5-19）$$

$$N_u e = f_c bx \left(h_0 - \frac{x}{2} \right) + f_y' A_s' \left(h_0 - a_s' \right) \quad （5-20）$$

根据承载力极限状态设计表达式，得：

$$KN \leqslant N_v \quad （5-21）$$

基本公式的适用条件为：第一，$x \leqslant 0.85 \xi_b h_0$；第二，$x \geqslant 2a$。

当 $x < 2a_s'$ 时，上述式（5-19）和式（5-20）不再适用。此时，可假设混凝土压力合力点与受压钢筋 A_s' 合力点重合，取以 A_s' 为矩心的力矩平衡方程，得：

$$N_u e' = f_y A_s \left(h_0' - a_s \right) \quad （5-22）$$

$$e = e_0 - \frac{h}{2} + a_s$$

式中 e——轴向拉力至钢筋 4，合力点之间的距离，mm；

$$e' = e_0 + \frac{h}{2} - a_s'$$

e_0——轴向拉力对截面重心的偏心距，mm；

e'——轴向拉力至钢筋 A_s' 合力点之间的距离，mm；

其他符号意义同前。

第六章 水工钢筋混凝土肋形结构设计

第一节 单向板肋形结构设计

一、梁板结构

（一）梁板结构布局

由板及支承板的梁组成的板梁结构，称为肋形结构。肋形结构根据梁格的布置情况可分为单向板肋形结构和双向板肋形结构。常见有现浇整体式楼盖。单向板肋形结构中荷载的传递路线是：板→次梁→主梁→柱或墙→基础→地基。

在各种现浇整体式楼盖中，板区格的四周一般均有梁或墙体支承。因为梁的刚度比板大得多，所以将梁作为板的不动支承。板上的竖向荷载通过板的双向弯曲传递到四边支承上。传递到支承上荷载的大小主要取决于该板两个方向边长的比值。当板的长短边之比超过一定数值时，沿长边方向所分配的荷载可以忽略不计，荷载主要沿短边方向传递，这样四边支承的板叫单向板，如图 6-1（a）所示。当板沿长边方向所分配荷载不可忽略，荷载沿板长边和短边两个方向传递时，这种板叫双向板，如图 6-1（b）所示。对于仅有两对边支承，另两对边为自由边的板，不论板平面两个方向的长度比如何，均属单向板。

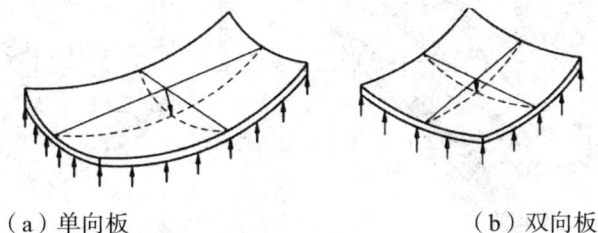

（a）单向板　　　　　　　　　（b）双向板

图 6-1 单向板与双向板的弯曲

结构平面布置，就是根据使用要求，在经济合理、施工方便的前提下，合理地布置板与梁的位置、方向和尺寸，布置柱的位置和柱网尺寸等。梁格布置应力求简单、规整、统一，以减少构件类型。

柱的布置：柱的间距决定了主、次梁的跨度，因此柱与承重墙的布置不仅要满足使用要求，还应考虑梁格布置尺寸的合理与整齐，一般应尽可能不设或少设内柱，柱网尺寸宜尽可能大些。根据经验，柱的合理间距即梁的跨度最好为：次梁 4 ~ 6m，主梁 5 ~ 8m。另外，柱网的平面以布置成矩形或正方形为好。

梁的布置：次梁间距决定了板的跨度，将直接影响次梁的根数、板的厚度及材料的消耗量。从经济角度考虑，确定次梁间距时，应使板厚为最小值。据此并结合刚度要求，次梁间距即板跨一般取 1.5 ~ 2.7m 为宜，不宜超过 3m。主梁一般宜布置在整个结构刚度较弱的方向，这样可使截面较大、增加房屋的横向刚度，主梁一般沿横向布置较好，这样主梁与柱构成框架或内框架体系，使侧向刚度较大，提高整体性，有利于采光。但当柱的横向间距大于纵向间距时，主梁沿纵向布置可以减小主梁的截面高度，增大室内净空，但刚度较差。

（二）梁板结构分类

梁板结构是由板和支承板的梁所组成的，土木工程中常见的结构形式的实际应用有整体式楼面结构、整体式渡槽、筏式基础等，如图 6-2 所示。

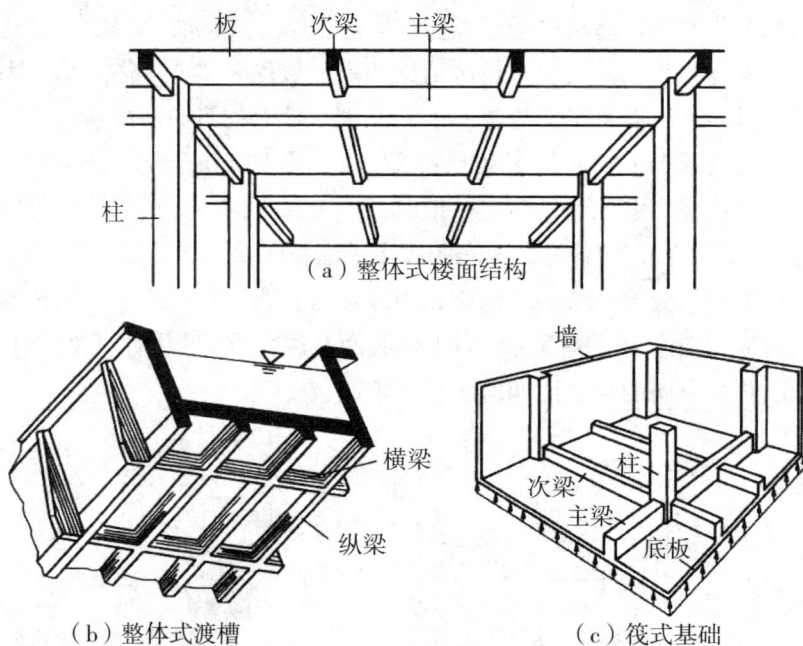

（a）整体式楼面结构

（b）整体式渡槽

（c）筏式基础

图 6-2 梁板结构的应用实例

根据施工方法的不同，肋形结构可分为装配式、装配整体式和现浇整体式三种。

装配式肋形结构节省模板，施工受季节影响小，工期短，预制构件质量稳定，便于工业化生产和机械化施工，造价较低。但整体刚性、抗震性、防水性较差，不便开设洞口。

为了提高装配式结构的整体性，可采用装配整体式肋形结构。这种结构是将各种预制构件吊装就位后，通过整结方法，使之构成整体，但在楼板上浇筑一叠合层，施工工序增多，有时还须增加焊接工作。

现浇整体式肋形结构具有整体刚性好、抗震性强、防水性能好、对房屋不规则平面适应性强等优点，但有模板用量多、现场施工量大、工期长等缺点。现浇整体式肋形结构适用于各种有特殊布局的楼盖。

钢筋混凝土肋形结构设计的步骤是：结构平面布置；板梁的计算简图和内力计算；板梁的配筋计算；绘制结构施工图。

二、板的设计

板的设计包括截面尺寸拟定、计算简图的确定、内力计算、配筋计算与构造、配筋图绘制等内容。

（一）板截面尺寸拟定

连续板的截面尺寸按刚度要求，单向板厚 $h \geqslant l/40$（l 为板的跨度），民用建筑楼板 $h \geqslant 60mm$，工业房屋楼面要求 $h \geqslant 80mm$。在水工建筑物中，由于板在工程中所处部位及受力条件不同，板厚 h 可在相当大的范围内变化，一般薄板厚度大于 $100mm$，特殊情况下适当加厚。板厚在 $250mm$ 以下时按 $10mm$ 递增，板厚在 $250mm$ 以上时按 $50mm$ 递增，板厚超过 $800mm$ 时按 $100mm$ 递增。

（二）计算简图的确定

计算简图是按照既符合实际又能简化计算的原则对结构构件进行简化的力学模型，它应表明结构构件的支承情况、计算跨度和跨数、荷载的情况等。

1. 支座选取

板支承在次梁或墙体上。为简化计算，将次梁或墙体作为板的不动铰支座。

2.计算跨度与跨数

连续板的弯矩计算跨度为相邻两支座反力作用点之间的距离。按弹性方法计算内力时，以边跨简支在墙上为例计算如下（见图6–3）。

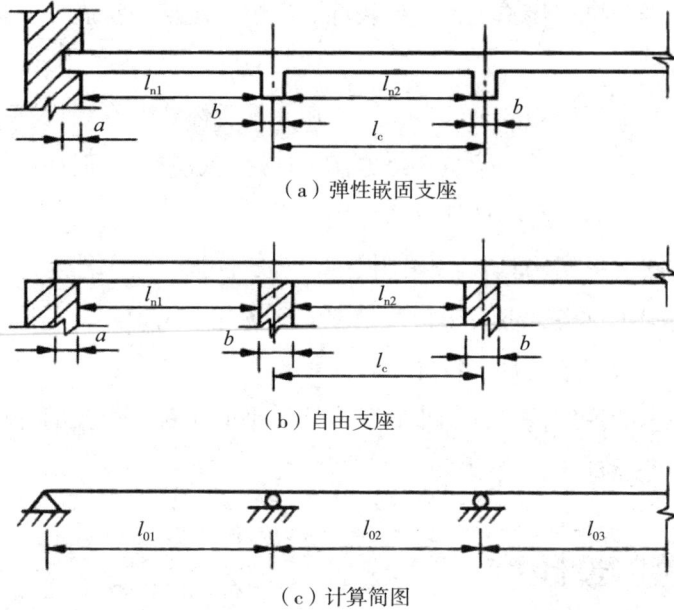

（a）弹性嵌固支座

（b）自由支座

（c）计算简图

图6–3 板的计算跨度

连续板边跨 $l_{01} = l_{n1} + 0.5b + 0.5h$ 或 $l_{01} = l_{n1} + 0.5a + 0.5b \leqslant 1.1l_{n1}$ （6–1）

中跨 $l_{02} = l_e$，当 $b > 0.1\ l_c$ 时，取 $l_{02} = 1.1\ l_{n2}$ （6–2）

式中 l_{n1}——板边跨的净跨度，mm；

l_{n2}——板中间跨的净跨度，mm；

l_c——支座中心线间的距离，mm；

h——板的厚度，mm；

b——次梁的宽度，mm；

a——板伸入的长度，mm。

对于多跨连续板，当跨度不相等，但相差不超过10%时，按等跨计算。当跨数不超过五跨时，按实际跨数计算。当跨数超过五跨时，可按五跨来计算。此时，除连续板两边的第一跨、第二跨外，其余的中间各跨跨中及中间支座的内力值均按五跨连续板的中间跨跨中和中间支座采用，如图6–4所示。

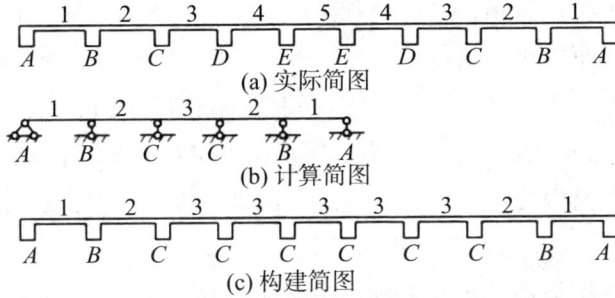

图 6-4　连续板的简图

（三）内力计算

混凝土结构宜根据结构类型、构件布置、材料性能和受力特点选择合理的分析方法。目前，常用的分析方法有弹性计算法、塑性计算法、塑性极限分析方法、非线性分析方法、试验分析方法。水工建筑物中的连续板一般按弹性计算法进行计算。在实际工程中则多采用连续板的内力系数表进行计算。

1. 活荷载的最不利布置

板（梁）上的荷载有恒荷载和活荷载，其中恒荷载的大小和位置均不变化，而活荷载的大小和位置是随意变化的，引起构件各截面的内力也是变化的。所以，要使构件在各种情况下保证安全，在设计连续板（梁）时，就必须确定活荷载如何布置，将使结构各截面的内力为最不利内力。如图 6-5 所示，为五跨连续板（梁）活荷载布置在不同位置上时板（梁）在各截面所产生的弯矩图（M图）与剪力图（V图）。

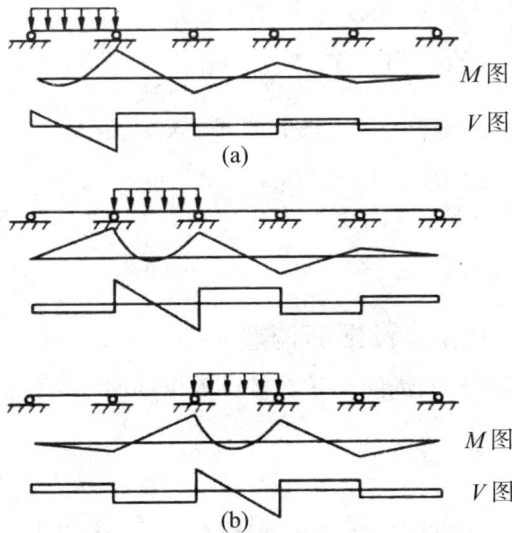

图 6-5　不同跨布置活荷载时的内力图

从图 6–5 中可以看出，当活荷载布置在 1、3、5 跨上时，在 1、3、5 各跨中都引起正弯矩；而当活荷载布置在 2、4 跨上时，都使 1、3、5 跨跨中弯矩减小。所以，在求 1、3、5 跨中最大弯矩时，应将活荷载布置在 1、3、5 跨上。依次类推，分析连续板（梁）内力图的变化规律，能得出确定截面最不利活荷载布置的原则：

①当求某跨跨内最大正弯矩时，应在该跨布置活荷载，然后向其左、右隔跨布置活荷载。

②当求某跨跨内最大负弯矩时（即最小弯矩）时，本跨不布置活荷载，而在相邻两跨布置活荷载，然后向其左、右隔跨布置活荷载。

③当求某支座最大负弯矩时，应在该支座左、右两跨布置活荷载，然后向其左、右隔跨布置活荷载。

④求某支座最大剪力时的活荷载布置与求该支座最大负弯矩时的活荷载布置相同；当求边支座截面处最大剪力时，活荷载的布置与求边跨跨内最大正弯矩的活荷载布置相同。

连续板（梁）上的恒荷载应按实际情况布置。

2. 应用图表进行计算内力

活荷载的最不利位置确定后，对于等跨（包括跨差不大于 10%）的连续板（梁），即可直接应用恒荷载和各种活荷载最不利位置下的内力系数，并按下列公式求出连续板（梁）的各控制截面的内力值（弯矩 M 和剪力 V），即

当均布荷载作用下：

$$M = 1.05\alpha_1 g_k' l_0^2 + 1.20\alpha_2 q_k' l_n^2 \quad (6\text{–}3)$$

式中 $\alpha_1, \alpha_2, \beta_1, \beta_2$ ——弯矩系数和剪力系数；

g_k'、q_k' ——折算恒荷载及活荷载标准值，kN/m；

l_0、l_n ——板（梁）的计算跨度和净跨度，mm。

若连续板（梁）相邻两跨跨度不相等，但不超过 10%，在计算支座弯矩时取相邻两跨的平均值，而在计算跨中弯矩及韵力时仍用该跨的计算跨度。

（四）板的计算要点及配筋构造

板按内力计算所需要的钢筋面积，按计算钢筋面积选配钢筋，同时要满足板的构造规定。

1. 板的计算要点

①板的计算对象是垂直次梁方向的单位宽度的连续板带，次梁和端墙视为连

续板的铰支座。

②当板按弹性方法计算内力时，要采用折算荷载，并按最不利荷载组合来求跨中和支座的弯矩。

③板按跨中和支座截面的最大弯矩（绝对值）进行配筋，其步骤同前面的单筋矩形截面梁，其经济配筋率为 0.4% ~ 0.8%。

④板一般不需要绘制弯矩包络图，受力钢筋按构造规定布置。板的剪力由混凝土承担，一般不进行斜截面抗剪承载力计算，不设腹筋。

⑤连续板在四周与梁整体连接时，支座截面负弯矩使板上部开裂，跨中正弯矩使板下部开裂，使板的实际轴线形成拱形。在板面荷载作用下，板对次梁产生主动水平推力，次梁对板产生被动水平推力，对板的承载能力有利，如图 6-6 所示。因此，可将四周与梁整体连接的中间跨板带的跨中截面及中间支座截面的计算弯矩折减 20%。

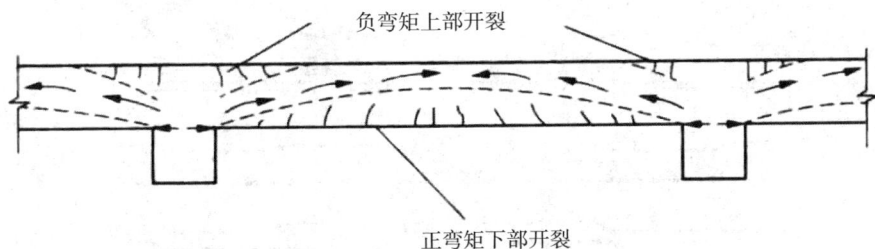

图 6-6 连续板的拱作用示意图

但对于边跨的跨中截面及离板端第二支座截面，由于边梁侧向刚度不大或无边梁，难以提供水平推力，因此计算弯矩不予折减，如图 6-7 所示。

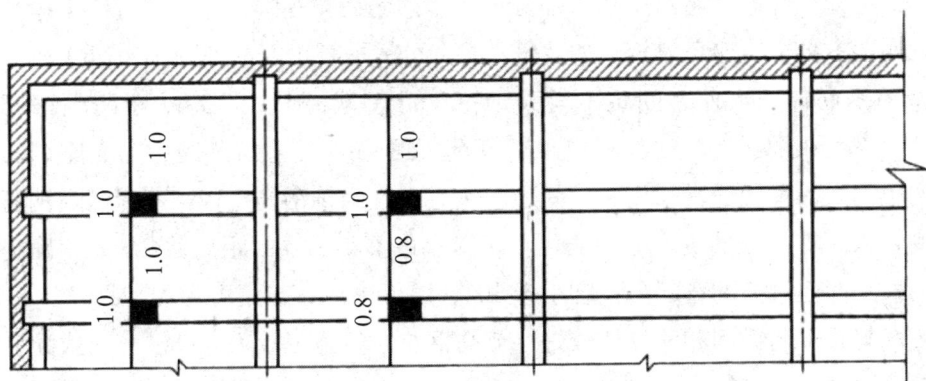

图 6-7 连续板的计算弯矩折减系数示意图

2. 板的配筋构造

单向连续板中受力钢筋的配筋方式有分离式和弯起式两种，如图 6-8 所示。

①分离式配筋是将全部跨中钢筋伸入支座，支座上部负弯矩钢筋另外设置，如图 6-8（a）所示。支座受力钢筋伸过支座边缘的长度 a 的确定方法是：当 $q_k / g_k \leqslant 3$ 时，$a = l_n / 4$；当 $q_k / g_k > 3$ 时，$a = l_n / 3$。

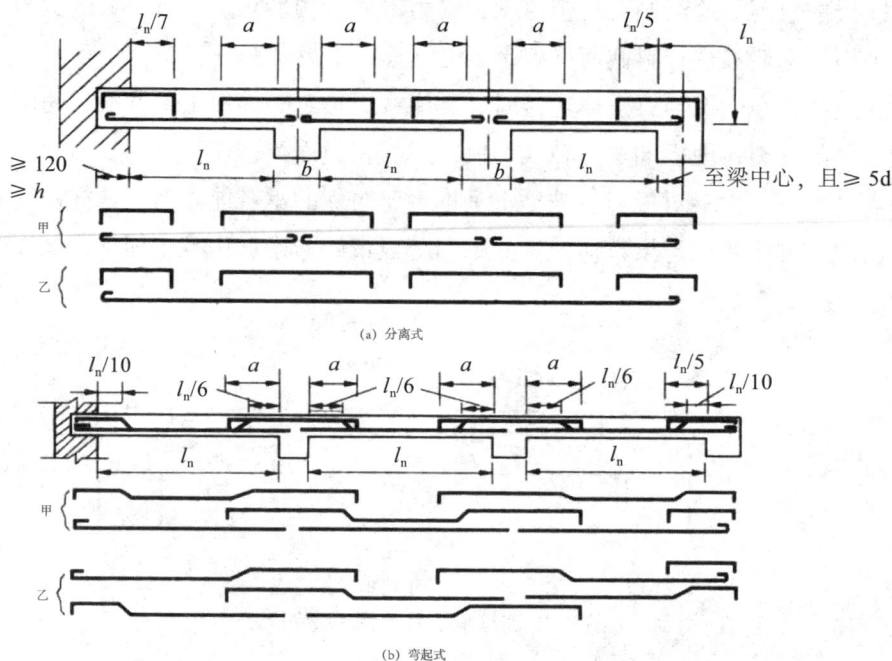

图 6-8 单向板中受力钢筋的布置

②弯起式配筋是将跨中的一部分正弯矩钢筋在支座附近适当位置向上弯起，在支座上方抵抗支座负弯矩。如数量不足，可另加直钢筋，如图 6-8（b）所示。剩余的钢筋伸入支座，间距不得大于 400mm，截面面积不应小于跨中钢筋的 1/3。一般采用隔一弯一或隔一弯二。弯起式配筋应注意相邻跨中与支座钢筋间距的协调。一种板通常采用一种间距，然后通过调整钢筋直径来确保满足钢筋面积的要求。支座处的负弯矩钢筋可在距支座边不小于 a 的距离截断。a 的确定同分离式。弯起钢筋的弯起角不宜小于 30°，厚板中的弯起角可为 45° 或 60°。

弯起式配筋锚固和整体性较好，节约钢筋，但施工较为复杂。分离式配筋锚固较差，钢筋用量较大，但施工简单方便，现成为工程中采用的主要配筋方式。

3. 板内构造钢筋

板内构造钢筋一般有以下几种。

（1）单向板长边方向的分布钢筋

单向板除沿短边方向布置受力钢筋外，还沿长边方向布置分布钢筋。单位长度上分布钢筋的截面面积不宜小于单位宽度上受力钢筋截面面积的15%（集中荷载时为25%）。分布钢筋的间距不宜大于250mm，直径不宜小于6mm，当集中荷载较大时，分布钢筋间距不宜大于200mm。

承受分布荷载的厚板，其分布钢筋的配置可不受上述规定的限制。分布钢筋的直径可采用10～16mm，间距可为200～400mm。

当板处于温度变幅较大或处于不均匀沉陷的复杂条件，且在与受力钢筋垂直的方向所受约束很大时，分布钢筋宜适当增加。

（2）嵌固在墙内板边上部的附加钢筋

板边嵌固于墙内的板，在分析中没有考虑到这种嵌固的影响时，计算简图是按简支考虑的，而实际上由于墙的约束而产生负弯矩，则应在板的顶部沿板边配置垂直板边的附加钢筋，其数量可按承受跨中最大弯矩绝对值的1/4计算。单向板垂直于板跨方向的板边，一般每米宽度内配置5根直径6mm的钢筋，钢筋应从支座边伸出至少为 $l_1/5$ 的长度（l_1 为单向板跨度）。单向板平行板跨方向的板边，其顶部垂直板边的钢筋可按构造要求适当配置。对于两边嵌固在墙内的板角部分，应在板的上部双向配置钢筋网，其伸出墙边的长度不应小于 $l_1/4$，如图6-9所示。

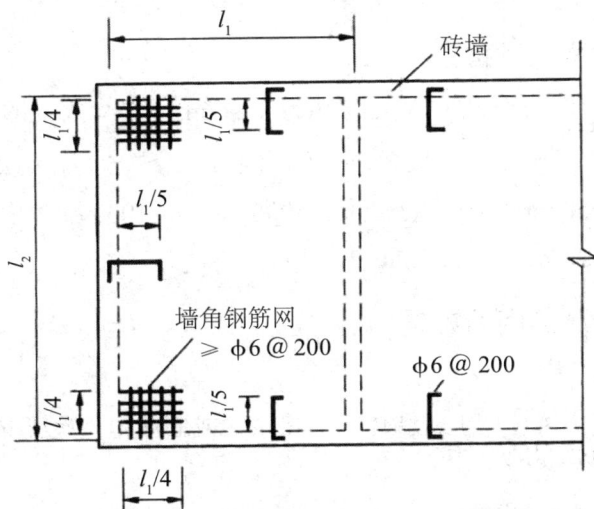

图 6-9　嵌固在墙内板顶构造钢筋示意图（单位：mm）

（3）板中垂直于主梁的构造钢筋

单向板上的荷载将主要沿短边方向传到次梁上，但由于板和主梁整体连接，在靠近主梁两侧一定宽度范围内，板内仍将产生一定大小与主梁方向垂直的负弯矩，因此应在跨越主梁的板上部配置与主梁垂直的构造钢筋，其数量应不少于板中受力钢筋的 1/3，且直径不应小于 8mm，间距不应大于 200mm，伸出主梁边缘的长度不应小于板计算跨度 l_0 的 1/4，如图 6-10 所示。

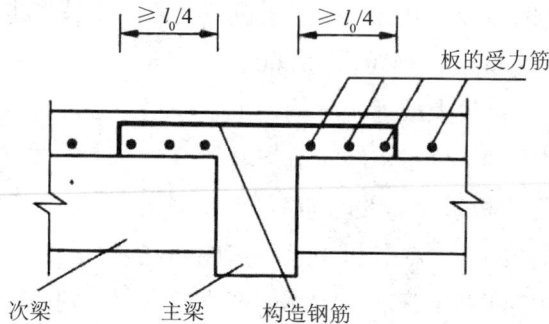

图 6-10 板中与梁肋垂直的构造钢筋

三、次梁设计

次梁设计包括截面尺寸拟定、计算简图的确定、内力计算、配筋计算和配筋图绘制等内容。

（一）截面尺寸拟定

一般建筑中较为合理的次梁跨度为 4 ~ 6m。连续次梁的截面尺寸按高跨比关系和刚度要求确定，一般要求连续次梁高 $h \geq 25$（1 为次梁跨度），当 $h \leq 800$mm 时以 50mm 为模数，当 $h > 800$mm 时以 100mm 为模数。连续次梁宽 $b =$（1/3 ~ 1/2）h，并以 50mm 为模数。

（二）计算简图的确定

1. 支座选取

次梁支承在主梁（柱）或墙体上。将主梁或墙体作为次梁的不动支座。

2. 计算跨度与跨数

连续次梁的弯矩计算跨度 l_0 为相邻两支座反力作用点之间的距离。按弹性方法计算内力时，以边跨简支在墙上为例计算如下。

连续次梁边跨

$$l_{01} = l_{n1} + 0.5a + 0.5b \leqslant 1.05\, l_{n1} \quad （6-4）$$

中跨

$$l_{02} = l_c, 当 b > 0.05\, l_c\ 时, 取\ l_{02} = 1.05\, l_{n2} \quad （6-5）$$

式中 l_{n1} ——次梁边跨的净跨度，mm；

l_{n2} ——次梁中间跨的净跨度，mm；

l_c ——次梁支座中心线间的距离，mm；

a ——次梁伸入支座的长度，mm；

b ——主梁的宽度，mm。

计算跨度 l_0 分别取其最小值。

在剪力计算时，计算跨度取净跨，即 l_n。

与连续板相同，对于多跨连续次梁，当跨度不相等，但相差不超过10%时，按等跨计算。当跨数不超过五跨时，按实际跨数计算。

3. 荷载计算

作用在次梁上的荷载面积为相邻板跨中线所分割出来的面积，宽度为次梁间距 l_1，如图 6-11（a）所示。次梁所承受的荷载为次梁自重及受荷面积上板传来的荷载（含活荷载与恒荷载）。计算简图如图 6-11（b）所示。

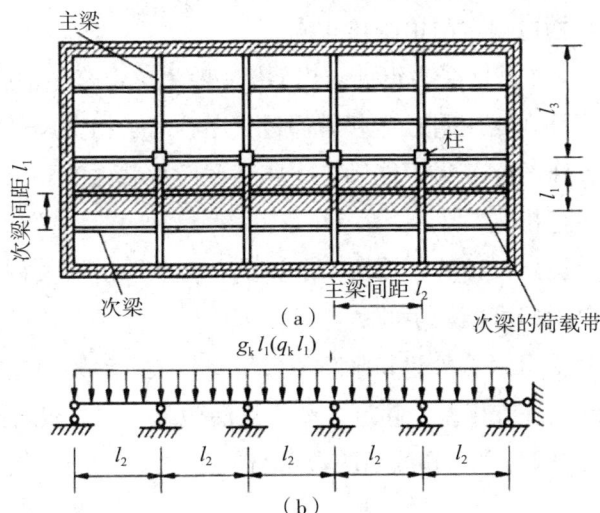

图 6-11 次梁的荷载计算范围及计算简图

道理同连续板。连续次梁折算荷载标准值为：

折算恒荷载

$$g_k' = g_k + \frac{q_k}{4} \quad (6-6)$$

折算活荷载

$$q_k' = \frac{3q_k}{4} \quad (6-7)$$

式中 g_k'、q_k'——折算恒荷载及活荷载标准值，kN/m；

g_k、q_k——实际恒荷载及活荷载标准值，kN/m。

在支座均为砖墙的连续板中，以上影响较小，不需要进行荷载折算。

（三）次梁的配筋计算与构造要求

1. 次梁的配筋计算

单向板肋形楼盖的次梁应根据所求的内力计算方法进行正截面和斜截面配筋计算。因次梁与板是整体连接，板作为梁的翼缘参加工作。在正截面承载力计算中，跨中截面按 T 形截面考虑，支座截面按矩形截面考虑。在斜截面承载力计算中，当荷载、跨度较小时，一般可仅配置箍筋。否则，宜在支座附近设置弯起钢筋，以减少箍筋用量。

2. 次梁的构造要求

①次梁的一般构造规定与单跨梁相同。

②次梁跨中、支座截面受力钢筋求出后，一般先选定跨中钢筋的直径和根数，然后将其中部分钢筋在支座附近弯起后伸过支座，以承担支座处的负弯矩，若相邻两跨弯起伸入支座的钢筋尚不能满足支座正截面承载力的要求，可在支座上另加直钢筋来承担负弯矩。

③在端支座处虽然按计算不需要弯起钢筋，但实际上应按构造弯起部分钢筋伸入支座顶面，以承担可能产生的负弯矩。

④次梁中纵向受力钢筋弯起和截断的数量与位置，原则上应按弯矩包络图确定。但当次梁跨度相等或相差不超过 20%，且活荷载与恒荷载之比 $q_k/g_k \leqslant 3$ 时，可按图 6–12 来确定钢筋弯起和截断的数量与位置。

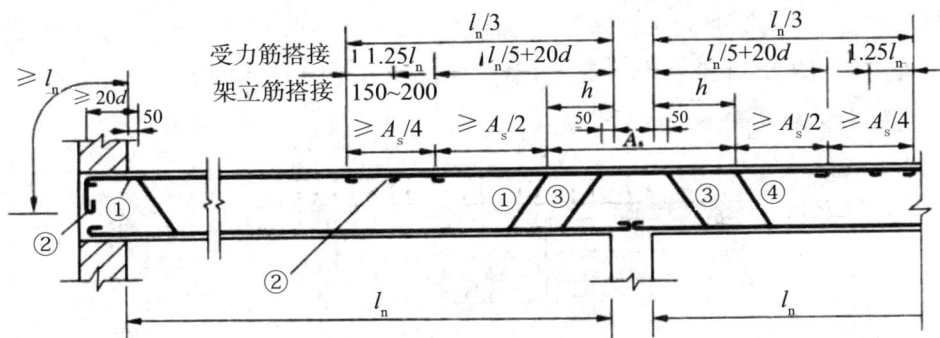

① ④弯起筋，可同时用于抗弯和抗剪；②架立筋兼负筋≥$A_s/4$，且≥2根；
③弯起筋或鸭筋，仅用于抗剪

图 6-12 次梁受力配筋的布置（单位：mm）

四、主梁设计

主梁设计包括截面尺寸拟定、计算简图的确定、内力计算、配筋计算与构造、配筋图绘制等内容。

（一）截面尺寸拟定

一般建筑中较为合理的主梁跨度为 5 ~ 8m。连续主梁的截面尺寸按高跨比关系和刚度要求确定，一般要求连续主梁高 $h \geqslant l/15$（l 为主梁跨度），当 $h \leqslant 800mm$ 时以 50mm 为模数，当 h > 800mm 时以 100mm 为模数。连续主梁宽 $b = （1/3 ~ 1/2）h$，并以 50mm 为模数。

（二）计算简图的确定

1. 支座选取

若主梁的中间支承是柱，两端支承在墙体上，当主梁的线刚度与柱的线刚度之比大于 4 时，可把主梁看作是以边墙和柱为角支座的多跨连续梁。否则，柱对主梁内力影响较大，应按刚架计算。

2. 计算跨度与跨数

连续主梁计算跨度计算和跨数的确定同次梁。

3. 荷载计算

作用在主梁上的荷载划分范围如图 6-13（a）所示。主梁承受次梁传来的集中恒荷载、集中活荷载和自重，主梁肋部自重为均布荷载，但与次梁传来的集荷载相比较小，为简化计算，将次梁之间的一段主梁肋部均布自重化为集中荷载，与次梁传来的集中荷载一并计算。计算简图如图6–13（b）所示。

连续主梁的荷载不予调整。

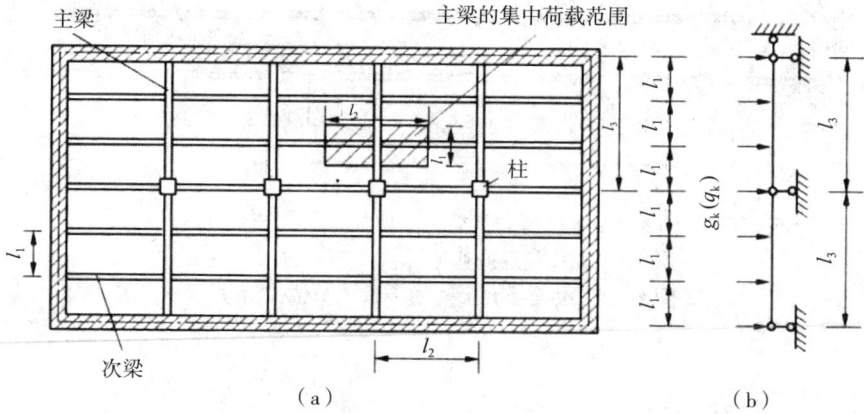

图6-13 主梁荷载计算范围及计算简图

（三）内力计算

在集中荷载作用下：

$$M = 1.05\alpha_1 g_k l_0 + 1.20\alpha_2 q_k l_0 \quad（6-8）$$

$$V = 1.05\beta_1 g_k + 1.20\beta_2 q_k \quad（6-9）$$

式中 $\alpha_1, \alpha_2, \beta_1, \beta_2$ ——弯矩系数和剪力系数；

g_k, q_k ——折算恒荷载及活荷载标准值，kN；

l_0 ——主梁的计算跨度，mm。

第二节　双向板肋形结构设计

一、双向板的受力分析

双向板在两个方向都起承重作用，即双向工作，但两个方向所承担的荷载及弯矩与板的两个方向的边长比和四边的支承条件有关。对于四边简支的双向板，在均布荷载作用下试验结果如图 6-14 所示。当荷载较小时，板基本处于弹性工作阶段，随着荷载的增大，首先在板底中部对角线方向出现第一批裂缝（见图 6-14（a）（c），并逐渐向四角扩展。当荷载增加到板接近破坏时，板面的四角附近出现垂直于对角线方向而大体上成圆形的裂缝 [见图 6-14（b）]，这种裂缝的出现，促使板对角线方向裂缝的进一步发展，最后跨中钢筋达到屈服，整个板即破坏。不论是简支的正方形板还是矩形板，当受到荷载作用时，板的四角都有翘起的趋势。板的主要支承点不在四角，而在板边的中部，即双向板传给支承构件的荷载，并不是沿板边均匀分布的，而是在板的中部较大，两端较小。

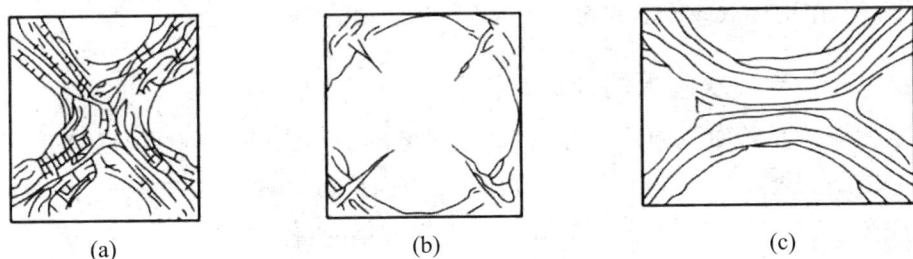

图 6-14 双向板的裂缝示意图

从理论上讲，双向板的受力钢筋应垂直于板的裂缝方向，即与板边倾斜，但这样做施工很不方便。沿着平行于板边方向配置双向钢筋网，其承载力与前者相差不大，并且施工方便，所以双向板采用平行于板边方向的配筋。

二、双向板弹性法的内力计算

双向板的内力计算方法有弹性计算法和塑性计算法两种，这里主要介绍弹性计算法。

弹性计算法即假定板为匀质弹性板，以弹性薄板理论为依据而进行计算的一种方法。荷载在两个方向上的分配与板两个方向跨度的比值和板周边的支承条件有关。按单跨双向板的支承分为七种情况：四边固定；三边固定，一边简支；两邻边固定，另两邻边简支；两对边固定，另两对边简支；一边固定，三边简支；四边简支；三边固定，一边自由。

（一）单块双向板的计算

为便于计算，根据双向板两个方向跨度比值和支承条件制成计算表，从中直接得弯矩系数，求得单跨板的跨中弯矩和支座弯矩。

根据不同的计算简图，查出对应的弯矩系数，即可按下式求出弯矩：

$$M = \alpha p l_x^2 \quad (6-10)$$

式中 M——相应于不同支撑情况的单位板宽内跨中或支座中点的弯矩值，kN·m；

a——根据不同支承情况和不同跨度比 $\dfrac{l_x}{l_y}$；

l_x, l_y——板的跨度，m；

p——作用在双向板上的均布荷载设计值，kN/m。

（二）连续双向板的计算

对于多跨的连续双向板，需要考虑活荷载的不利位置，精确计算比较复杂。假定双向连续板支承梁的抗弯刚度非常大，竖向位移忽略不计；抗扭刚度非常小，在扭矩作用下可以自由扭转，当在同一方向区格的跨度差不超过 20% 时，可通过荷载分解将多跨连续板简化为单跨板进行计算。

1. 跨中和边支座最大弯矩计算

求某跨跨中最大弯矩时，活荷载的不利布置为棋盘形布置，即该区格布置活荷载，其余区格均在前后、左右隔一区格布置活荷载，如图 6-15（a）所示。

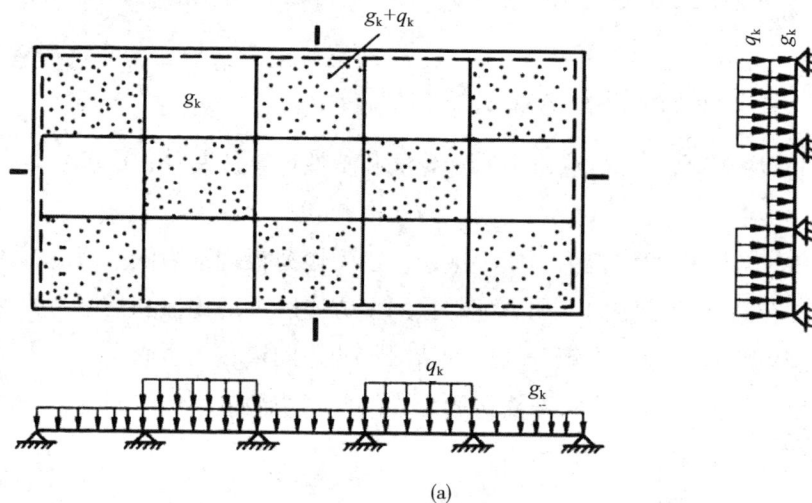

(a)

$$p'_k = g_k + \frac{q_k}{2}$$

$$p'_k = g_k + \frac{q_k}{2}$$

(b)

$$p''_k = \pm\frac{q_k}{2}$$

$$p''_k = \pm\frac{q_k}{2}$$

$$p''_k = \pm\frac{q_k}{2}$$

(c)

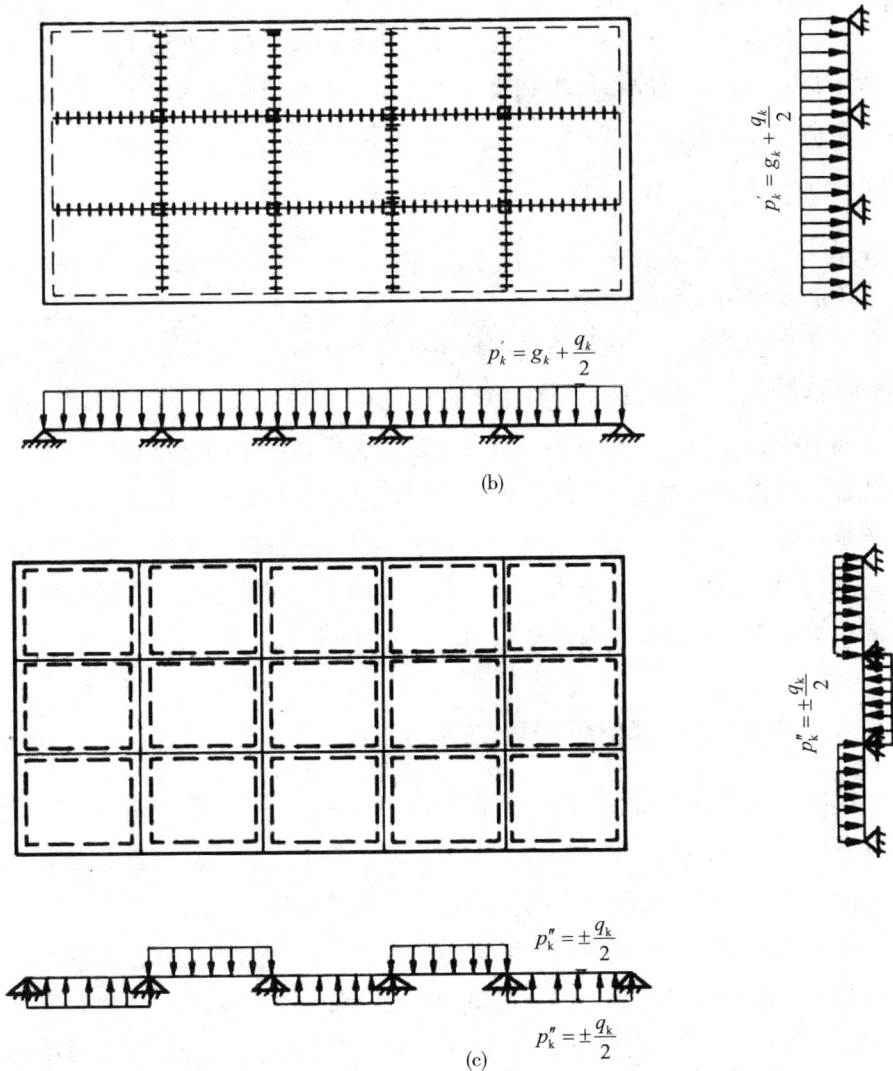

图 6-15　双向板跨中弯矩最不利活荷载布置与分解

计算时，可将活荷载 q_k 与恒荷载 g_k 分解为 $p'_k = g_k + \dfrac{q_k}{2}$ 与 $p''_k = \pm\dfrac{q_k}{2}$ 两部分，分别作用于相应区格，其作用效果是相同的。

在满布的荷载 p'_k 作用下，因为荷载对称，可近似地认为板的中间支座都是固定支座；在一上一下的荷载 p''_k 的作用下，近似符合反对称关系，可以认为中间支座的弯矩为零，即可以把中间支座都看成简支支座。板的边支座根据实际情况确定。这样，就可以将连续双向板分成荷载 p'_k 和荷载 p''_k 的单独单块双向板作用来计算，将各自求得的跨中弯矩相叠加，便可得到活荷载在最不利位置时所产生的跨中最大弯矩，同时也可得到边支座的相应弯矩值。其跨中最大弯矩值和边支座弯矩值计算公式如下：

$$M = 1.05\alpha_1 p'_k l_x^2 + 1.20\alpha_2 p''_k l_x^2 \quad （6–11）$$

式中 α_1、α_2——根据 p'_k 和 p''_k 的支承情况及 l_x / l_y；

2. 中间支座最大弯矩计算

求支座最大弯矩时，活荷载最不利布置与单向板相似，应在该支座两侧区格内布置活荷载，然后隔跨布置。为计算简便，认为全板各区格上均布置活荷载时，即 $P=1.05g_k+1.20q_k$ 时，支座弯矩为最大。这时，板在各中间支座处的转角较小，各跨的板都近似认为固定在中间支座上，因此中间区格的板按四边固定的单跨双向板计算，其中间支座弯矩计算公式见式（6–11）。板的边支座根据实际情况确定。若相邻两跨的另一端支承情况不一样，或两跨的跨度不相等，可取相邻两跨板的同一支座弯矩平均值作为该支座的弯矩设计值。

三、双向板的截面设计与构造

①求得双向板跨中和支座的最大弯矩值后，即可按一般受弯构件选择板的厚度和计算钢筋用量。但需注意的是，双向板跨中两个方向均需配置受力钢筋，钢筋是纵横交叉布置的，短跨方向的弯矩较大，钢筋应放在下层。

②按弹性方法计算出的板跨中最大弯矩是板中间板带的弯矩，所求出的钢筋用量也就是中间板带单位宽度内所需要的钢筋用量。靠近支座的板带的弯矩比中间板带的弯矩要小，它的钢筋用量也比中间板带的钢筋用量少，考虑到施工的方便。将板在两个方向上各划分为三个板带，边缘板带的宽度均为较小跨度 l_1 的1/4，其余为中间板带。在中间板带，按跨中最大弯矩值配筋；在边缘板带，单位宽度内的钢筋用量则为相应中间板带钢筋用量的一半。但在任何情况下，每米宽度内的钢筋不少于 3 根。

③由支座最大弯矩求得的支座钢筋数量，沿板边应均匀配置，不得分带减少。

④在简支的单块板中，考虑到简支支座实际上仍可能有部分嵌固作用，可将每一方向的跨中钢筋弯起 1/3 ~ 1/2，伸入到支座上面以承担可能产生的负弯矩。

⑤在连续双向板中，承担中间支座负弯矩的钢筋，可由相邻两跨跨中钢筋各

弯起 1/3 ~ 1/2 来承担，不足部分另加直钢筋。由于边缘板带内跨中钢筋较少，钢筋弯起较困难，可在支座上面另加直钢筋。

四、支撑双向板的梁的计算

（一）支承梁的荷载计算

双向板上的荷载按就近传递的原理向两个方向的支承梁传递，这样我们可以将每个区格的四角分别作 45° 角平分线与平行于长边的中线相交，将整个板块分成四部分，作用每块面积上的荷载即为分配给相邻梁上的荷载。每小块面积上的荷载认为传递到相邻的梁上，短跨梁上的荷载是三角形分布，长跨梁上的荷载是梯形分布，如图 6-16 所示。

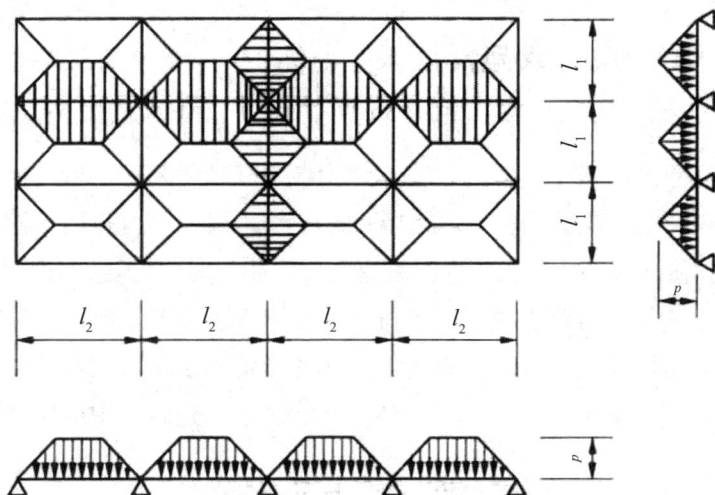

图 6-16　多跨连续双向板支承梁所承受的荷载

（二）支承梁的内力计算（弹性法）

梁上荷载确定后，可以求得梁控制截面的内力。当支承梁为单跨简支时，可按实际荷载直接计算支承梁的内力。当支承梁为连续的，且跨度差不超过 10% 时，可将梁上的三角形或梯形荷载根据支座弯矩相等的条件折算成等效均布荷载。

第七章 水工钢筋混凝土渡槽设计

第一节 渡槽的基础

一、渡槽的组成与作用

渡槽一般由进出口连接段、槽身、支承结构及基础等组成。槽身放置在支承结构上，槽身重及水重等荷载通过支承结构传给基础，基础再传给地基。渡槽是输送渠道水流跨越河渠、道路、沟谷等的架空输水建筑物。除用于输送渠道水流外，还有供排洪和导流之用。当挖方渠道与冲沟相交时，为避免山洪及泥沙入渠，还可在渠道上面修建排洪渡槽，用来排泄冲沟来水及泥沙。渡槽一般适用于渠道跨越深宽河谷且洪水流量较大、跨越较广阔的洼地等情况，它与倒虹吸管相比，水头损失小，便于通航，管理运用方便，是灌区水工建筑物中应用最广的交叉建筑物之一。

二、渡槽的类型

渡槽的分类方法很多，按施工方法分为现浇整体式、预制装配式及预应力式等。按建筑材料分为木渡槽、砌石渡槽、钢筋混凝土渡槽等。按支承结构形式分为梁式渡槽、拱式渡槽、桁架式渡槽、悬吊式渡槽、斜拉式渡槽等。其中，梁式渡槽和拱式渡槽是两种最基本也是最常用的渡槽形式。按槽身断面形状分为矩形渡槽、U形渡槽、梯形渡槽、椭圆形渡槽及圆形渡槽等。

（一）梁式渡槽

1.槽身结构纵向支承形式

梁式渡槽槽身置于槽墩或排架上，其纵向受力与梁相同，故称为梁式渡槽。梁式渡槽的跨度不宜过大，一般在 20m 以下比较经济。槽身在纵向均匀荷载作用下，一部分受压，一部分受拉，故常采用钢筋混凝土结构。为了节约钢筋和水泥用量，还可采用预应力钢筋混凝土及钢丝网水泥结构。

梁式渡槽可分为简支梁式、悬臂梁式及连续梁式三种。悬臂梁式渡槽又可分为双悬臂式、单悬臂式。

简支梁式渡槽的特点是结构简单，吊装施工方便，接缝止水容易解决。但其跨中弯矩较大，底板全部受拉，对抗裂防渗不利。其常用跨度为 8 ~ 15m，经济跨度为墩架高度的 0.8 ~ 1.2 倍。

双悬臂梁式渡槽根据其悬臂长度的不同，又可分为等跨双悬臂式和等弯矩双悬臂式。等跨双悬臂式，在纵向受力时其跨中弯矩为零，底板承受压力，有利于抗渗。等弯矩双悬臂式，跨中弯矩与支座弯矩相等，结构受力合理，但需上下配置受力筋及构造筋，总配筋量常大于等跨双悬臂式，不一定经济，且由于跨度不等，对墩架工作不利，故应用不多。双悬臂式渡槽因跨中弯矩较简支梁小，每节槽身长度可为 25 ~ 40m，但其质量大，整体预制吊装困难。当悬臂顶端变形或地基产生不均匀沉陷时，接缝处的止水容易被拉裂。

单悬臂梁式一般只在双悬臂式向简支梁过渡或与进出口建筑物连接时采用。一般要求悬臂长度不宜过大，以保证槽身在另一支座处有一定的压力。

2.槽身横断面形式及尺寸

最常用的断面形式是钢筋混凝土矩形和 U 形。

大流量渡槽多采用矩形，中小流量既可采用矩形也可采用 U 形。矩形槽身常是钢筋混凝土结构或预应力钢筋混凝土结构；U 形槽身可采用钢筋混凝土结构或预应力钢筋混凝土结构，还可采用钢丝网水泥结构或预应力钢丝网水泥结构。

矩形槽身按其结构形式和受力条件不同，可分为以下几种情况。

（1）无拉杆矩形槽身

如图 7-1 所示。该种形式结构简单，施工方便，主要用于有通航要求的渡槽。中小型槽侧墙做成变库的，如图 7-1（a）所示。顶厚按构造要求一般不小于 80mm，底厚应按计算确定，一般不小于 150mm。大中型渡槽，为了改善侧墙和底板的受力条件，减小其厚度，沿槽长每隔一定距离加一道肋而成为加肋矩形槽，如图 7-1（b）所示，肋的间距通常取侧墙高度的 0.7 ~ 1.0 倍；肋的宽度不小于侧墙的厚度，一般为 2.0 ~ 2.5 倍墙厚。当流量较大或有通航要求、槽身宽浅时，为改善底板受力条件，减小其厚度，可采用多纵梁式结构，如图 7-1（c）所示，侧墙仍兼纵梁用，中间纵梁间距 1.5 ~ 3m。

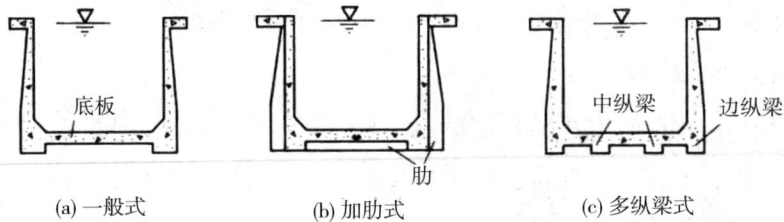

(a) 一般式　　　　(b) 加肋式　　　　(c) 多纵梁式

图 7-1　无拉杆矩形渡槽横断面图

（2）有拉杆矩形槽身

如图 7-2 所示。对于无通航要求的中小型渡槽，一般在墙顶设置拉杆，可以改善侧墙的受力条件，减少侧墙横向钢筋用量。拉杆间距一般为 2m 左右，侧墙常采用等厚，其厚度为墙高的 1/16 ~ 1/12，一般为 100 ~ 200mm。在拉杆上还可铺板，兼做人行便道。

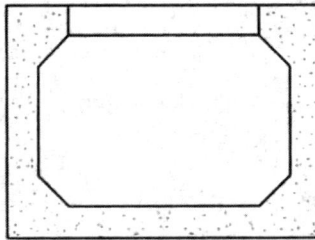

图 7-2　有拉杆矩形渡槽横断面图

（3）箱式槽身

这种形式既可以满足输水，顶板又可做交通桥，其用于中小流量双悬臂梁式槽身较为经济。箱中应按无压流设计，净空高度一般为 0.2 ~ 0.6m，深宽比常用 0.6 ~ 0.8 或更大些。

U 形槽身横断面由半圆加直段构成，槽顶一般设顶梁和拉杆，支座处设端肋。

与矩形槽相比，其水力条件好、纵向刚度大。若为钢丝网水泥 U 形槽，壁厚一般为 20 ~ 40mm。其优点是弹性好、自重轻、预制吊装方便、造价低，但耐久性差，易出现锈蚀、剥落、漏水等现象，故一般适用于小型渡槽。

（二）拱式渡槽

1. 拱式渡槽的特点

拱式渡槽的主要承重结构是拱圈。槽身通过拱上结构将荷载传给拱圈，其两端支承在槽墩或槽台上。拱圈的受力特点是承受的内力以压力为主，故可应用石料或混凝土建造，并可用于较大的跨度，但拱圈对支座变形要求严格。对于跨度较大的拱式渡槽，应建筑在比较坚固的岩石地基上。

2. 拱式渡槽的类型

（1）石拱渡槽

主拱圈为一实体的矩形截面的板拱，一般用粗料石砌筑。其优点是可就地取材，节省钢筋，结构简单，便于施工；缺点是自重大，对地基要求高，施工时需要较多木料搭设拱架。

（2）肋拱渡槽

主拱圈由 2 ~ 4 根拱肋组成，拱肋间用横系梁连接，以加强拱肋整体性，保证拱肋的横向稳定。槽身一般采用钢筋混凝土结构，对于大中跨度的肋拱结构可分段预制吊装拼接，无须支架施工。这种形式的渡槽外形轻巧美观，自重较轻，工程量小，但钢筋用量较多。

（3）双曲拱渡槽

主要拱圈由拱肋、拱波、拱板和横系梁等组成。因主拱圈沿纵向和横向都呈拱形，故称为双曲拱。双曲拱能够充分发挥材料的抗压性能，造型美观。此外，主拱圈可分块预制，吊装施工，既节省搭设拱架所需的木料，又不需要较多的钢筋，适用于修建大跨度渡槽。

三、渡槽的总体布置

（一）渡槽总体布置的步骤与要求

①总体布置的步骤一般是先根据规划阶段初选槽址和设计任务，在一定范围内进行调查和勘探工作，取得较为全面的地形、地质、水文气象、建筑材料、交

通要求、施工条件、运用管理要求等基本资料，然后在全面分析基本资料的基础上，按照总体布置的基本要求，提出几个布置方案，经过技术、经济比较，选择最优方案。

②总体布置要求。流量、水位要满足灌区需要，槽身长度要短，基础、岸坡要稳定，结构选型要合理，进出口要顺直通畅，尽量避免填方接头，要少占农田，并且要交通方便和可就地取材等。

（二）槽址位置的选择

选择槽址关键是确定渡槽的轴线及槽身的起止点位置。对于地形、地质条件较复杂，长度较大的大中型渡槽，应确定 2 ~ 3 个方案，从中选出较优方案。选择槽址位置的基本原则如下：

1. 地质良好

尽量选择承载能力高的地段，以减少基础工程量。跨河（沟）渡槽应选在岸坡及河床稳定的位置，以减少削坡及护岸工程量。

2. 地形有利

尽量选在渡槽长度短、进出口落在挖方处及墩架高度低的位置。跨河渡槽应选在水流顺直河段，尽量避开河弯处。

3. 便于施工

槽址附近尽可能有较宽阔的施工场地，离料源近，交通运输方便。

4. 运用管理方便

交通要便利，运用管理方便，并尽量少占耕地，减少移民等。

（三）槽型选择

对中小型渡槽，一般可选用一种类型的单跨或等跨渡槽。对于地形、地质条件复杂的大中型渡槽，可选 1 ~ 2 种类型和几种跨度的布置方案。选择时，主要从以下几方面考虑：

1. 地形、地质条件

对于地势平坦、槽高不大的情况，宜选用梁式渡槽；对于窄深沟谷且两岸地质条件较好的情况，宜选单跨拱式渡槽；对于跨河渡槽，当主河槽水深流急、水下施工困难而滩地部分槽底距地面高度不大且渡槽较长时，可在河槽部分采用大跨度拱式渡槽，滩地则采用梁式或中小跨度的拱式渡槽；对于地基承载力较低的情况，可考虑采用轻型结构的渡槽。

2. 建筑材料情况

应就地取材和因材选型。当槽址附近石料丰富且质量符合要求时，应优先考虑采用砌石拱式渡槽，但也应进行综合比较研究，选用经济、合理的结构形式。

3. 施工条件

应尽量采用预制装配式结构，以加快施工进度，节省劳力。对同一渠系上有几个条件相近的渡槽时，应尽量采用同一种结构形式，便于设计、施工定型化。

（四）进出口的布置

渡槽进出口建筑物一般包括进出口渐变段、槽跨结构与两岸连接的建筑物以及为满足运用、交通和泄水要求而设置的节制闸、交通桥及泄水闸等建筑物。

为了使水流进出槽身时比较平顺，以利于减少水头损失和防止冲刷，渡槽进出口前后的渠道应有一定长度的直线段，且均需设置渐变段、护坡和护底。渐变段常采用扭曲面形式，一般用浆砌石建造，迎水面用水泥砂浆勾缝。渐变段与槽身之间常因各种需要设置一节连接段，连接段的长度视具体情况由布局确定。

第二节　梁式渡槽结构设计

一、渡槽设计的一般步骤

①收集整理基本资料，确定渡槽的安全级别和有关设计标准。

②选择槽址和槽型，并进行平面布置和纵剖面的布置。

③进行水力设计，确定槽底纵坡和槽身的过水断面形状、尺寸及进出口高度。

④进行纵剖面布置，选定各组成部分的结构形式和材料、分跨，拟定各部分的布置尺寸及高程，绘制平面图、纵横剖面图，计算挖填工程量等。

⑤通过方案比较，选出较优的总体布置方案。

⑥进行结构计算及构造设计，绘制设计图，并计算工程概算和总投资。

二、槽身设计

渡槽槽身是空间结构，受力较复杂，常近似按纵、横两个方向进行内力分析。

（一）槽身横向结构计算

在进行横向结构计算时，沿槽身纵向取 1m 按平面问题进行分析，单位长脱离体上的荷载由两侧的剪力差维持平衡。

1. 无拉杆矩形槽

其计算简图如图 7–3 所示，P_0、M_0 分别为槽顶集中荷载及 P_0 对侧墙中心的力矩，q_2 为槽内水重与底板自重之和。由图 7–3 可求得端部 a 的弯矩 M_a、轴力 N_a 和跨中弯矩 M_c。当侧墙设交通桥时，P_0 应计入其重力及人群荷载。

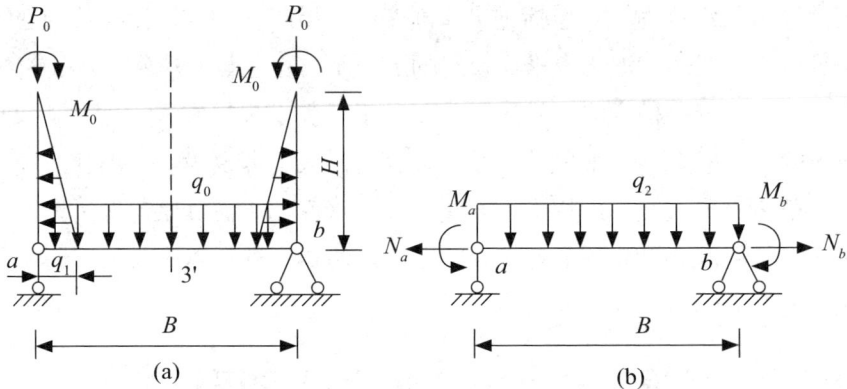

图 7–3 无拉杆矩形渡槽计算简图

底板跨中弯矩 M_c 随槽内水深 H 而变化，根据渡槽底板截面弯矩与水深 H 的关系式可以推出：当 $H = B / 2$ 时，M_c 最大。而此时底板的轴向拉力较小，故应按水深 $H = B / 2$ 及设计水深、加大水深分别计算底板跨中内力，按偏心受拉构件对底板进行配筋计算，取其大，则作为底板跨中的配筋依据。

侧墙可视为固结于底板上的悬臂梁板，近似按受弯构件进行计算。

2. 有拉杆矩形槽

有拉杆的矩形槽身横向结构计算时，假定设拉杆处的横向内力与不设拉杆处的横向内力相同，将拉杆"均匀化"，拉杆截面尺寸一般较小，不计其抗弯作用及轴力对变位的影响。然后沿槽长方向取 1m 槽身按平面问题计算。拉杆刚度远比侧墙小，故杆端视为交接。其计算简图如图 7–4 所示，是一次超静定结构，设底板计算跨度 $B = 2l$。

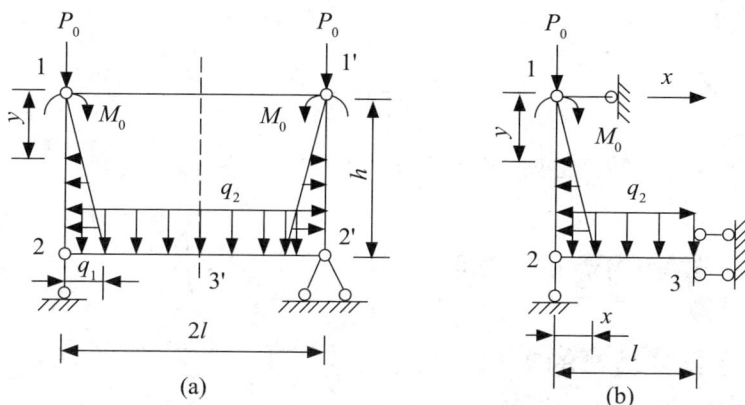

图 7-4 有拉杆矩形渡槽计算简图

可按力法先求解出均匀化拉杆的拉力，再求出槽身横向内力，然后进行配筋计算及抗裂验算。

（二）槽身纵向结构计算

对于矩形槽身，可将侧墙视为纵向梁，梁截面为矩形或 T 形，按受弯构件进行纵向正截面承载力和斜截面承载力计算配置纵向受力钢筋与腹筋，并进行抗裂验算和变形验算。

U 形槽身纵向应力计算时，需先求出截面形心轴位置及形心轴至受压区和受拉区边缘的距离和力，如图 7-5 所示。U 形槽身的纵向配筋一般按总拉力法计算，即考虑受拉区混凝土已开裂不能承受拉力，形心轴以下全部拉力由钢筋承担。

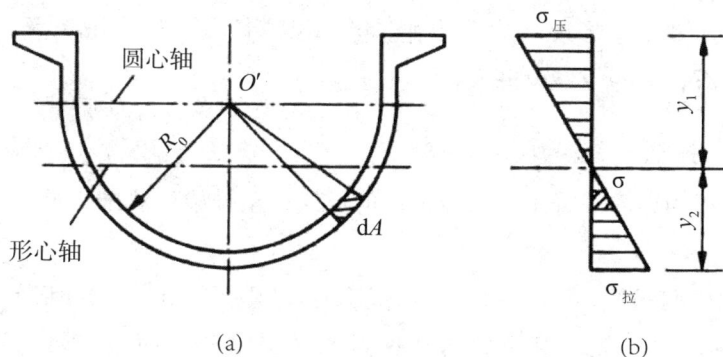

图 7-5 形槽身纵向应力

145

钢筋总面积为：

$$A_s \geqslant \frac{KF_{总}}{f_y} \quad （7-1）$$

U 形渡槽抗裂验算和变形验算按受弯构件有关公式进行。

三、渡槽的支承结构

（一）梁式渡槽的支承形式

梁式渡槽的支承形式有槽墩式和排架式两种。

1. 槽墩

槽墩一般为重力墩，有实体重力墩和空心重力墩两种形式。

实体重力墩通常用砖石、混凝土等材料建造，墩体的承载力和稳定容易满足要求，但其用料多、自重大，故不适用于槽高较大和地基承载力较低的情况，一般适宜高度为 8 ~ 15m。构造尺寸一般为：墩顶长度略大于槽宽，每边外伸约 200mm；墩头一般采用半圆形，墩顶常设混凝土墩帽，厚为 300 ~ 400mm，四周做成外伸 50 ~ 100mm 的挑檐，帽内布设构造钢筋，并根据需要预埋支座部件，墩身四周常以 20：1 ~ 30：1 的坡比向下扩大。

空心重力墩通常采用现浇混凝土或混凝土预制块砌筑，壁厚约 200mm，墩高较大时由强度验算决定。该种形式可节约材料，自重小而刚度大，多用于较高的渡槽。其外形尺寸和墩帽构造与实体重力墩基本相同，常用的横断面形状有圆矩形、矩形、双工字形及圆形等几种。墩内沿高每隔 2.5 ~ 4m 设置两根横梁，并在墩身下部和墩帽中央设进入孔。

（二）排架

排架一般为钢筋混凝土排架，常用的形式有单排架、双排架及 A 字形排架等几种形式。

单排架由两根铅直立柱和横梁组成，在工程中应用广泛，其适用高度一般在 20m 以内。双排架由两个单排架通过水平横梁连接而成，属空间结构，其结构承载力、稳定性及地基承载力均比单排架易满足要求，其适用高度一般为 15 ~ 25m。当排架高度较大时，为满足结构承载力和地基承载力要求，可采用 A 字形排架（常由两片 A 字形单排架组成），其适用高度一般为 20 ~ 30m，但施工复杂，造价较高。

对于单排架，其立柱中心距一般应使槽身传来的荷载 P 的作用线与立柱的中心线重合，使立柱为轴心受压构件，立柱的截面尺寸为：长边（顺槽向）b_1=（1/30 ~ 1/20）H，常取 b_1=0.4 ~ 0.7m；短边 h_1=（1/2 ~ 1/1.5）b_1，常取 b_1=0.3 ~ 0.5m。为了改善排架顶部的受力状况，通常排架顶部伸出短悬臂梁（牛腿），悬臂长度 $c \geqslant b_1/2$，高度 $h_1 \geqslant b_1$，倾角 a=30° ~ 45°。横梁间距 l 一般等于或小于立柱间距，常采用2.5 ~ 4.0m，梁高 h_2=（1/8 ~ 1/6）l，梁宽 b_2=（1/2 ~ 1/1.5）h_2，横梁一般按等间距布置，但最下一层的间距可以灵活，横梁与立柱连接处常设 200mm×200mm 的贴角，以期改善交角处的应力状况。

双排架和 A 字形排架都是由单排架构成的，其尺寸可参照单排架拟定。

（三）单排架的结构计算

单排架的计算简图由立柱和横梁的轴线所组成，通常将排架上的荷载均简化为节点荷载，其结构及受力简图如图 7–6 所示。

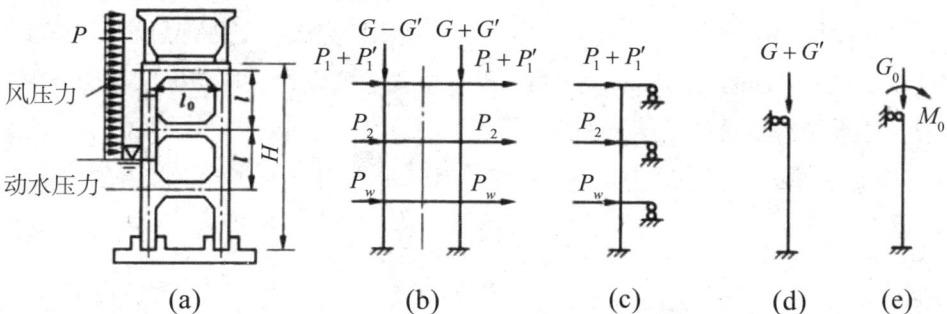

图 7–6 排架的计算简图

排架上的铅直荷载有：槽身自重及槽内水重 G，槽身在槽向风压力作用下通过支座传递给立柱的轴向拉力和压力 G'，排架自重。

排架上的水平荷载有：槽身承受横向风荷载通过支座摩擦作用传给排架的水平力，按两柱各分担 1/2 计算；作用于排架立柱上横向风荷载简化为节点荷载，近似取两立柱的风荷载相等。

1. 排架的横向计算

根据不同的设计状况进行必要的承载能力极限状态设计。铅直向荷载使立柱产生轴力；水平向节点荷载是反对称的，但结构对称，故可取一半按"无剪力分配法"求解排架的内力。考虑到风向变化等因素，两个立柱的配筋应相同。

2. 排架的纵向计算

排架纵向通常按单柱并考虑挠曲影响进行正截面承载能力的验算。对于等间距布置的排架，其立柱按轴心受压构件进行承载能力的验算，计算简图如图 7–6（d）所示；对于排架间距不等或一跨槽身吊装完毕而另一跨尚未吊装等情况，应按偏心受压构件进行验算，计算简图如图 7–6（e）所示。

3. 截面设计

最不利情况组合计算得到内力（M、N、V 等）后，就可以进行承载力计算。承载力计算的控制截面，横梁为跨中和支座处截面，立柱为每层柱顶和柱底处截面。

刚架中横梁轴向力 N 一般很小，可忽略不计，按受弯构件进行计算。当 N 不能忽略不计时，按偏心受拉或偏心受压构件进行计算。刚架立柱中的内力主要是弯矩 M 和轴向力 N，按偏心受压构件进行计算且常采用对称配筋。

4. 排架的吊装验算

对于预制的排架，可采用两点吊或四点吊。当排架总高度 H 不超过 12 ~ 15m 时，可用两点吊；当 $H > 15m$ 时，宜用四点吊。当排架总高度较大时，宜分成 2 ~ 3 段预制，然后吊装拼接。吊点位置一般设在立柱与横梁相交处附近，并使立柱承受的正负弯矩接近相等。

第八章 预应力混凝土结构的一般知识

第一节 预应力混凝土的基本知识

一、预应力混凝土的分类

在我国，预应力混凝土结构是根据裂缝控制等级来分类设计的。规范规定，预应力混凝土结构构件设计时，应根据环境类别选用不同的裂缝控制等级：

（一）一级

严格要求不出现裂缝的构件，要求构件受拉边缘混凝土不应产生拉应力。

（二）二级

一般要求不出现裂缝的构件，要求构件受拉边缘混凝土的拉应力不超过混凝土轴心抗拉强度。

（三）三级

允许出现裂缝的构件，要求构件正截面最大裂缝宽度计算值不超过规定的限值。上述一级控制的预应力混凝土结构也常称为全预应力混凝土结构，二级与三级控制的也常称为部分预应力混凝土结构。

若按预应力钢筋与混凝土的黏结状况不同，预应力混凝土结构可分为有黏结预应力混凝土与无黏结预应力混凝土两种。

有黏结预应力混凝土是指预应力钢筋与周围的混凝土有可靠的黏结强度，使得预应力钢筋与混凝土在荷载作用下有相同的变形。先张法和后张灌浆的预应力混凝土都是有黏结预应力混凝土。

在无黏结预应力混凝土中，预应力钢筋与周围的混凝土没有任何黏结强度。预应力钢筋有塑料套管或塑料包膜（内涂防腐和润滑用的油脂）包裹，不需在制作构件时预留孔道和灌浆，施工时可像普通钢筋一样放入模板即可浇筑混凝土，张拉工序简单，施工非常方便。无黏结预应力混凝土结构通常与后张法预应力工艺结合。

二、设计预应力混凝土构件的计算内容

预应力混凝土构件除了与普通混凝土构件一样需要按承载能力和正常使用两种极限状态进行计算外，还需验算施工阶段（制作、运输、安装）混凝土的强度和抗裂性能。设计预应力混凝土构件时，计算内容包括下列几方面：

（一）使用阶段

①承载力计算；

②抗裂、裂缝宽度验算；

③挠度验算。

（二）施工阶段

①混凝土强度验算；

②抗裂验算。

第二节　预应力混凝土的材料和施加
工具的选择

一、预应力混凝土结构材料的选择

（一）混凝土

预应力混凝土结构对混凝土的基本要求如下。

1. 高强度

采用高强度的混凝土以适应高强钢筋的需要，保证钢筋充分发挥作用，有效减小构件的截面尺寸和自重。在预应力混凝土构件中，混凝土的强度等级不宜低于 C30；采用钢丝、钢绞线时，则不宜低于 C40。

2. 收缩、徐变小

采用收缩、徐变小的混凝土，以减小预应力损失。

3. 快硬、早强

为了尽早施加预应力，加快施工进度，提高设备利用率，宜采用早期强度较高的混凝土。

（二）预应力钢筋

1. 预应力钢筋应满足的要求

预应力钢筋需满足的要求如下。

（1）高强度

预应力钢筋在施工阶段张拉时就产生了很大的拉应力，这样才能使混凝土获得必要的预压应力。在使用荷载作用下，预应力钢筋的拉应力还会继续增大，这就要求钢筋具有较高的强度。

（2）具有一定的塑性

钢材的强度越高，其塑性就越低。钢筋塑性太低时，特别当处于低温和冲击荷载条件下，构件有可能发生脆性断裂。预应力钢筋对拉断时的延伸率要求一般应不小于 4%。

（3）良好的加工性能

预应力钢筋要求有良好的焊接性能。如果采用镦头锚具时，要求钢筋头部镦粗后不影响原有的物理力学性能。

（4）良好的黏结性能

先张法构件的预应力是通过钢筋和混凝土之间的黏结力来传递的，钢筋与混凝土之间必须要有较高的黏结强度。当采用光面高强钢丝时，表面应经刻痕、压波或扭结等方法处理，以增加黏结强度。

2. 预应力钢筋的种类

我国常用的预应力钢筋种类有以下几种。

（1）螺纹钢筋

用热轧方法在整根钢筋表面轧出不带纵肋的螺纹而成，直径为 18～50mm，用螺丝套筒（连接器）把钢筋接长，可以避免焊接。其屈服强度可达 1230N/mm²。

（2）钢棒

钢棒直径为 6 ~ 14mm，其屈服强度为 1080 ~ 1570N/mm²，表面形状分为光圆钢棒、螺旋槽钢棒、螺旋肋钢棒、带肋钢棒四种，由于光圆钢棒和带肋钢棒的黏结锚固性能较差，故预应力混凝土构件中一般只采用螺旋槽钢棒和螺旋肋钢棒。预应力混凝土用钢棒在我国现阶段仅用于预应力管桩的生产，已积累了一定的工程实践经验。

在中小型预应力混凝土构件中，也有采用冷拉钢筋、冷轧带肋钢筋的。

（3）钢丝

我国预应力混凝土结构一般采用消除应力钢丝，按表面形状分为光圆钢丝、螺旋肋钢丝、刻痕钢丝等；按应力松弛性能又分为低松弛钢丝和普通松弛钢丝两种。屈服强度可达 1860N/mm²，其延伸率为 2% ~ 6%。

在中小型预应力混凝土构件中，也可以采用冷拔钢丝（冷拔低碳钢丝和冷拔低合金丝）。

当所需钢丝的根数很多时，常将钢丝成束布置。将多根钢丝按一定规律平行排列，用铁丝捆扎在一起，称为一束。钢丝束可以按图 8-1 所示的方式排列。

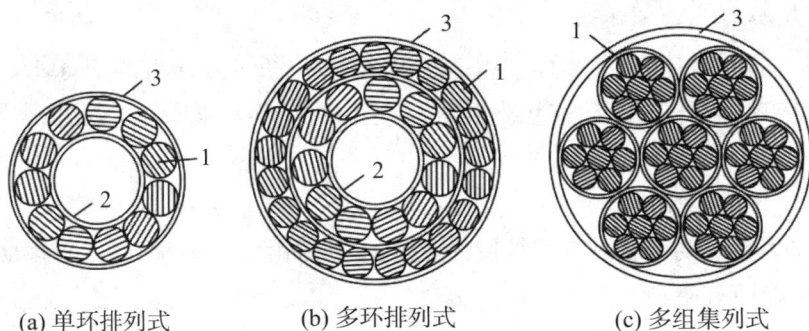

(a) 单环排列式　　(b) 多环排列式　　(c) 多组集列式

1—钢丝；2—芯子；3—绑扎铁丝

图 8-1 钢丝束排列方式

（4）钢绞线

把多股（有 2 股、3 股、7 股）相互平行的碳素钢丝按一个方向绞织在一起形成钢绞线。其公称直径（外接圆直径）为 5 ~ 18mm，屈服强度可达 1960N/mm²。钢绞线与混凝土黏结性好，应力松弛小，而且比钢丝或钢丝束柔软，便于运输和施工。

（三）灌浆材料

后张法预应力混凝土构件一般用纯水泥浆灌孔，水泥砂浆强度等级不低于M20，水灰比宜为 0.40 ～ 0.45，为减小收缩，可掺入适量的膨胀剂。

二、预应力施加工具的选择

（一）锚具和夹具的区分

锚具和夹具是在制作预应力混凝土构件时锚固预应力钢筋的工具。这类工具主要依靠摩阻、握裹和承压来固定预应力钢筋。一般把构件制成后能够取下来重复使用的称为夹具；留在构件上不再取下的称为锚具。有时为简便起见，也将锚具和夹具统称为锚具。

锚具和夹具首先应具有足够的强度和刚度，以保证构件的安全可靠；其次应使预应力钢筋尽可能不产生滑移，以减少预应力损失；此外，还应构造简单、使用方便、节省钢材。

（二）先张法和后张法施加工具的选择

1. 先张法的夹具

如果是张拉单根预应力钢筋，则可利用偏心夹具夹住钢筋，用卷扬机张拉，如图 8-2 所示，再用锥形锚固夹具或楔形夹具（见图 8-3）将钢筋临时锚固在台座的传力架上，锥销（或楔块）可人工锤入套筒（或锚板）内。这种夹具只能锚固单根钢筋。

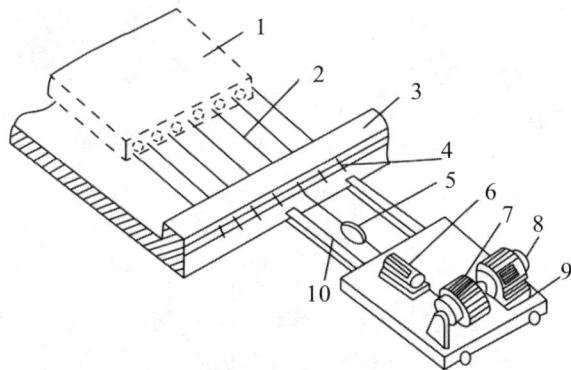

1—预制构件（空心板）；2—预应力钢筋；3—台座传力架；4—锥形夹具；5—偏心夹具；
6—弹簧秤（控制张拉力）；7—卷扬机；8—电动机；9—张拉车；10—撑杆

图 8-2 先张法单根钢筋的张拉

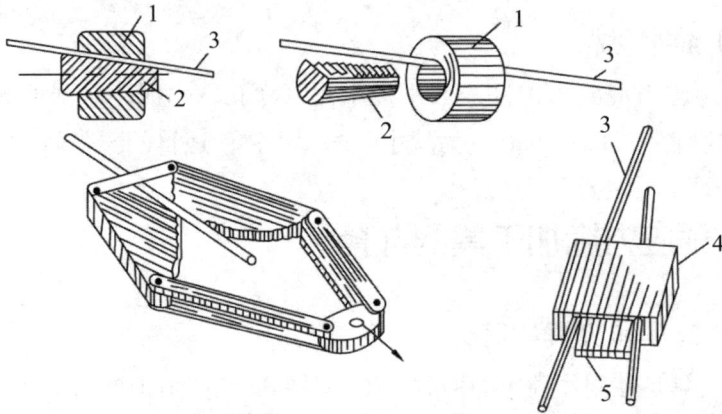

1—套筒；2—锥销；3—预应力钢筋；4—锚板；5—楔块

8-3 锥形夹具、偏心夹具和楔形夹具

如果在钢模上张拉多根预应力钢丝，可用梳子板夹具（见图 8-4）。钢丝两端用镦头（冷镦）锚定，利用安装在普通千斤顶内活塞上的爪子钩住梳子板上两个孔洞，施力于梳子板，张拉完毕后立即拧紧螺母，钢丝就临时锚固在钢横梁上。

如果采用粗钢筋作为预应力钢筋，对于单根钢筋最常用的方法是在钢筋端头连接一个工具式螺杆。螺杆穿过台座的活动横梁后用螺母固定，利用普通千斤顶推动活动钢横梁就可张拉钢筋，如图 8-5 所示。

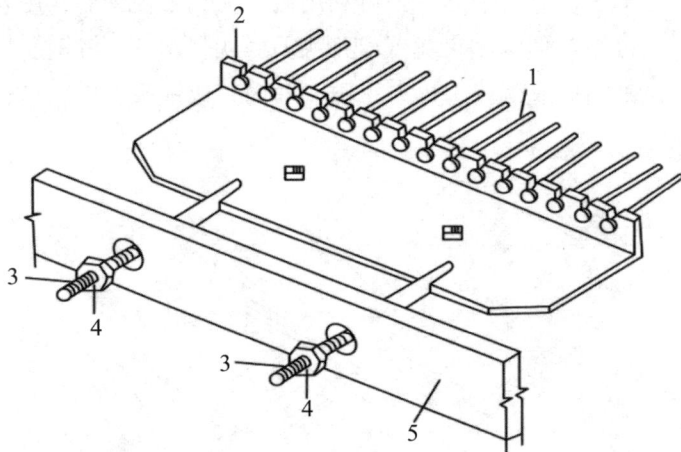

1—钢丝；2—梳子板；3—螺杆；4—螺帽；5—钢模横梁

图 8-4 梳子板夹具

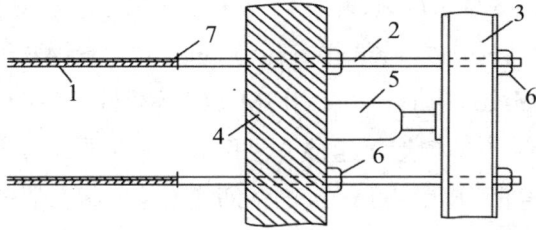

1—预应力钢筋；2—工具式螺杆；3—活动钢横梁；4—台座传力架；
5—千斤顶；6—螺母；7—焊接接头
图 8-5 先张法利用工具式螺杆张拉

对于多根钢筋,可采用螺杆镦粗夹具,如图 8-6 所示,或锥形锚块夹具,如图 8-7 所示。

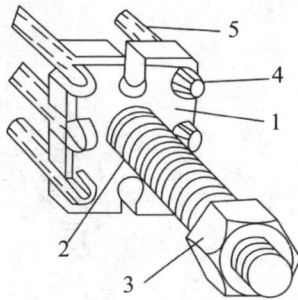

1—锚板；2—工具式螺杆；3—螺母：4—台座传力架；5—预应力钢筋
图 8-6 螺杆镦粗夹具

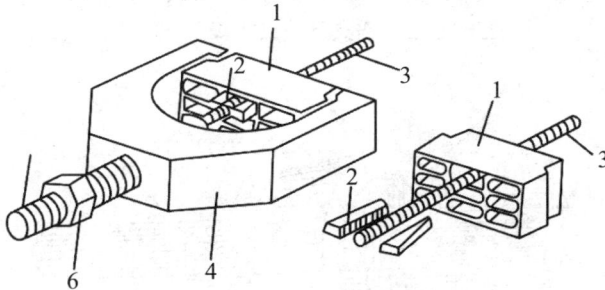

1—锚板；2—锥销；3—预应力钢筋；4—台座传力架；5—工具式螺杆；6—螺母
图 8-7 锥形锚块夹具

2. 后张法的锚具

钢丝束常采用锥形锚具配用外夹式双用千斤顶进行张拉（见图 8-8）。锥形锚具由锚圈及带齿的圆锥体锚塞组成。锚塞中间有锚固后灌浆用的小孔。由双用千斤顶张拉钢筋后将锚塞顶压入锚圈内，利用钢丝在锚塞与锚圈之间的摩擦力锚固钢丝。锥形锚具可张拉 12 ~ 24 根直径为 5mm 的碳素钢丝组成的钢丝束。

张拉钢丝束和钢绞线束时，可采用 JM-12 型锚具配以穿心式千斤顶。JM-12 型锚具由锚环和夹片（呈楔形）组成（见图 8-9），夹片可为 3、4、5、6 片，用以锚固 3 ~ 6 根直径为 12 ~ 14mm 的钢筋或 5 ~ 6 根 7 股 4mm 的钢绞线。

锚固钢绞线还可采用我国近年来生产的 XM、QM 型锚具，如图 8-10 所示。此类锚具由锚环和夹片组成。每根钢绞线由 3 片夹片夹紧，每片夹片由空心锥台按三等分切割而成。XM 型和 QM 型锚具夹片切开的方向不同，前者与锥体母线倾斜，而后者则是与锥体母线平行。一个锚具可夹 3 ~ 10 根钢绞线（或钢丝束）。因其对下料长度无严格要求，故施工方便，现已大量应用于铁路、公路及城市交通的预应力桥梁等大型结构构件。

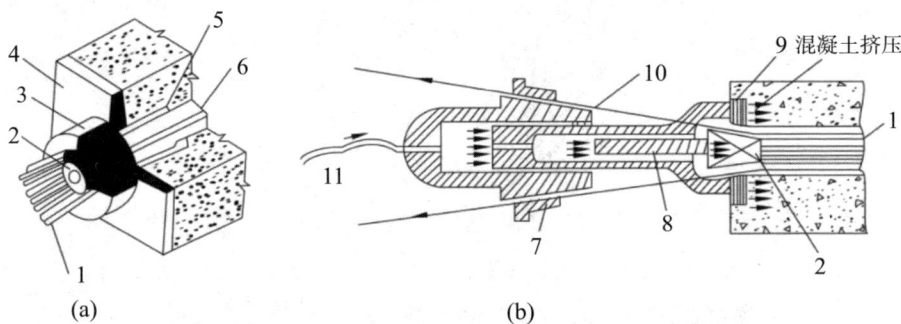

1—钢丝束；2—锚塞；3—钢锚圈；4—垫板；5—孔道；6—套管；7—钢丝夹具；
8—内活塞；9—锚板；10—张拉钢丝；11—油管
图 8-8 锥形锚具及外夹式双用千斤顶

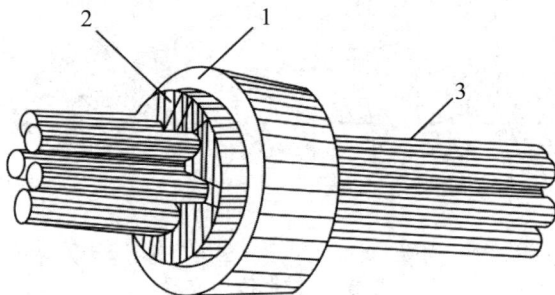

1—锚环；2—夹片；3—钢丝束
图 8-9 JM-12 型锚具

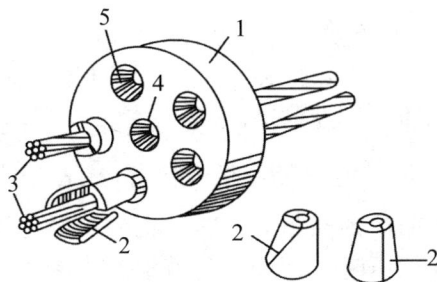

1—锚板；2—夹片；3—钢铰线；4—灌浆孔；5—锥形孔

图 8–10 XM、QM 型锚具

第三节 预应力钢筋的张拉要求及预应力损失的预防

一、预应力钢筋的张拉要求

（一）张拉控制应力的含义

预应力钢筋的张拉控制应力是指张拉钢筋时，张拉设备（如千斤顶等）上的测力计所指示的张拉力除以预应力钢筋的截面积得出的应力值，通常用 σ_{con} 表示。它也是预应力钢筋允许达到的最大应力值。

（二）张拉控制应力取值的参考因素

1. 张拉控制应力应定得高一些

σ_{con} 越高，混凝土建立的预压应力就越大，从而提高构件的抗裂性能。σ_{con} 值取得过低，会因各种预应力损失使钢筋的回弹力减小，不能充分利用钢筋的强度。

2. 张拉控制应力也不能过高

在张拉时（特别是为减小预应力损失而采用超张拉时），有可能使个别钢筋的应力超过其实际屈服强度而产生塑性变形甚至断裂；或使构件的开裂荷载接近破坏荷载，构件破坏前没有明显预兆。

预应力钢筋张拉时仅涉及材料本身，而与构件设计无关，故 $[\sigma_{con}]$ 可以不受钢筋强度设计值的限制，而只与强度标准值有关。

螺纹钢筋和钢棒的张拉控制应力限值 $[\sigma_{con}]$，先张法较后张法高。这是因为在先张法中，张拉钢筋达到控制应力时，构件混凝土尚未浇筑，当从台座上放松钢筋使混凝土受到预压时，钢筋会随着混凝土的压缩而回缩，这时钢筋的预拉应力已经小于 $[\sigma_{con}]$。而对于后张法来说，在张拉钢筋的同时，混凝土即受到挤压，当钢筋应力达到控制应力 $[\sigma_{con}]$ 时，混凝土的压缩已经完成，没有混凝土的弹性回缩而引起的钢筋应力的降低。所以，当 $[\sigma_{con}]$ 相等时，后张法建立的预应力值比先张法的大。这就是在后张法中控制应力值定得比先张法小的原因。消除应力钢丝、钢绞线的张拉控制应力限值 $[\sigma_{con}]$，先张法和后张法取值相同，这是因为钢丝材质稳定，且张拉时高应力经锚固后，应力降低很快，一般不会产生拉断事故。

二、预应力损失的相关概念

（一）预应力损失的含义

预应力钢筋在张拉时所建立的预应力，在构件的施工及使用过程中会不断降低，这种现象称为预应力损失。引起预应力损失的因素很多，主要有张拉端锚具变形和钢筋内缩、预应力钢筋与孔道壁之间的摩擦、混凝土加热养护时被张拉的钢筋与承受拉力的设备之间的温差、钢筋应力松弛、混凝土收缩与徐变、混凝土的局部挤压等。而许多因素又相互影响，相互依存，因此，精确计算和确定预应力损失是一项非常复杂的工作。实际工程设计中为简便起见，将各个主要因素单独产生的预应力损失进行叠加（组合）来作为总预应力损失。

（二）引起预应力损失的原因及预防措施

1.张拉端锚具变形和钢筋内缩引起的预应力损失 σ_{l1}

无论是先张法还是后张法施工，当钢筋张拉到 $[\sigma_{con}]$，锚固在台座或构件上时，由于卸去张拉设备后钢筋的弹性回缩会使锚具、垫板与构件之间的缝隙被挤紧，或由于钢筋和楔块在锚具内产生滑移，原来被拉紧的预应力钢筋会松动回缩，应力也会有所降低。由此造成的预应力损失称为 σ_{l1}。

为减小锚具变形引起预应力损失，除认真按照施工程序操作外，还可以采用如下减小损失的方法：

①选择变形小或预应力钢筋滑移小的锚具，减少垫板的块数；

②对于先张法选择长的台座。

2. 预应力钢筋与孔道壁之间的摩擦引起的损失 σ_{l2}

后张法构件在张拉预应力钢筋时，由于钢筋与孔道壁的摩擦作用，使从张拉端到锚固端钢筋的实际拉应力值逐渐减小，即产生预应力损失 σ_{l2}。直线配筋时，σ_{l2} 是由于孔道不直、孔道尺寸偏差、孔壁粗糙、钢筋不直（如对焊接头偏心、弯折等）、预应力钢筋表面粗糙等原因，钢筋在张拉时与孔壁接触而产生的摩擦阻力；曲线配筋时除上述原因引起的摩擦阻力外，还包括由预应力钢筋对孔道壁的径向压力引起的摩擦阻力。

（三）预应力损失的组合

上述各项预应力损失并非同时发生，而是按不同张拉方式分阶段发生。通常把在混凝土预压前产生的损失称为第一批应力损失 σ_{l1}（对于先张法，指放张前的损失；对于后张法，指卸去千斤顶前的损失），而在混凝生预压后产生的损失称为第二批应力损失 σ_{l1}。总损失值为 $\sigma_l = \sigma_{l1} + \sigma_{l2}$。

对预应力混凝土构件，除了应根据使用条件进行承载力计算及抗裂、裂缝宽度和变形验算外，还需对构件制作、运输、吊装等施工阶段进行验算。不同的受力阶段应考虑相应的预应力损失值的组合。

第四节　预应力混凝土构件的构造要求及相关概念

一、预应力混凝土构件的一般构造规定

水工建筑物预应力混凝土结构构件的配筋构造要求应根据具体情况确定，对于一般梁、板类构件，除了必须满足前述各项目关于钢筋混凝土结构构件的相关规定外，还应满足由张拉工艺、锚固方式、钢筋类别、预应力钢筋布置方式等方面提出的构造要求。

（一）截面的形式和尺寸

对轴心受拉构件，一般采用正方形或矩形截面。对受弯构件，当跨度和荷载较小时可以采用矩形截面；当跨度及荷载较大时宜采用 T 形、工字形及箱形截面。在支座处为了能承受较大的剪力和便于布置锚具，往往加厚腹板而做成矩形截面。预应力混凝土板可采用实心矩形截面或空气（圆孔或矩形孔）截面。

为便于布置预应力钢筋和满足施工阶段预压区的抗压强度要求，在 T 形截面下方，往往做成较窄较厚的翼缘，从而形成上、下不对称的工字形截面。

（二）预应力纵向钢筋的布置要求

轴心受拉构件和跨度及荷载都不大的受弯构件，预应力纵向钢筋一般采用直线布置，施工时用先张法或后张法均可。对受弯构件，当跨度和荷载较大时，预应力纵向钢筋宜采用曲线布置或折线布置，以利于提高构件斜截面承载力和抗裂性能，避免梁端锚具过于集中。折线型布置可以采用先张法施工，曲线型布置一般采用后张法施工。

在预应力混凝土屋面梁、吊车梁等构件中，为防止由于施加预应力而产生预拉区的裂缝和减小支座附近的主拉应力，在靠近支座部分，宜将一部分预应力钢筋弯起。

（三）非预应力纵向钢筋的布置要求

为防止施工阶段因混凝土收缩和温度变化产生预拉区裂缝，并承担施加预应力过程中产生的拉应力，防止构件在制作、堆放、运输、吊装过程中出现裂缝或减小裂缝宽度，可以在构件预拉区设置一定数量的非预应力纵向钢筋。

当受拉区部分钢筋施加预应力已能满足构件抗裂和裂缝宽度要求时，承载力计算所需的其余受拉钢筋允许采用非预应力钢筋。由于预应力钢筋已先行张拉，故在使用阶段非预应力钢筋的实际应力始终低于预应力钢筋的。为充分发挥非预应力钢筋的作用，非预应力钢筋的强度等级宜低于预应力钢筋的。

二、先张法构件的构造要求

（一）预应力钢筋的净距

预应力钢筋、钢丝的净距，应根据浇灌混凝土、施加预应力及钢筋锚固等要求确定。预应力钢筋之间的净间距不应小于其公称直径或等效直径的 1.5 倍，且应符合下列规定：对于钢棒及钢丝不应小于 15mm；对于三股钢绞线不应小于 20mm；对于七股钢绞线不应小于 25mm。

当先张法预应力钢丝按单根方式配筋困难时，可以采用相同直径钢丝并筋的配筋方式。并筋的等效直径，对双并筋应取为单筋直径的 1.4 倍，对三并筋应取为单筋直径的 1.7 倍。并筋的保护层厚度、锚固长度、预应力传递长度及正常使用极限状态验算等均应按等效直径考虑。

（二）钢筋的黏结与锚固

先张法预应力混凝土构件应保证钢筋与混凝土之间有可靠的黏结力，宜采用变形钢筋、刻痕钢丝、钢绞线等。当采用光面钢丝做预应力配筋时，应根据钢丝强度、直径及构件的受力特点采取适当措施，保证钢丝在混凝土中可靠地锚固，防止钢丝滑动，并应考虑在预应力传递长度范围内抗裂性能较低的不利影响。

（三）端部加强措施

为避免放松预应力钢筋时在构件端部产生劈裂裂缝等破坏现象，对预应力钢筋端部的混凝土应采取下列加强措施。

①对单根预应力钢筋（如板肋的配筋），其端部宜设置长度不小于 150mm 的螺旋筋，如图 8-11（a）所示。当有可靠经验时，也可以利用支座垫板上的插筋代替螺旋，但插筋数量不应小于 4 根，其长度不宜小于 120mm，如图 8-11（b）所示。

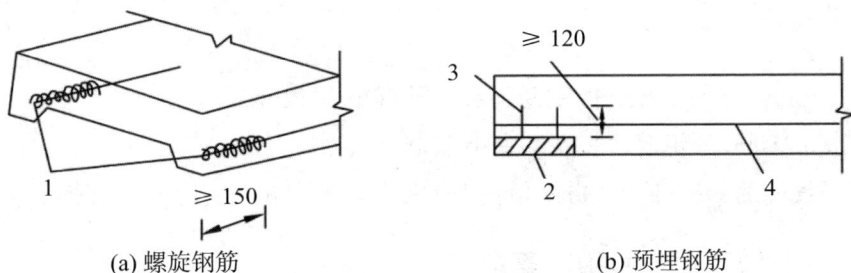

| (a) 螺旋钢筋 | (b) 预埋钢筋 |

1—螺旋筋；2—支座垫板；3—插筋；4—预应力钢筋（d ≤ 16mm）
图 8-11 先张法构件端部加强措施

②对分散布置的多根预应力钢筋，在构件端部 10d（d 为预应力钢筋的公称直径）范围内，应设置 3 ~ 5 片钢筋网。

③对采用预应力钢丝配筋的薄板，在板端 100mm 范围内应适当加密横向钢筋。

④对槽形板类构件，为防止板面端部产生纵向裂缝，宜在构件端部 100mm 范围内，沿构件板面设置数量不少于 2 根的附加横向钢筋。

三、后张法构件的构造要求

（一）预留孔道的构造及灌浆技术

①对预制构件，孔道之间的水平净距不应小于 50mm；孔道至构件边缘的净距不应小于 30mm，且不宜小于孔道直径的一半。

②预留孔道的内径应比预应力钢筋（丝）束外径、钢筋对焊接头处外径、连接器外径或需穿过孔道的锚具外径大 10 ~ 15mm。

③在构件两端及跨中，应设置灌浆孔或排气孔，其孔距不宜大于 12m。

④凡制作时需要预先起拱的构件，预留孔道宜随构件同时起拱。

⑤孔道灌浆要求密实，水泥浆强度等级不应低于 M20，其水灰比宜为 0.4 ~ 0.45，为减小收缩，宜掺入适量膨胀剂。

（二）曲线预应力钢筋的曲率半径

为便于施工，减少摩擦损失及端部锚具损失，后张法预应力混凝土构件的曲线预应力钢筋的倾角不宜大于 30°，且其曲率半径宜按下列规定取用：

①钢丝束、钢绞线束以及钢筋直径 $d \leq 12mm$ 的钢筋束，长度不宜小于 4m；

② $12mm < d \leq 25mm$ 的钢筋，长度不宜小于 12m；

③ $d > 25mm$ 的钢筋，长度不宜小于 15m。

对折线配筋的构件，在折线预应力钢筋的弯折处的曲率半径可以适当减小。

（三）构件端部的构造要求

①构件端部尺寸，应考虑锚具的布置、张拉设备的尺寸和局部受压的要求，必要时应适当加大。

②在预应力钢筋锚具下及张拉设备的支承处，应采用预埋钢垫板，配置间接钢筋，并进行锚具下混凝土的局部受压承载力计算。间接钢筋体积配筋率 ρ_v 不应小于 0.5%。

③为防止沿孔道产生劈裂，在局部受压间接钢筋配置区以外，在构件端部 $3e$（e 为截面重心线上部或下部预应力钢筋的合力点至邻近边缘的距离）但不大于 $1.2h$（h 为构件端部高度）的长度范围内，在高度 $2e$ 范围内均匀布置附加箍筋或网片，其体积配筋率不应小于 0.5%。

④若预应力钢筋在构件端部不能均匀布置而需集中布置在端部截面的下部或集中布置在上部和下部时，应在构件端部 $0.2h$ 范围设置竖向附加的焊接钢筋网、封闭式箍筋或其他形式的构造钢筋。

⑤当构件在端部有局部凹进时，为防止在施工预应力过程中，端部转折处产生裂缝，应增设折线构造钢筋，如图 8-12 所示。当有足够依据时，亦可以采用其他形式的端部附加钢筋。

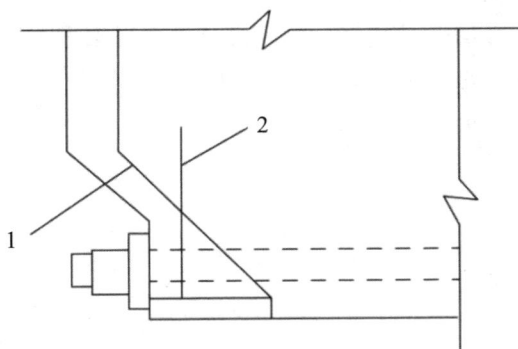

1—折线构造钢筋；2—竖向构造钢筋

图 8-12 端部转折处构造配筋图

四、部分预应力混凝土结构的相关概念

（一）全预应力混凝土结构和部分预应力混凝土结构的区别

预应力混凝土结构构件可以根据截面裂缝控制等级的不同，设计成全预应力或部分预应力。所谓全预应力是指在使用荷载作用下，截面的受拉区不出现拉应力的情况；部分预应力则是指在使用荷载作用下，允许截面或截面的某一部分处于受拉状态，甚至出现裂缝的情况。虽然全预应力混凝土结构具有抗裂性好、刚度大等优点，但也存在结构延性较差（开裂荷载和破坏荷载比较接近）、对抗震不利的缺点。特别是对于梁类构件，在恒荷载小而活荷载大，且活荷载的最大值很少出现的情况下，预压区混凝土由于长期处于高压应力状态下会引起徐变和反拱不断增大，影响正常使用。而采用部分预应力混凝土结构，只要适当降低预应力就可以克服上述缺点。

（二）施加部分预应力的方法

①按承载力要求，所需钢筋均施加较低的预应力值，即采用较小的$[\sigma_{con}]$。

②按承载力要求，配置同一种预应力钢筋，但按使用要求仅张拉其中一部分，且张拉至$[\sigma_{con}]$，另一部分不张拉，这样可以减少一部分张拉工作量和节省锚具。

③按使用要求，确定预应力钢筋数量并进行足额张拉（张拉至$[\sigma_{con}]$），另外配置部分强度较低的非预应力钢筋以补足承载力要求。同时，也可以用非预应力钢筋来加强构件的其他部位。

以上三种方法中最后一种最好。因为设计者可以根据不同的使用要求，选择适量的预应力钢筋和非预应力钢筋，以达到不同极限状态下安全度相均衡的目的，也使构件具有较强的变形性能和较高的延性。

第九章 预应力混凝土结构

第一节 预应力混凝土的概念
与施加的方法

一、预应力混凝土结构的基本概念

（一）出现预应力混凝土结构的背景条件

混凝土是一种抗压性能较好而抗拉性能甚差的结构材料，其抗拉强度仅为其抗压强度的 $1/18 \sim 1/8$，极限拉应变也仅为 $0.1 \times 10^{-3} \sim 3 \sim 0.15 \times 10^{-3}$。钢筋混凝土受拉构件、受弯构件、大偏心受压构件在受到各种作用时，都存在混凝土受拉区，在受拉区混凝土开裂之前，钢筋与混凝土是黏结在一起的，二者有相同的应变值，由此可以推算出构件即将开裂时钢筋的拉应力为 $20 \sim 30N/mm^2$，仅相当于一般钢筋强度的 10% 左右。在使用荷载作用下，钢筋的拉应力是其强度的 $50\% \sim 60\%$，相应的拉应变为 $0.6 \times 10^{-3} \sim 1.0 \times 10^{-3}$，远远超过了混凝土的极限拉应变。因此，普通钢筋混凝土构件在使用阶段难免会产生裂缝。

虽然在一般情况下，只要裂缝宽度不是过大，并不影响构件的使用和耐久性。但是对于在使用上对裂缝宽度有严格限制或不允许出现裂缝的构件，普通钢筋混凝土就无法满足要求。

在普通钢筋混凝土结构中，常需将裂缝宽度限制在 $0.2 \sim 0.3mm$，以满足正常使用要求，此时钢筋的应力应控制在 $150 \sim 200N/mm^2$。因此，在普通钢筋混凝土结构中采用高强度钢筋是不合理的。

采用预应力混凝土结构是避免普通钢筋混凝土结构过早出现裂缝、减小正常使用荷载作用下的裂缝宽度、充分利用高强度材料以适应现代建筑需要的最有效的方法。所谓预应力混凝土结构，就是在外荷载作用之前，先对荷载作用下受拉区的混凝土施加预压应力，这一预压应力能抵消外荷载所引起的大部分或全部拉应力。这样，在外荷载作用下，裂缝就能延缓或不会发生，即使发生了，其宽度也不会过大。

（二）预应力混凝土的基本原理

预应力混凝土的原理可以用图9–1来说明，简支梁在外荷作用下，梁下部产生拉应力 σ_3，如图9–1（b）所示。如果在荷载作用之前，先给梁施加一个偏心压力 N，使梁的下部产生预压应力 σ_1，如图9–1（a）所示。在外荷作用后，截面上的应力分布将是两者的叠加，如图9–1（c）所示。梁的下部应力可以是压应力（$\sigma_1 - \sigma_3 > 0$），也可以是数值较小的拉应力（$\sigma_1 - \sigma_3 < 0$）。

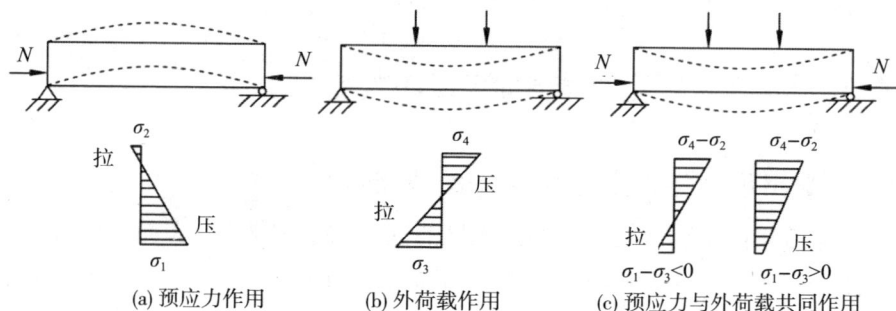

图9–1 预应力简支梁的基本受力原理

（三）预应力结构的分类

使混凝土结构中的混凝土预先产生预应力的方法中，最常用的是通过在弹性范围内张拉钢筋（被张拉的钢筋称为预应力筋），并利用预应力筋的弹性回缩，使截面上的混凝土受到预压，产生预压应力。

根据使用阶段构件截面上是否出现拉应力，预应力混凝土结构可以分为以下几种类型。

1.全预应力混凝土

在使用阶段荷载作用下，构件受拉截面上混凝土不会出现拉应力的预应力混凝土构件称为全预应力混凝土构件。大致相当于《水工混凝土结构设计规范》中裂缝控制等级为一级——严格要求不出现裂缝的构件。

2.有限预应力混凝土

在使用阶段荷载作用下，构件受拉边缘混凝土允许产生拉应力，但拉应力值不应超过规定值，大致相当于《水工混凝土结构设计规范》中裂缝控制等级为二级——一般要求不出现裂缝的构件。

3. 部分预应力混凝土

构件允许出现裂缝，但最大裂缝宽度不得超过允许的限制值，大致相当于《水工混凝土结构设计规范》中裂缝控制等级为三级——允许出现裂缝的构件。

一般而言，全预应力混凝土结构刚度大、变形小、抗裂性能和耐久性良好，而部分预应力混凝土结构由于所施加的预应力较小，与全预应力混凝土结构相比可以减少预应力钢筋数量，能够用非预应力钢筋代替部分预应力钢筋，因为造价较低。在大跨度结构中，部分预应力混凝土还可以减小因施加预应力而造成的过大的反拱，而且部分预应力混凝土结构的延性明显优于全预应力混凝土结构，有利于结构抗震。

（四）预应力混凝土的特点

1. 抗裂性和耐久性好

由于混凝土中存在预压应力，可以避免开裂和限制裂缝的开展，减少外界有害因素对钢筋的侵蚀，提高构件的抗渗性、抗腐蚀性和耐久性，这对水工结构的意义尤为重大。

2. 刚度大，变形小

因为混凝土不开裂或裂缝很小，提高了构件的刚度。预加偏心压力使受弯构件产生反拱，从而减少构件在荷载作用下的挠度。

3. 节省材料，减轻自重

由于预应力构件合理、有效地利用高强钢筋和高强混凝土，截面尺寸相对减小，结构自重减轻，节省材料并降低了工程造价。预应力混凝土与普通混凝土相比，一般可减轻自重 20% ～ 30%，特别适合建造大跨度承重结构。

4. 提高构件的抗剪能力

纵向预应力钢筋起着锚栓的作用，阻止斜裂缝的出现与开展，有利于提高构件的抗剪承载力。

5. 提高构件的抗疲劳性能

预应力混凝土构件也存在不足之处，如施工工序复杂，工期较长，施工制作所要求的机械设备与技术条件较高等，有待今后在实践中逐步完善。

预应力混凝土目前已广泛应用于渡槽、压力水管、水池、大型闸墩、水电站厂房吊车梁、门机轨道梁等水利工程中，也可用预加应力的方法来加固基岩、衬砌隧洞等。

二、预应力混凝土结构的施工方法

在构件上建立预应力，一般是通过张拉钢筋来实现的。也就是将钢筋张拉并锚固在混凝土上，然后放松，由于钢筋的弹性回缩，混凝土受到压应力。按照张拉钢筋和浇捣混凝土的先后次序，施加预应力的方法可以分为先张法和后张法两种。

（一）先张法

先张法是在浇捣混凝土之前先张拉预应力钢筋的方法。其工序如下。

1. 张拉和锚固钢筋

在台座（或钢模）上张拉钢筋，并锚固好，如图9–2（a）、（b）所示。

2. 支模、绑扎

支模、绑扎为满足某些要求而设置的非预应力钢筋，浇捣混凝土，如图9–2（c）所示。

3. 放松钢筋

混凝土养护达到一定强度（一般要求达到设计强度的75%以上）后，切断或放松钢筋，预应力钢筋在回缩时挤压混凝土，使混凝土获得预压应力，如图9–2（d）所示。

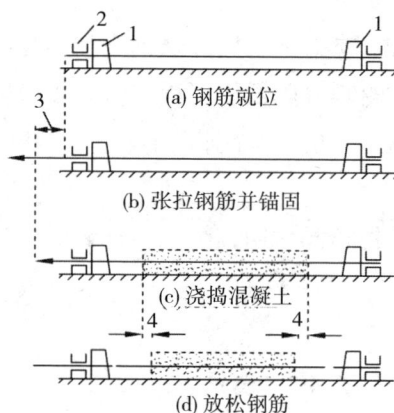

1—台座；2—横梁；3—钢筋伸长；4—混凝土压缩

图9-2 先张法构件施工工序示意图

在先张法预应力混凝土结构中，预应力是通过钢筋与混凝土之间的黏结力来传递的。

先张法的特点是，施工工序少，工艺简单，效率高，质量易保证，构件上不需要设永久性锚具，生产成本低，但需要有专门的张拉台座，不适于现场施工。它主要用于生产大批量的小型预应力构件和直线形配筋构件。

（二）后张法

后张法是指先浇筑混凝土构件，然后直接在构件上张拉预应力钢筋的一种施工方法。其工序如下。

1. 浇捣混凝土

立模，绑扎非预应力钢筋，浇捣混凝土，并在预应力钢筋位置预留孔洞，如图 9-3（a）所示。

2. 张拉钢筋

待混凝土达到设计规定的强度后，将预应力钢筋穿入孔道，安装张拉或锚固设备，利用构件本身作为加力台座张拉预应力钢筋。在张拉钢筋的同时，使混凝土受到预压。当预应力钢筋的张拉应力达到设计值后，在张拉端用锚具将钢筋固定，使混凝土保持预压状态，如图 9-3（a）、（b）、（c）所示。

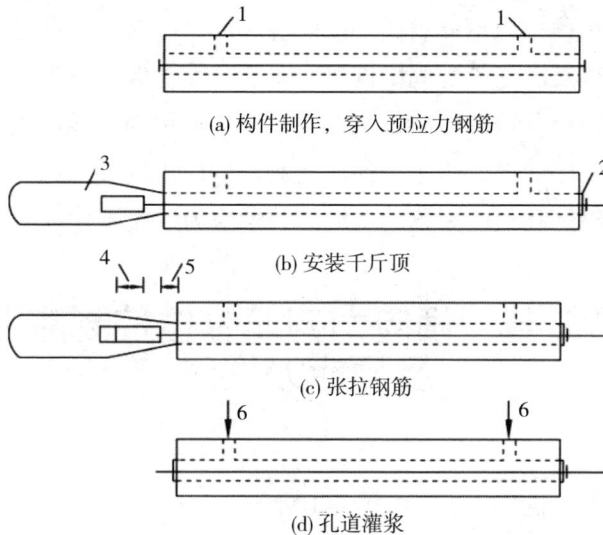

(a) 构件制作，穿入预应力钢筋

(b) 安装千斤顶

(c) 张拉钢筋

(d) 孔道灌浆

1—浆孔；2—固定端锚固；3—千斤顶；4—钢筋伸长；5—混凝土压缩；6—灌浆

图 9-3　后张法构件施工工序示意图

3. 孔道灌浆

最后在孔道内灌浆，使预应力钢筋与混凝土形成有黏结预应力构件，如图9–3（d）所示。也可以不灌浆，形成无黏结的预应力混凝土构件。

在后张法预应力混凝土结构中，预应力是靠构件两端的锚具来传递的。

后张法不需要专门的台座，可以在现场制作，因此多用于大型构件。后张法的预应力钢筋可以根据构件受力情况布置成曲线形。在后张法施工中，增加了留孔、灌浆等工序，施工比较复杂。所用的锚具要附在构件内，耗钢量较大。

张拉钢筋一般采用卷扬机、千斤顶等机械张拉。也有采用电热法的，即将钢筋两端接上电源，使其受热而伸长，达到预定长度后将钢筋锚固在构件或台座上。然后切断电源，利用钢筋冷却回缩，对混凝土施加预压应力。电热法所需设备简单，操作也方便，但张拉的准确性不易控制，耗电量大，特别是形成的预压应力较低，故没有像机械张拉那样广泛应用。此外，也有采用自张法来施加预应力的，称为自应力混凝土。这种混凝土采用膨胀水泥浇捣，在硬化过程中，混凝土自身膨胀伸长，与其黏结在一起的钢筋阻止膨胀，就使混凝土受到预压应力。自应力混凝土多用来制造压力管道。

随着科学技术的发展，无黏结预应力混凝土逐渐应用于生产实际中。无黏结预应力混凝土是在预应力钢筋表面上涂防腐和润滑的材料，通过塑料套管与混凝土隔离，预应力钢筋沿全长与周围混凝土不相黏结，但能发生相对滑动，所以在制作构件时不需预留孔道和灌浆，只要将它同普通钢筋一样放入模板即可浇筑混凝土，而且张拉工序简单，施工方便。无黏结预应力混凝土适合于混合配筋（同时配有非预应力钢筋和预应力钢筋）的部分预应力混凝土构件。

第二节　预应力钢筋张拉控制应力及预应力损失

一、预应力钢筋张拉控制应力

张拉控制应力是指张拉钢筋时预应力钢筋达到的最大应力值 σ_{con}，也就是张拉设备（如千斤顶）所控制的张拉力除以预应力钢筋截面面积所得的应力值，以

σ_{con} 表示。σ_{con} 值定得越高，混凝土所建立的预压应力也越大，从而越能提高构件的抗裂性能。但由于钢筋强度的离散性、张拉操作中的超张拉等因素，如果将 σ_{con} 定得过高，张拉时可能使钢筋应力进入钢材的屈服阶段产生塑性变形，反而达不到预期的预应力效果。另外，张拉力有可能不够准确，焊接质量也有可能不好，σ_{con} 过高时还容易发生安全事故。所以在设计时 σ_{con} 值一般情况下不宜超过表 9-1 所列数值。

表 9-1　张拉控制应力限值 $[\sigma_{con}]$

钢筋种类 项次	预应力钢筋种类	张拉方法	
		先张法	后张法
1	消除应力钢丝、钢绞线	$0.75f_{ptk}$	$0.75f_{ptk}$
2	螺纹钢筋	$0.70f_{ptk}$	$0.65f_{ptk}$

表中 f_{ptk} 为预应力钢筋强度标准值

符合下列情况之一时，表中的 $[\sigma_{con}]$ 值可提高 $0.05f_{ptk}$：

①要求提高构件在施工阶段的抗裂性能，而在使用阶段受压区内设置的预应力钢筋；

②要求部分抵消由于应力松弛、摩擦、钢筋分批张拉以及预应力钢筋与张拉台座之间的温差等因素产生的预应力损失。

张拉控制应力允许 σ_{con} 不宜取得过低，否则会因各种应力损失使预应力钢筋的回弹力减小，不能充分利用钢筋的强度。因此，预应力钢筋的 σ_{con} 应不小于 $0.4f_{ptk}$。

二、预应力损失

在没有外荷载作用的情况下，预应力钢筋在构件内各部分的实际预拉应力会变得比张拉时的控制应力小，其减小的那一部分应力称为预应力损失。预应力损失与张拉工艺、构件制作、配筋方式和材料特性等因素有关。预应力损失的计算是分析构件在受荷前应力状态和进行预应力构件设计的重要内容及前提。规范是按各个主要因素单独造成的预应力损失之和近似作为总损失来进行计算的。在进行预应力构件设计和施工时，应尽量正确地预计预应力损失，并设法减少预应力损失。

预应力损失可以分为下列几种：

（一）张拉端锚具变形和钢筋内缩引起的预应力损失 σ_{l1}

无论是先张法还是后张法，张拉端锚具、夹具对构件或台座施加挤压力是通过钢筋回缩带动锚具、夹具来实现的。由于预应力钢筋回弹方向与张拉时拉伸方向相反，因此只要一卸去千斤顶后就会因预应力钢筋在锚具、夹具中的滑移（内缩）和锚具、夹具受挤压后的压缩变形（包括接触面间的空隙），以及采用垫板时垫板间缝隙的挤紧，使得原来拉紧的预应力钢筋发生内缩。钢筋内缩，应力就会有所降低，由此造成的预应力损失称为 σ_{l1}。

对预应力直线钢筋，σ_{l1} 可按下式计算：

$$\sigma_{l1} = \frac{a}{l} E_s \quad （9-1）$$

式中 a——张拉端锚具变形和钢筋内缩值，可按表 9-2 取用；

l——张拉端至锚固端之间的距离；

E_s——预应力钢筋弹性模量。

表 9-2 锚具变形和钢筋内缩值 a（mm）

锚具类别		a
支承式锚具（钢丝束锻头锚具等）	螺帽缝隙	1
	每块后加垫板的缝隙	1
锥塞式锚具（钢丝束的钢制锥形锚具等）		5
夹片式锚具	有顶压时	5
	无顶压时	6～8
单根螺纹钢筋的锥形锚夹具		5

由于锚固端的锚具在张拉过程中已经被挤紧，所以式（9-1）中的 a 值只考虑张拉端。由式（9-1）可看出，增加 l 可减小 σ_{l1}，因此当用先张法生产构件的台座长度 l 超过 100m 时，σ_{l1} 可忽略不计。

对于后张法构件的预应力曲线钢筋或折线钢筋，在张拉端附近，距张拉端 x 处的 σ_{l1x} 应根据钢筋与孔道壁之间反向摩擦影响长度 l_f 范围内的预应力钢筋变形值等于锚具变形和钢筋内缩值的条件确定，其计算公式为：

$$\sigma_{l1x} = 2\sigma_{con} l_f \left(\frac{\mu}{r_c} + \kappa \right) \left(1 - \frac{x}{l_f} \right) \quad （9-2）$$

其中

$$l_f = \sqrt{\dfrac{aE_s}{1000\sigma_{con}\left(\dfrac{\mu}{r_c} + \kappa\right)}} \quad （9\text{--}3）$$

式中 l_f——预应力曲线钢筋与孔道壁之间反向摩擦影响长度（m）；

r_c——圆弧曲线预应力钢筋的曲率半径（m）；

μ——预应力钢筋与孔道壁的摩擦系数，按表 9–3 取用；

κ——考虑孔道每米长度局部偏差的摩擦系数，按表 9–3 取用；

x——张拉端至计算截面的距离（m），且应符合 $x \leqslant l_f$ 的规定。

表 9–3　摩擦系数 κ、μ

项次	孔道成型方式	κ	μ
1	预埋波纹管	0.0015	0.25
2	预埋钢管	0.0010	0.30
3	橡胶管或钢管抽芯成型	0.0014	0.55
4	预埋铁皮管	0.0030	0.35

（二）预应力钢筋与孔道壁之间摩擦引起的预应力损失 σ_{l2}

后张法构件在张拉预应力钢筋时由于钢筋与孔道壁之间的摩擦作用，使张拉端到锚固端的实际预拉应力值逐渐减小，减小的应力值即为 σ_{l2}。摩擦损失包括两部分：由预留孔道中心与预应力钢筋（束）中心的偏差引起上述两种不同材料间的摩擦阻力；曲线配筋时由预应力钢筋对孔道壁的径向压力引起的摩阻力。可按下列公式计算：

$$\sigma_{l2} = \sigma_{con}\left(1 - \dfrac{1}{e^{\kappa x + \mu\theta}}\right) \quad （9\text{--}4）$$

式中 x——从张拉端至计算截面的孔道长度（m），可近似取该段孔道在纵轴上的投影长度；

θ——从张拉端至计算截面曲线孔道部分切线的夹角（rad）。

当 $(kx + \mu\theta) \leqslant 0.2$ 时，也可按下列近似公式计算：

$$\sigma_{l2} = (\kappa x + \mu\theta)\sigma_{con} \quad （9\text{--}5）$$

先张法构件当采用折线形预应力钢筋时，应考虑加设转向装置处引起的摩擦损失，其值应按实际情况确定。

（三）预应力钢筋与台座之间的温差引起的预应力损失 σ_{l3}

对于先张法构件，预应力钢筋在常温下张拉并锚固在台座上，为了缩短生产周期，浇筑混凝土后常进行蒸汽养护。在养护的升温阶段，台座长度不变，钢筋因温度升高而伸长，因而钢筋的部分弹性变形就转化为温度变形，钢筋的拉紧程度有所变松，张拉应力就有所减少，形成的预应力损失即为 σ_{l3}。在降温时，混凝土与钢筋已黏结成整体，能够一起回缩，由于这两种材料温度膨胀系数相近，相应的应力就不再变化。徐变仅在先张法中存在。

当预应力钢筋和台座之间的温度差为 $\Delta t\,^\circ\mathrm{C}$，钢筋的线膨胀系数 $\alpha = 1.0 \times 10^{-5}\,/\,^\circ\mathrm{C}$ 时，预应力钢筋与台座之间的温差引起的预应力损失为：

$$\sigma_{l3} = \alpha E_s \Delta t = 1.0 \times 10^{-5} \times 2.0 \times 10^5 \times \Delta t = 2\Delta t \ \mathrm{N}\,/\,\mathrm{mm}^2 \quad （9\text{--}6）$$

如果采用钢模制作构件，并将钢模与构件一同放入蒸汽室（或池）养护，则不存在温差引起的预应力损失。

为了减少温差引起的预应力损失，可采用二次升温加热的养护工艺。先在略高于常温下养护，待混凝土达到一定强度后再逐渐升高温度养护。由于混凝土未结硬前温度升高不多，预应力钢筋受热伸长很小，故预应力损失较小，而当混凝土初凝后再次升温时，此时因预应力钢筋与混凝土两者的热膨胀系数相近，故即使温度较高也不会引起应力损失。

（四）预应力钢筋应力松弛引起的预应力损失力 σ_{l4}

钢筋在高应力作用下，变形具有随时间而增长的特性。当钢筋长度保持不变（由于先张法台座或后张法构件长度不变）时，则应力会随时间增长而降低，这种现象称为钢筋的松弛。钢筋应力松弛使预应力值降低，造成的预应力损失称为 σ_{l4}。σ_{l4} 与下列因素有关：

1. 初始应力

张拉控制应力 σ_{con} 高，松弛损失就大，损失的速度也快。当初应力小于 $0.7\,f_{ptk}$ 时，松弛与初应力成线性关系；当初应力高于 $0.7\,f_{ptk}$ 时，松弛与初应力成非线性关系，松弛显著增大。如采用钢丝或钢绞线做预应力钢筋，当 $\sigma_{con}\,/\,f_{ptk} \leqslant 0.5$ 时，$\sigma_{l4} = 0$。

2. 钢筋种类

热处理钢筋的应力松弛值比钢丝、钢绞线的小。

3. 时间

1h 及 24h 的松弛损失分别约占总松弛损失（以 1000h 计）的 50% 和 80%。

4. 温度

温度高，松弛损失大。

5. 张拉方式

采用较高的控制应力 σ_{con}（1.05 ~ 1.1）张拉钢筋，待持荷 2 ~ 5min，卸荷到零，再张拉钢筋使其应力达到 σ_{con} 的超张拉程序，可比一次张拉（$0 \rightarrow \sigma_{con}$）的松弛损失减小（2% ~ 10%）$\sigma_{con}$。这是因为在高应力状态下短时间所产生的松弛损失可达到在低应力状态下需经过较长时间才能完成的松弛数值，所以经过超张拉部分松弛已经完成。

减少松弛损失的措施有：超张拉；采用低松弛损失的钢材。

（五）混凝土收缩和徐变引起的预应力损失 σ_{l5}

预应力构件在混凝土收缩（混凝土结硬过程中体积随时间增加而减小）和徐变（在预应力钢筋回弹压力的持久作用下，混凝土压应变随时间增加而增加）的综合影响下长度将缩短，预应力钢筋也随之回缩，从而引起预应力损失。由于混凝土的收缩和徐变引起预应力损失的现象是相似的，为了简化计算，将此两项预应力损失合并考虑，即为 σ_{l5}。

对一般情况下的构件，混凝土收缩、徐变引起受拉区和受压区预应力钢筋的预应力损失、从可按下列公式计算：

1. 先张法构件

$$\sigma_{l5} = \frac{45 + 280\dfrac{\sigma_{pc}}{f_{cu}'}}{1 + 15\rho} \quad （9-7）$$

$$\sigma_{l5}' = \frac{45 + 280\dfrac{\sigma_{pc}'}{f_{cu}'}}{1 + 15\rho'} \quad （9-8）$$

2.后张法构件

$$\sigma_{l5} = \frac{35 + 280\dfrac{\sigma_{pc}}{f'_{cu}}}{1 + 15\rho} \quad （9-9）$$

$$\sigma'_{l5} = \frac{35 + 280\dfrac{\sigma'_{pc}}{f'_{cu}}}{1 + 15\rho'} \quad （9-10）$$

式中 $\sigma_{pc}, \sigma'_{pc}$ ——在受拉区、受压区预应力钢筋在各自合力点处的混凝土法向应力；

f'_{cu} ——施加预应力时的混凝土立方体抗压强度；

ρ, ρ' ——受拉区、受压区预应力钢筋和非预应力钢筋的配筋率：对先张法构件，$\rho = (A_p + A_s)/A_0$，$\rho' = (A'_p + A'_s)/A_0$；对后张法构件，$\rho = (A_p + A_s)/A_n$，$\rho' = (A'_p + A'_s)/A_n$；对于对称配置预应力钢筋和非预应力钢筋的构件，配筋率 ρ, ρ' 应按钢筋总截面面积的一半计算。

第三节　预应力混凝土轴心受拉构件的应力分析

一、先张法预应力混凝土轴心受拉构件的应力分析

先张法预应力混凝土轴心受拉构件，从张拉预应力钢筋开始直到构件破坏为止，可分为下列几种应力状态。

（一）施工阶段

1.应力状态1——预应力钢筋放张前

钢筋刚张拉完毕时，预应力钢筋的应力为张拉控制应力 σ_{con}，产生了第一批应力损失 $\sigma_{l1} = \sigma_{l2} + \sigma_{l3} + \sigma_{l4}$，预应力钢筋的预拉应力将减少 σ_{l1}。因此，在这一应力状态，预应力钢筋的预拉应力就降低为 σ_{p01}：

$$\sigma_{p01} = \sigma_{con} - \sigma_{l1} \quad （9-11）$$

预应力钢筋与非预应力钢筋的合力（此时非预应力钢筋应力为零）为：

$$N_{p01} = \sigma_{p01} A_p = \left(\sigma_{con} - \sigma_{l1}\right) A_p \quad （9-12）$$

式中 A_p——预应力钢筋截面面积。

2. 应力状态 2——预应力钢筋放张后

混凝土的预压应力为 σ_{pcI}，混凝土受压后产生压缩变形 $\varepsilon_c = \sigma_{pcI} / E_c$。钢筋因与混凝土黏结在一起也随之回缩同样的数值，由此可得到非预应力钢筋和预应力钢筋均产生压应力 $\alpha_E \sigma_{pcI} \left[\varepsilon_c E_s = \left(\sigma_{pcI} / E_c\right) E_s = \alpha_E \sigma_{pcI}, \alpha_E = E_s / E_c\right]$。所以，预应力钢筋的拉应力将减少 $\alpha_E \sigma_{pcI}$，预拉应力进一步降低为 σ_{peI}：

$$\sigma_{peI} = \sigma_{p01} - \alpha_E \sigma_{pcI} = \sigma_{con} - \sigma_{l1} - \alpha_E \sigma_{pcI} \quad （9-13）$$

非预应力钢筋受到的是压应力，其值为：

$$\sigma_{s1} = \alpha_E \sigma_{pcI} \quad （9-14）$$

混凝土的预压应力 σ_{pcI} 可由截面内力平衡条件求得：

$$\sigma_{peI} A_p = \sigma_{pcI} A_c + \sigma_{s1} A_s \quad （9-15）$$

则

$$\sigma_{peI} = \frac{\left(\sigma_{con} - \sigma_{l1}\right) A_p}{A_c + \alpha_E A_s + \alpha_E A_p} = \frac{\left(\sigma_{con} - \sigma_{l1}\right) A_p}{A_0} \quad （9-16）$$

也可写成

$$\sigma_{pcI} = \frac{N_{p0I}}{A_0} \quad （9-17）$$

式中 A_s, A_p——非预应力钢筋和预应力钢筋的截面面积；

A_c——构件混凝土截面面积，$A_c = A - A_s - A_p$，此处 A 为构件截面面积；

A_0——换算截面面积，$A_0 = A_c + \alpha_E A_s + \alpha_E A_p$。

3. 应力状态 3——全部预应力损失出现

混凝土受压缩后，第二批应力损失为 $\sigma_{lII} = \sigma_{l5}$。此时，总的应力损失为。$\sigma_l = \sigma_{lI} + \sigma_{lII}$

预应力损失全部出现后，预应力钢筋的拉应力又进一步降低为 σ_{peII}，相应的混凝土预压应力降低为 σ_{pcII}。由于钢筋与混凝土变形一致，它们之间的关系可由下列公式表示：

$$\sigma_{peII} = \sigma_{con} - \sigma_l - \alpha_E \sigma_{pcII} = \sigma_{p0II} - \alpha_E \sigma_{pcII} \quad （9-18）$$

$$\sigma_{p0II} = \sigma_{con} - \sigma_l \quad （9-19）$$

对非预应力钢筋而言，混凝土在 σ_{pcII} 作用下产生瞬时压应变。σ_{pcII}/E_c 由于钢筋与混凝土变形一致，该应变就使得非预应力钢筋产生压应力 $\alpha_E \sigma_{peII}$；随着时间增长，混凝土在 σ_{pcII} 作用下又将产生徐变 σ_{l5}/E_s，同样由于钢筋与混凝土变形一致，该徐变使非预应力钢筋产生预压应力。如此，非预应力钢筋的应力为：

$$\sigma_{sII} = \alpha_E \sigma_{pcII} + \sigma_{l5} \quad （9-20）$$

式中 σ_{l5}——因混凝土收缩徐变引起的预应力损失，也就是非预应力钢筋因混凝土收缩和徐变所增加的压应力。

同样可由截面内力平衡条件求得：

$$\sigma_{peII} A_p = \sigma_{pcII} A_c + \sigma_{sII} A_s \quad （9-21）$$

则

$$\sigma_{pcII} = \frac{\left(\sigma_{con} - \sigma_l\right) A_p - \sigma_{l5} A_s}{A_0} = \frac{N_{p0II}}{A_0} \quad （9-22）$$

σ_{peII} 为全部应力损失完成后，预应力钢筋的有效预拉应力；σ_{pcII} 为在混凝土中所建立的"有效预压应力"。在外荷载作用以前，预应力构件中钢筋及混凝土的应力都不等于零，混凝土受到很大的压应力，而钢筋受到很大拉应力，这是预应力混凝土构件与钢筋混凝土构件本质的差别。

（二）使用阶段

1. 应力状态 4——消压状态

构件受到外荷载（轴向拉力 N）作用后，截面要叠加上由于 N 产生的拉应力。当 N 产生的拉应力正好抵消截面上混凝土的预压应力 σ_{pcII} 时，该状态称为消压状态，此时的轴向拉力 N 也称消压轴力。在消压轴力 N_0 作用下，预应力钢筋的拉应力由 σ_{peII} 增加 $\alpha_E \sigma_{pcII}$，其值为：

$$\sigma_{p0} = \sigma_{peII} + \alpha_E \sigma_{pcII} = \sigma_{con} - \sigma_t - \alpha_E \sigma_{pcII} + \alpha_E \sigma_{pcII} = \sigma_{con} - \sigma_t \quad （9-23）$$

非预应力钢筋的压应力由 σ_{sII} 减少 $\alpha_E \sigma_{pcII}$，其值为：

$$\sigma_{s0} = \sigma_{sII} - \alpha_E \sigma_{pcII} = \alpha_E \sigma_{pcII} + \sigma_{l5} - \alpha_E \sigma_{pcII} = \sigma_{l5} \quad （9-24）$$

应力状态 4 是轴心受拉构件中混凝土应力将由压应力转为拉应力的一个标志。如果 $N<N_0$，则构件的混凝土始终处于受压状态；若 $N>N_0$，则混凝土将出现拉应力，以后拉应力的增量就如同普通钢筋混凝土轴心受拉构件受外荷载后产生的拉应力增量一样。

2. 应力状态 5——即将开裂与开裂状态

（1）即将开裂时

随着荷载进一步增加，当混凝土拉应力达到混凝土轴心抗拉强度标准值 f_{tk} 时，裂缝就将出现。所以，构件的开裂荷载 N_{cr} 将在 N_0 的基础上增加 $f_{tk}A_0$，即：

$$N_{cr} = N_0 + f_{tk}A_0 = \left(\sigma_{con} - \sigma_l\right)A_p - \sigma_{l5}A_s + f_{tk}A_0 \quad（9-25）$$

也可写成：

$$N_{cr} = \left(\sigma_{pcl} + f_{tk}\right)A_0 \quad（9-26）$$

$$N_{cr} = N_0 + N_{cr}' \quad（9-27）$$

式中 N_{cr}' ——钢筋混凝土轴心受拉构件的开裂荷载，$N_{cr}' = f_{tk}A_0$。

由上式可见，预应力混凝土构件的抗裂能力由于多了 N_0 一项而比非预应力混凝土构件大大提高。

在裂缝即将出现时，预应力钢筋和非预应力钢筋的应力分别在消压状态的基础上增加了 $\alpha_E f_{tk}$ 的拉应力，即：

$$\sigma_p = \sigma_{p0} + \alpha_E f_{tk} = \sigma_{con} - \sigma_l + \alpha_E f_{tk} \quad（9-28）$$

$$\sigma_s = \sigma_{l5} - \alpha_E f_{tk} \quad（9-29）$$

（2）开裂后

在开裂瞬间，由于裂缝截面的混凝土应力 $\sigma_c = 0$，由混凝土承担的拉力 $f_{tk}A_c$ 转由钢筋承担。所以，预应力钢筋和非预应力钢筋的拉应力增量则分别较开裂前的应力增加 $f_{tk}A_c / \left(A_p + A_s\right)$。此时，预应力钢筋和非预应力钢筋的应力为：

$$\sigma_p = \sigma_{p0} + \alpha_E f_{tk} + \frac{f_{tk}A_c}{A_p + A_s} = \sigma_{p0} + \frac{f_{tk}A_0}{A_p + A_s} = \sigma_{p0} + \frac{N_{cr} - N_0}{A_p + A_s}$$

$$= \sigma_{con} - \sigma_l + \frac{N_{cr} - N_0}{A_p + A_s} \quad（9-30）$$

$$\sigma_s = \sigma_{l5} - \alpha_E f_{tk} - \frac{f_{lk}A_c}{A_p + A_s} = \sigma_{l5} - \frac{f_{tk}A_0}{A_p + A_s} = \sigma_{l5} - \frac{N_{cr} - N_0}{A_p + A_s} \quad（9-31）$$

同理

$$\sigma_s = \sigma_{l5} - \frac{N - N_0}{A_p + A_s} \quad (9\text{--}32)$$

上述二式为使用阶段求裂缝宽度时的钢筋应力表达式。

3. 应力状态6——破坏状态

当预应力钢筋、非预应力钢筋的应力达到各自抗拉强度时，构件就发生破坏。此时的外荷载为构件的极限承载力 N_u，即：

$$N_u = f_{py} A_p + f_y A_s \quad (9\text{--}33)$$

二、后张法预应力混凝土轴心受拉构件的工作特点及应力分析

后张法预应力构件的应力分布除施工阶段因张拉工艺与先张法不同而有所区别外，使用阶段、破坏阶段的应力分布均与先张法相同，它可分为下列几个应力状态。

（一）施工阶段

1. 应力状态1——第一批预应力损失出现

张拉预应力钢筋，第一批预应力损失 σ_{l1} 出现，即：

$$\sigma_{peI} = \sigma_{con} - \sigma_{lI} \quad (9\text{--}34)$$

非预应力钢筋与周围混凝土已有黏结，两者变形一致，因而非预应力钢筋应力为：

$$\sigma_{sI} = \alpha_E \sigma_{pcI} \quad (9\text{--}35)$$

混凝土的预压应力 σ_{peI} 可由截面内力平衡条件求得：

$$\sigma_{peI} A_p = \sigma_{peI} A_c + \sigma_{s1} A_s \quad (9\text{--}36)$$

则

$$\sigma_{peI} = \frac{(\sigma_{con} - \sigma_{l1}) A_p}{A} = \frac{N_{p1}}{A_n} \quad (9\text{--}37)$$

其中

$$N_{pI} = \sigma_{peI} A_p = \left(\sigma_{con} - \sigma_{l1} \right) A_p \quad （9-38）$$

式中——A_n 截面净截面面积，$A_n = A_c + \alpha_E A_s, A_c = A - A_s - A_{孔道面提}$ ；

N_{pI}——第一批预应力损失出现后的预应力钢筋的合力。

2. 应力状态 2——第二批预应力损失出现

第二批预应力损失出现后，预应力钢筋、非预应力钢筋的应力及混凝土的有效预压应力为

$$\sigma_{peII} = \sigma_{con} - \sigma_l \quad （9-39）$$

$$\sigma_{sII} = \alpha_E \sigma_{pcII} + \sigma_{l5} \quad （9-40）$$

$$\sigma_{pcII} = \frac{\left(\sigma_{con} - \sigma_l \right) A_p - \sigma_{l5} A_s}{A_n} = \frac{N_{pII}}{A_n} \quad （9-41）$$

其中

$$N_{pII} = \sigma_{peI} A_p - \sigma_{l5} A_s = \left(\sigma_{con} - \sigma_l \right) A_p - \sigma_{l5} A_s \quad （9-42）$$

式中 N_{pII}——第二批预应力损失出现后的预应力钢筋和非预应力钢筋的合力。若先张法、后张法构件的截面尺寸及所用材料完全相同，则同样大小的控制应力情况下，后张法建立的混凝土有效预压应力比先张法要高。

（二）使用阶段

在使用阶段，后张法构件的孔道已经灌浆，预应力钢筋与混凝土已有黏结，能共同变形，因而计算外荷载产生的应力时和先张法相同，采用换算截面面积 A_0。

1. 应力状态 3——消压状态

在消压状态，截面上混凝土应力由 σ_{pcII} 降为零，则预应力钢筋的拉应力增加了 $\alpha_E \sigma_{pcII}$，即：

$$\sigma_{p0} = \sigma_{peII} + \alpha_E \sigma_{pcII} = \sigma_{con} - \sigma_l + \alpha_E \sigma_{pcII} \quad （9-43）$$

相应地，非预应力钢筋的压应力减小了 σ_{pcII}，即：

$$\sigma_{s0} = \sigma_{sII} - \alpha_E \sigma_{pcII} = \alpha_E \sigma_{pcII} + \sigma_{l5} - \alpha_E \sigma_{pcII} = \sigma_{l5} \quad （9-44）$$

消压轴力 N_0 为：

$$N_0 = \sigma_{p0} A_p - \sigma_{l5} A_s = \left(\sigma_{con} - \sigma_l + \alpha_E \sigma_{pcII} \right) A_p - \sigma_{l5} A_s \quad (9\text{-}45)$$

2. 应力状态 4——即将开裂与开裂后状态

（1）即将开裂时

随着荷载进一步增加，当混凝土拉应力达到混凝土轴心抗拉强度标准值时，裂缝即将出现。所以，构件的开裂荷载 N_{cr} 将在 N_0 的基础上增加 $f_{tk} A_0$。即：

$$N_{cr} = N_0 + f_{tk} A_0 = \left(\sigma_{con} - \sigma_l + \alpha_E \sigma_{pcII} \right) A_p - \sigma_{l5} A_s + f_{tk} A_0 \quad (9\text{-}46)$$

预应力钢筋和非预应力钢筋的应力在消压状态的基础上分别增加了 $\alpha_E f_{tk}$ 的拉应力，即：

$$\sigma_p = \sigma_{p0} + \alpha_E f_{tk} = \sigma_{con} - \sigma_l + \alpha_E \sigma_{pcII} + \alpha_E f_{tk} \quad (9\text{-}47)$$

$$\sigma_s = \sigma_{l5} - \alpha_E f_{tk} \quad (9\text{-}48)$$

（2）开裂后

开裂后，外荷载与消压轴力之差 $N - N_0$ 将全部由钢筋承担，预应力钢筋和非预应力钢筋的应力为：

$$\sigma_p = \sigma_{p0} - \frac{N - N_0}{A_p + A_s} = \sigma_{con} - \sigma_l + \alpha_E \sigma_{pcII} + \frac{N - N_0}{A_0 + A_s} \quad (9\text{-}49)$$

3. 应力状态 5——破坏状态

当预应力钢筋、非预应力钢筋的应力达到各自抗拉强度时，构件就发生破坏。后张法和先张法相比，两者破坏状态时的应力、内力计算公式的形式及符号完全相同；若两者的钢筋材料与用量相同，则极限承载力也相同。

第四节　预应力混凝土轴心受拉构件设计

预应力混凝土轴心受拉构件，除了进行使用阶段承载力计算、抗裂验算或裂缝宽度验算以外，还要进行施工阶段张拉（或放松）预应力钢筋时构件的承载力验算，及对采用锚具的后张法构件进行端部锚固区局部受压的验算。

一、使用阶段承载力计算

构件正截面受拉承载力按下式计算：

$$\gamma N \leqslant N_u = f_{py} A_p + f_y A_s \quad (9\text{--}50)$$

式中 γ ——综合分项系数；

N ——构件的轴向受拉承载力设计值；

f_{py}, f_y ——预应力钢筋及非预应力钢筋抗拉强度设计值；

A_p, A_s ——预应力钢筋及非预应力钢筋的截面面积。

二、抗裂验算及裂缝宽度验算

预应力构件按所处环境类别和使用要求，应有不同的裂缝控制要求。将预应力混凝土构件划分为三个裂缝控制等级进行验算。

（一）一级——严格要求不出现裂缝的构件

在荷载效应标准组合下应符合下式的规定，也就是要求在任何情况下，构件都不会出现拉应力：

$$\sigma_{ck} - \sigma_{pc} \leqslant 0 \quad (9\text{--}51)$$

其中

$$\sigma_{ck} = \frac{N_k}{A_0} \quad (9\text{--}52)$$

式中 σ_{ck} ——在荷载标准值作用下构件抗裂验算边缘的混凝土法向应力；

N_k ——按荷载标准值计算得到的轴向力；

A_0 ——混凝土的换算截面面积；

σ_{pcII} ——扣除全部预应力损失后，在抗裂验算边缘的混凝土的预压应力，先张法构件计算，后张法构件计算。

（二）二级——一般要求不出现裂缝的构件

在荷载效应标准组合下应符合下式的规定，也就是要求构件一般情况下不出现裂缝：

$$\sigma_{ck} - \sigma_{pcII} \leqslant 0.7 f_{tk} \quad （9-53）$$

式中 f_{tk}——混凝土的抗拉强度标准值。

（三）三级——允许出现裂缝的构件

对于允许出现裂缝的预应力混凝土轴心受拉构件，荷载效应标准组合下的最大计算裂缝宽度 w_{max} 应符合下列规定：

$$w_{max} \leqslant w_{lim} \quad （9-54）$$

式中 w_{lim}——预应力混凝土构件最大裂缝宽度限值。

随着外荷载 N 的增大，N 产生的拉应力逐渐抵消混凝土中的预压应力，当 N 达到了消压轴力 N_0 时，混凝土应力为零，这时的混凝土应力状态相当于受荷之前的钢筋混凝土轴心受拉构件。当 $N > N_0$ 时，混凝土产生拉应力，甚至开裂，此时构件裂缝宽度的大小取决于 $N - N_0$。因此，对于允许出现裂缝的轴心受拉构件，其裂缝宽度可参照钢筋混凝土构件的有关公式，只要取钢筋的应力 $\sigma_{sk} = \dfrac{N_k - N_0}{A_p + A_s}$ 即可。

矩形、T 形及工字形截面的预应力混凝土轴心受拉和受弯构件，在荷载效应标准组合下的最大裂缝宽度为 w_{max}，按下列公式计算：

$$w_{max} = \alpha_{cr} \psi \frac{\sigma_{sk} - \sigma_0}{E_s} l_{cr} \quad （9-55）$$

其中

$$\psi = 1 - 1.1 \frac{f_{tk}}{\rho_{tc} \sigma_{sk}} \quad （9-56）$$

$$l_{cr} = \left(2.2c + 0.09 \frac{d}{p_{te}} \right) v (20mm \leqslant c \leqslant 65mm) \quad （9-57）$$

或

$$l_{cr} = \left(65 + 1.2c + 0.09 \frac{d}{p_{te}} \right) v (65mm < 150mm) \quad （9-58）$$

式中 α_{cr}——考虑构件受力特征的系数：对于预应力混凝土受弯构件，取 α_{cr} =1.90；对于预应力混凝土轴心受拉构件，取 α_{cr} =2.35；

ψ——裂缝间纵向钢筋应变不均匀系数：当 ψ < 0.2 时，取 ψ =0.2；对直接

承受重复荷载的构件，取 $\psi=1$；

l_{cr}——平均裂缝间距；

v——考虑钢筋表面形状和预应力张拉方法系数；

d——钢筋直径（mm），当钢筋用不同直径时，公式中的 d 改用换算直径 $4(A_s+A_p)/u$，此处 u 为纵向受拉钢筋（A_s 及 A_p）截面总周长（mm）；

ρ_{te}——纵向受拉钢筋（非预应力钢筋 A_s 及预应力钢筋 A_p）的有效配筋率，按下列规定计算：$\rho_{te}=\dfrac{A_s+A_p}{A_{te}}$，当 $\rho_{te}<0.03$ 时，取 $\rho_{te}=0.03$；

A_{te}——有效受拉混凝土截面面积（mm^2）：对轴心受拉构件，当预应力钢筋配置在截面中心范围时，A_{te} 取为构件全截面面积；对受弯构件，取为其重心与 A_s 及 A_p 重心相一致的混凝土面积，即 $A_{te}=2ab$，其中 a 为受拉钢筋（A_s 及 A_p）重心距截面受拉边缘的距离，b 为矩形截面的宽度，对有受拉翼缘的倒 T 形及工字形截面为受拉翼缘宽度；

A_p——受拉区纵向预应力钢筋截面面积（mm^2）：对轴心受拉构件，取全部纵向预应力钢筋截面面积；对受弯构件，取受拉区纵向预应力钢筋截面面积；

σ_{sk}——按荷载标准组合计算得到的预应力混凝土构件纵向受拉钢筋的等效应力（N/mm^2），$\sigma_{sk}=\dfrac{N_k-N_0}{A_p+A_s}$；

N_k——按荷载标准组合计算得出的轴向拉力；

N_0——消压内力。

三、轴心受拉构件施工阶段的验算

当放张预应力钢筋（先张法）或张拉预应力钢筋完毕（后张法）时，混凝土将受到最大的预压应力 σ_{cc}，而这时混凝土强度通常仅达到设计强度的 75%，构件承载力是否足够，应进行验算。验算包括两个方面：

（一）张拉（或放松）预应力钢筋时构件的承载力验算

为了保证在张拉（或放松）预应力钢筋时，混凝土不被压碎，混凝土的预压应力应符合下列条件：

$$\sigma_{cc} \leqslant 0.8 f'_{ck} \quad （9\text{–}59）$$

式中 f'_{ck} ——张拉（或放松）预应力钢筋时，与混凝土立方体抗压强度 f'_{cu} 相应的轴心抗压强度标准值。

先张法构件在放松（或切断）钢筋时，仅按第一批损失出现后计算 σ_{cc}，即：

$$\sigma_{cc} = \frac{\left(\sigma_{con} - \sigma_{l1}\right) A_p}{A_0} \quad （9\text{–}60）$$

后张法张拉钢筋完毕，应力达到 σ_{con}，而又未锚固时，按不考虑预应力损失值计算 σ_{cc}，即：

$$\sigma_{cc} = \frac{\sigma_{con} A_p}{A_n} \quad （9\text{–}61）$$

（二）后张法构件端部局部受压承载力计算

后张法构件混凝土的预压应力是由预应力钢筋回缩时通过锚具对构件端部混凝土施加局部挤压力来建立并维持的。在局部挤压力作用下，端部锚具下的混凝土处于高应力状态下的三向受力情况，不仅在纵向有较大的压应力 σ_z，而且在径向、环向还产生拉应力 σ_r、σ_θ。加上构件端部钢筋比较集中，混凝土截面又被预留孔道消弱较多，混凝土强度又较低，因此，验算构件端部局部受压承载力极为重要。工程中常因疏忽而导致发生质量事故。

为了防止混凝土因局部受压强度不足而发生脆性破坏，通常需在局部受压区内配置的方格网式或螺旋式间接钢筋，以约束混凝土的横向变形，从而提高局部受压承载力。

当配置方格网式或螺旋式间接钢筋且符合 $A_{cor} \geqslant A_l$ 的条件时，其局部受压承载力可按下列公式计算：

$$\gamma F_l \leqslant \left(\beta_l f_c + 2\rho_v \beta_{cor} f_y\right) A_l \quad （9\text{–}62）$$

其中，当为方格网式配筋时，体积配筋率 ρ_v 为：

$$\rho_v = \frac{n_1 A_{s1} l_1 + n_2 A_{s2} l_2}{A_{cor} s} \quad （9\text{–}63）$$

当为螺旋式配筋时，体积配筋率 ρ_v 为：

$$\rho_v = \frac{4 A_{ss1}}{d_{cor} s} \quad （9\text{–}64）$$

式中 γ ——综合分项系数，可取为 1.20；

F_l ——局部压力设计值，按 $F_l = 1.05\,\sigma_{con}A_p$ 计算；

β_l ——混凝土局部受压时的强度提高系数，$\beta_l = \sqrt{A_b / A_l}$，其中 A_l 为混凝土局部受压面积，A_b 为局部受压时的计算底面积，由 A_l 面积同心、对称的原则取用，计算 β 时，在 A_b 及 A_l 中均不扣除开孔构件的孔道面积；

ρ_v ——间接钢筋的体积配筋率（核心面积 A_{cor} 范围内单位混凝土体积中所包含的间接钢筋体积）；

n_1A_{s1}, n_2A_{s2} ——方格网沿 l_1, l_2 方向的钢筋根数与单根钢筋截面面积的乘积，钢筋网两个方向上单位长度内的钢筋截面面积比不宜大于 1.5；

l_1, l_2 ——钢筋网两个方向的长度；

s ——钢筋网或螺旋筋的间距，宜取 30～80mm；

A_{cor} ——钢筋网以内的混凝土核心面积，其重心应与 A_l 的重心相重合 $A_{cor} \leqslant A_b$；

d_{cor} ——配置螺旋式间接钢筋范围以内的混凝土直径；

A_{ss1} ——螺旋式单根间接钢筋的截面面积；

β_{cor} ——配置间接钢筋的局部受压承载力提高系数，$\beta_{cor} = \sqrt{A_{cor} / A_l}$；

A_l ——混凝土局部受压净面积，可按应力沿锚具边缘在垫板中以 45°角扩散后传到混凝土的受压面积计算，并应扣除预留孔道面积；

f_c ——混凝土轴心抗压强度设计值；

f_y ——钢筋抗拉强度设计值。

配置间接钢筋过多，虽可较大地提高局部受压承载力，但会造成在过大的局部压区的截面尺寸应符合下列要求：

$$\gamma F_l \leqslant 1.5\beta_l f_c A_l \quad (9–65)$$

第十章　水工钢筋混凝土其他结构设计

第一节　水电站厂房及刚架结构

一、水电站厂房结构布置

（一）水电站厂房的结构组成

图 10-1 所示为某水电站主厂房示意简图，主要由屋面梁板结构、楼面梁板结构、带牛腿柱、吊车与吊车梁、发电机组、水轮机组等组成。

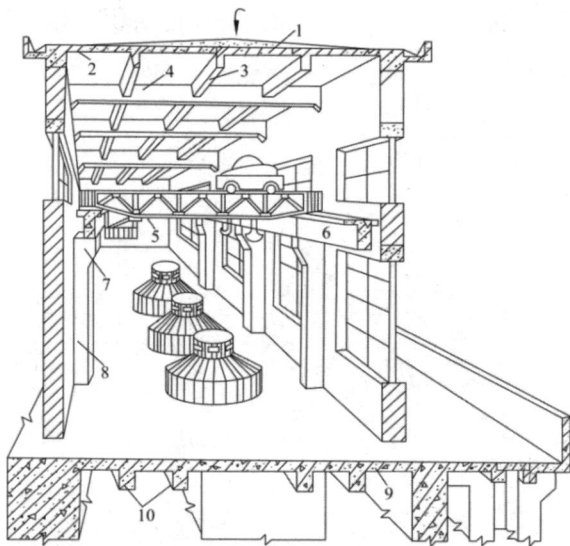

1—屋面构造；2—屋面板；3—纵梁；4—横梁；5—吊车；
6—吊车梁；7—牛腿；8—柱；9—楼板；10—纵梁

图 10-1　水电站主厂房

1. 厂房结构平面布置

厂房结构平面布置的原则是：满足使用要求，技术经济合理，方便施工。在板、次梁、主梁、柱的梁格布置中，柱距决定了主梁的跨度，主梁的间距决定了次梁的跨度，次梁的间距决定了板的跨度，板跨直接影响板厚，而板厚的增加对材料用量影响较大。根据工程经验，一般建筑中较为合理的板、梁跨度为：板跨 1.5 ～ 2.7m，次梁跨度 4 ～ 6m，主梁跨度 5 ～ 8m。对于有特殊使用要求的梁板结构，必须根据使用的需要布置梁格。图 10–2 所示为某水电站厂房的平面布置，柱子的间距除满足机组布置外，还要留出孔洞安装机电设备及管道线路，布置不规则。

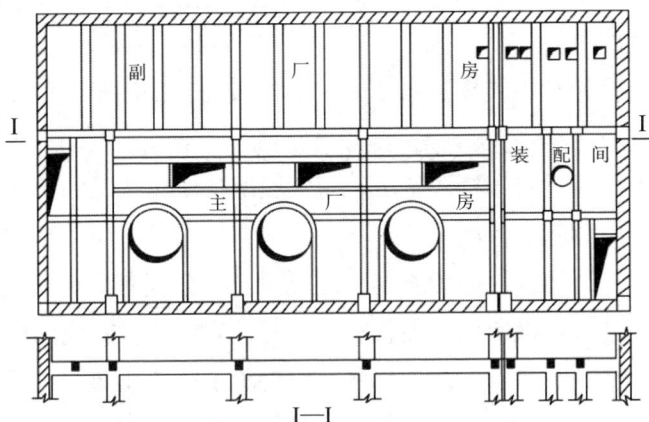

图 10–2　某水电站厂房的平面布置

2. 厂房中板、梁的尺寸构造要求

连续板、梁的截面尺寸可按高跨比关系和刚度要求确定。

（1）连续板

一般要求单向板厚 $h \geqslant 1/40$，双向板厚 $h \geqslant 1/50$。在水工建筑物中，由于板在工程中所处部位及受力条件不同，板厚 h 可在相当大的范围内变化。一般薄板厚度大于 100mm，特殊情况下适当加厚。

（2）次梁

一般梁高 $h \geqslant 1/20$（简支）或 $h \geqslant 1/25$（连续），梁宽 $b = （1/3 ～ 1/2）h$。

（3）主梁

一般梁高 $h \geqslant 1/12$（简支）或 $h \geqslant 1/15$（连续），梁宽 $b = （1/3 ～ 1/2）h$。

（二）厂房结构设计的一般规定

厂房结构采用概率极限状态设计原则，以分项系数设计表达式进行设计。设计时按下列规定进行计算或验算：

①厂房所有结构构件均应进行承载能力计算；对建造在地震区的水电站，尚应进行结构的抗震承载力计算。

②对使用上需要控制变形的结构构件（如吊车梁、厂房刚架等），应进行变形验算。

③对承受水压力的下部结构构件（如钢筋混凝土蜗壳、闸墩、胸墙及挡水墙等），应进行抗裂或裂缝宽度验算；对使用上需要限制裂缝宽度的上部结构构件，也应进行裂缝宽度验算。

④厂房结构设计时，应根据水工建筑物的级别，采用不同的结构安全级别。结构安全级别及对应的结构重要性系数 γ^0 按规定采用。

⑤厂房结构构件对应于持久状况、短暂状况、偶然状况的设计状况系数 ψ 分别取 1.0、0.95 和 0.85。

⑥在进行厂房结构构件的承载能力计算时，应分别考虑荷载效应的基本组合和偶然组合；在进行正常使用极限状态验算时，应按荷载效应的标准组合。

⑦混凝土强度等级：水电站厂房各部位混凝土除应满足强度要求外，还应根据所处环境条件、使用条件、地区气候等具体情况分别提出满足抗渗、抗冻、抗侵蚀、抗冲刷等相应耐久性要求。

二、水电站厂房楼板的计算与构造

（一）水电站厂房楼板的内力计算

1.荷载效应分析

作用在厂房楼面上的荷载有三类：一类是结构自重（包括面层、装修等的重量），其数值可以按材料容重和结构尺寸计算，这类荷载为永久荷载（恒荷载）。第二类是机电设备重量。设备一经安装，其位置不再改变，但其重量因生产工艺和材料的原因往往有一定的误差。因此，在设计时，这类荷载一般可以按可变荷载（活荷载）考虑。第三类是活荷载，包括检修时放在楼板上的工具、设备附件和人群荷载等，应视具体情况而定。

主厂房安装间、发电机层、水轮机层各层楼面，在机组安装、运行和检修期间，由设备堆放、部件组装、搬运等引起的楼面局部荷载及集中荷载，均应按实际情况考虑。对于大型水电站，可以按设备部件的实际堆放位置分区确定各区间的荷载值。

安装间的楼面活荷载主要是机组安装检修时堆放大件的重量。由于设备底部总有枕木、垫块等支垫，考虑荷载扩散作用后，活荷载一般按均布荷载考虑，设计时可以按经验公式估算：

$$q_k = (0.07 \sim 0.10)G_k \quad （10\text{--}1）$$

式中：q_k——安装间楼面均布活荷载标准值；

G_k——安装间需堆放的最大部件重力，一般是发电机转子连轴重力。

式（10–1）中较小的系数适用于大容量、低转速的机组。

发电机层楼面在检修时只堆放一些小件或零部件，楼面活荷载可以取（0.25 ~ 0.5）q_k。

在设计楼面的主梁、墙、柱和基础时，应对楼面活荷载标准值乘以0.8 ~ 0.85的折减系数。

当考虑搬运、装卸重物，车辆行驶和设备运转对楼面板和梁的动力作用时，应将活荷载乘以动力系数，动力系数可以为1.1 ~ 1.2。

一般情况下，楼面活荷载的作用分项系数可以采用1.2；对于安装间及发电机层楼面，当堆放设备的位置在安装、检修期间有严格控制并加放垫木时，其作用分项系数可以采用1.05。

2. 楼板的内力计算

水电站主厂房楼面具有荷载大、孔洞多、结构布置不规则等特点，内力计算比一般肋形梁板结构复杂得多。实际工程设计中往往采用近似计算方法，下面对其要点予以介绍。

①发电机层楼面由于有动荷载作用，又经常处于振动状态，对裂缝宽度有严格的限制。因此，应按弹性方法计算内力。

②根据楼面的结构布置情况，将整个楼面划分为若干个区域，每一区域内选择有代表性的跨度的板块按单向板或双向板计算其内力，同一区域内相应截面的配筋量取为相同。对于三角形板块，当板的两条直角边长之比小于2时，也是双向板，计算时可以将三角形双向板简化为矩形双向板，两个方向的计算跨度取为

各自边长的 2，如图 10–3 所示。

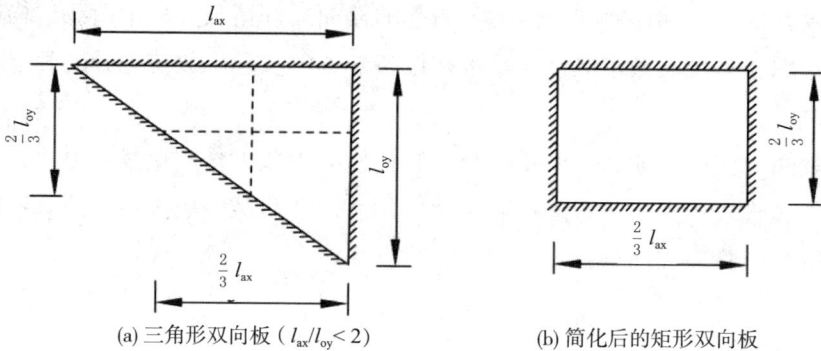

(a) 三角形双向板（$l_{ax}/l_{oy} < 2$）　　　　(b) 简化后的矩形双向板

图 10–3　三角形双向板的简化

对于楼板只计算弯矩，不计算剪力。

③楼面结构在厂房四周和中部，以上下游底墙、机墩或风罩、柱子等作为支承构件，按以下条件考虑边界条件：

A.当楼面结构搁置在支承构件上（如板、梁搁置在砖墙或牛腿上）时，板或梁按简支端考虑；

B.当楼板或梁与支承构件刚接，且支承构件的线刚度 $\left(\dfrac{EI}{l}\right)$ 大于楼板或梁的线刚度的 4 倍时，按固定端考虑。

C.当为弹性支承（即介于以上两者之间）时，可以先将弹性支承端视为简支端，计算出边跨跨中弯矩 M_0，而边跨跨中和弹性端支座处均按 $0.7M_0$ 配置钢筋，或边跨跨中按 M_0 配筋，弹性支座处钢筋取边跨跨中钢筋的一半。

④对于多跨连续板，可以不考虑活荷载的最不利布置，一律按满布荷载计算板块跨中和支座截面的内力。

⑤当板的中间支座两侧为不同的板块时，支座弯矩近似取两侧板块支座弯矩的平均值。

水电站主厂房楼面梁承受板传来的荷载的确定方法和内力计算与一般梁板结构的相同。

（二）楼板配筋构造要求

水电站厂房梁板结构的配筋计算和构造要求与一般梁板结构的基本相同。

1.不等跨单向板的配筋

不等跨连续单向板当跨度相差不大于20%时，受力钢筋可以参考图10-4确定。配筋方式有弯起式和分离式两种。

当 $\gamma_Q q_K \leqslant \gamma_G g_k$ 时，图10-4中

$$a_1 = \frac{l_{01}}{4}, a_2 = \frac{l_{02}}{4}, a_3 = \frac{l_{03}}{4} \quad （10-2）$$

当 $\gamma_Q q_K > \gamma_G g_k$ 时，图10-4中

$$a_1 = \frac{l_{01}}{3}, a_2 = \frac{l_{02}}{3}, a_3 = \frac{l_{03}}{3} \quad （10-3）$$

图10-4（a）中弯起钢筋的弯起角，当板厚 $h < 120mm$ 时，可以为30°；当 $h \geqslant 120mm$ 时，可以为45°。

对于下部受力钢筋，一般情况下可以根据钢筋的实际长度，采用逐跨配筋（如 b_1）所示或连通配筋（如 b_2）所示。当混凝土板和板下支承的钢梁按钢-混凝土组合结构设计时，应采用 b_2 所示的连通配筋型式。

在板跨较短的区域，常将上、下钢筋连通而不予切断，以简化施工。

当板的跨度相差大于20%时，图10-4中上部受力钢筋伸过支座边缘的长度 a_1、a_2、a_3 仍应按弯矩图形确定。

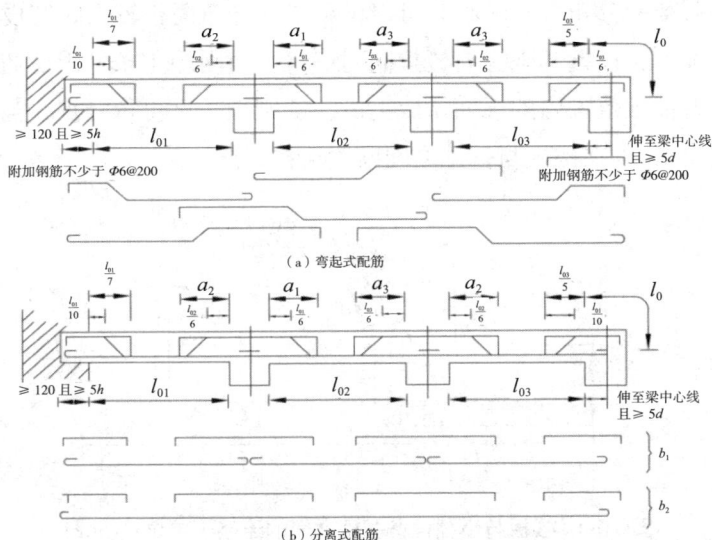

（a）弯起式配筋

（b）分离式配筋

图10-4 不等跨连续单向板配筋形式

2. 双向板的配筋

多跨连续双向板的配筋形式如图 10-5 所示。对单跨及多跨连续双向板的边支座配筋，可以按单向板的边支座钢筋形式配置。

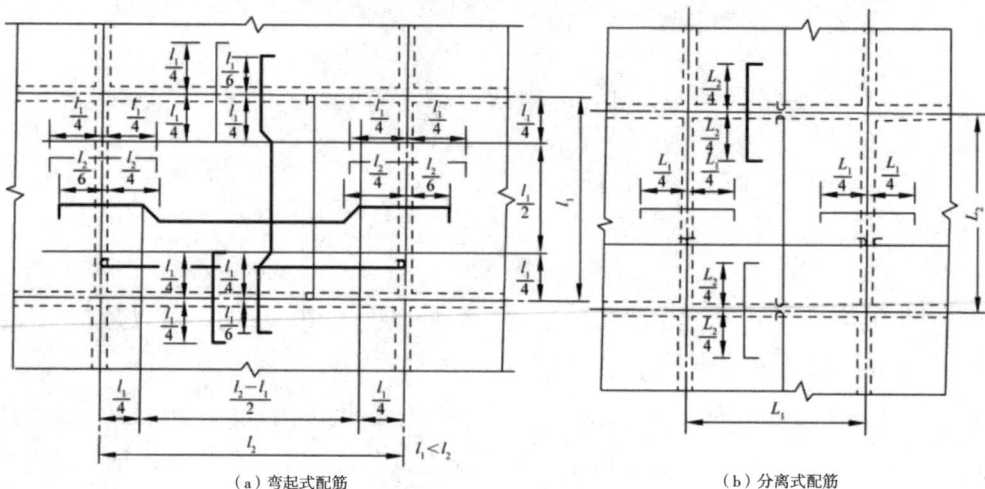

（a）弯起式配筋 （b）分离式配筋

图 10-5 多跨连续双向板配筋形式

3. 板上小型设备基础

当厂房楼板上有较大的集中荷载或振动较大的小型设备时，其基础应放置在梁上。设备荷载的分布面积较小时可以设单梁，分布面积较大时应设双梁。

一般情况下，设备基础宜与楼板同时浇筑。当因施工条件限制需要二次浇筑时，应将设备基础范围内的板面做成毛面，洗刷干净后再行浇捣。当设备振动较大时，应按图 10-6 在楼板与基础之间配置连接钢筋。

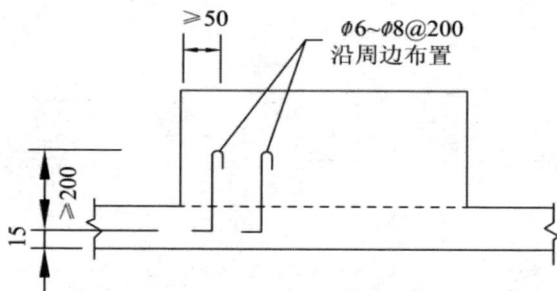

图 10-6 楼板与小型设备基础之间的连接（单位：mm）

三、刚架结构的设计要点与构造要求

（一）刚架结构的设计要点

在整体式刚架结构中，纵梁、横梁和柱整体相连，实际上构成了空间结构。因为结构的刚度在两个方向是不一样的，同时，考虑到结构空间作用的计算较复杂，所以一般是忽略刚度较小方向（立柱短边方向）的整体影响，而把结构偏安全地当作一系列平面刚架进行计算。

1. 计算简图

平面刚架的计算简图应反映刚架的跨度和高度、节点和支承的形式，各构件的截面惯性矩，以及荷载的形式、数值和作用位置。

图 10-7（b）中绘出了工作桥承重刚架的计算简图。刚架的轴线采用构件截面重心的连线，立柱和横梁的连接均为刚性连接，柱子与闸墩整体浇筑，故可看作固端支承。荷载的形式、数值和作用位置可根据实际情况确定。刚架中横梁的自重是均布荷载，如果上部结构传下的荷载主要是集中荷载，为了计算方便，也可将横梁自重化为集中荷载处理。

刚架是超静定结构，在内力计算时要用到截面的惯性矩，确定自重时也需要知道截面尺寸。因此，在进行内力计算之前，必须先假定构件的截面尺寸。内力计算后，若有必要再加以修正，一般只有当各杆件的相对惯性矩的变化（较初设尺寸的惯性矩）超过 3 倍时才需重新计算内力。

如果刚架横梁两端设有支托，但其支座截面和跨中截面的高度之比 h_c / h < 1.6，或截面惯性矩的比值 h_c / h < 4 时，可不考虑支托的影响，而按等截面横梁刚度来计算。

2. 内力计算

刚架内力可按结构力学方法计算。对于工程中的一些常用刚架，可以利用现有的计算公式或图表，也可以采用软件计算。

3. 截面设计

①根据内力计算所得内力（m、V、N），按最不利情况组合后，即可进行承载力计算，以确定截面尺寸和配置钢筋。

②刚架中横梁的轴向力一般很小，可以忽略不计，按受弯构件进行配筋计算。当轴向力不能忽略时，应按偏心受拉或偏心受压构件进行计算。

③刚架立柱中的内力主要是弯矩 M 和轴向力 N，可按偏心受压构件进行计算。在不同的荷载组合下，同一截面可能出现不同的内力，故应按可能出现的最不利荷载组合进行计算。

（二）刚架节点的构造要求

1. 节点贴角的构造要求

横梁和立柱的连接会产生应力集中，其交接处的应力分布与内折角的形状有很大关系。内折角越平缓，应力集中越小，如图 10-7 所示。设计时，若转角处的弯矩不大，可将转角做成直角或加一个不大的填角；若弯矩较大，则应将内折角做成斜坡状的支托如图 10-7（c）所示。

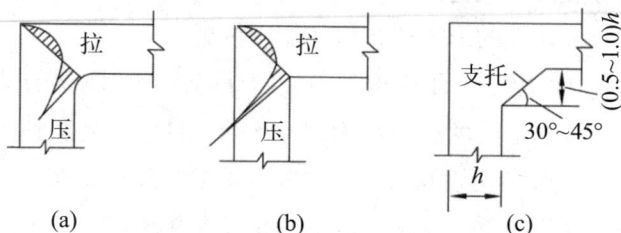

图 10-7 刚节点应力集中与支托

转角处有支托时，横梁底面和立柱内侧的钢筋不能内折，见图 10-8（a），而应沿斜面另加直钢筋，如图 10-8（b）所示。另加的直钢筋沿支托表面放置，其数量不少于 4 根，直径与横梁沿梁底面伸入节点内的钢筋直径相同。

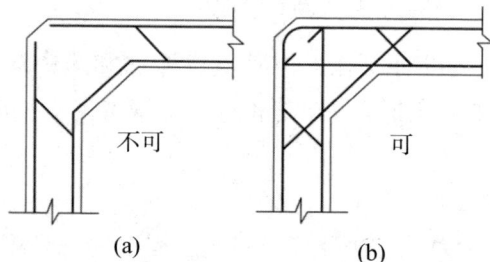

图 10-8 支托的钢筋布置

2. 顶层端节点构造要求

图 10-9 所示为常用的刚架顶部节点的钢筋布置：刚架顶层端节点处，可将柱外侧纵向钢筋的相应部分弯入梁内，作梁的上部纵向钢筋使用，也可将梁上部纵向钢筋与柱外侧纵向钢筋在顶层端节点及其附近部位搭接。搭接可采用下列方式。

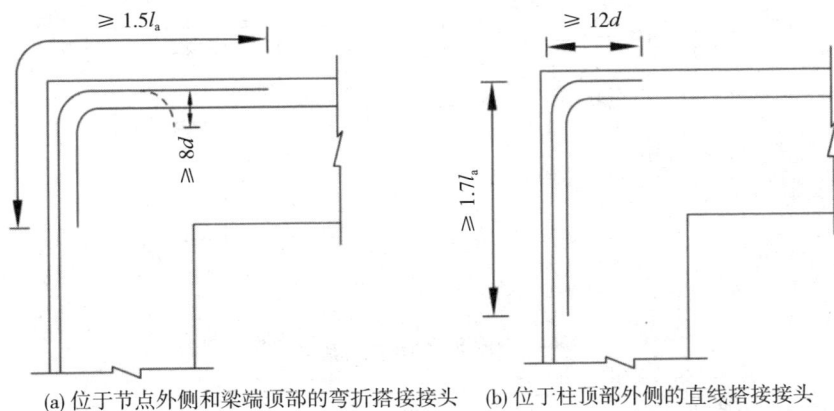

(a) 位于节点外侧和梁端顶部的弯折搭接接头　　(b) 位于柱顶部外侧的直线搭接接头

图 10-9　梁上部纵向顶部与柱外侧纵向钢筋在顶层端节点的搭接

①搭接接头可沿顶层端节点外侧及梁端顶部布置 [见图 10-9（a）]，搭接长度不应小于 $1.5l_a$，其中，伸入梁内的外侧柱纵向钢筋截面积不宜小于外侧柱纵向钢筋全部截面积的 65%；梁宽范围以外的外侧柱纵向钢筋宜沿节点顶部伸至柱内边，当柱纵向钢筋位于柱顶第一层时，至柱内边后宜向下弯折不小于 $8d$ 后截断；当柱纵向钢筋位于柱顶第二层时，可不向下弯折。当有现浇板且板厚不小于 80mm、混凝土强度等级不低于 C20 时，梁宽范围以外的外侧柱纵向钢筋可伸入现浇板内，其长度与伸入梁内的柱纵向钢筋的相同。当外侧柱纵向钢筋配筋率大于 1.2% 时，伸入梁内的柱纵向钢筋应满足以上规定，且宜分两批截断，其截断点之间的距离不宜小于 $20d$。梁上部纵向钢筋应伸至节点外侧并向下弯至梁下边缘高度后截断。此处，d 为柱外侧纵向钢筋的直径。

②搭接接头也可沿柱顶外侧布置 [见图 10-9（b）]，此时，搭接长度竖直段不应小于 $1.7l_a$。

当梁上部纵向钢筋的配筋率大于 1.2% 时，弯入柱外侧的梁上部纵向钢筋应满足以上规定的搭接长度要求，且宜分两批截断，其截断点之间的距离不宜小于 $20d$（d 为梁上部纵向钢筋的直径）。柱外侧纵向钢筋伸至柱顶后宜向节点内水平弯折，弯折段的水平投影长度不宜小于 $12d$（d 为柱外侧纵向钢筋的直径）。

节点的箍筋可布置成扇形，如图 10-10（a）所示，也可按 10-10（b）中那样布置。节点处的箍筋应适当加密。

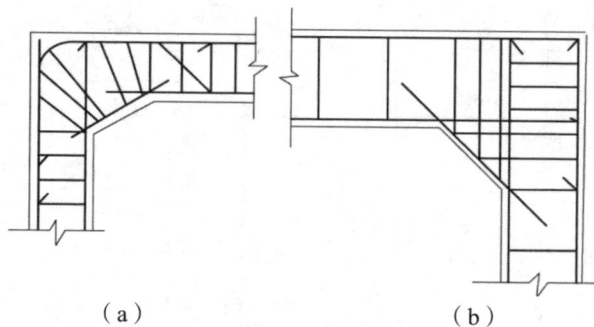

图 10-10 节点箍筋的布置

3.刚架柱的构造要求

①框架柱的纵向钢筋应贯穿中间层中间节点和中间层端节点，柱纵向钢筋接头应设在节点区以外。

②顶层中间节点的柱纵向钢筋及顶层端节点的内侧柱纵向钢筋可用直线方式锚入顶层节点，其自梁底标高算起的锚固长度不应小于规定的锚固长度 l_a，且柱纵向钢筋必须伸至柱顶。当顶层节点处梁截面高度不足时，柱纵向钢筋应伸至柱顶并向节点内水平弯折。当充分利用其抗拉强度时，柱纵向钢筋锚同段弯折前的竖直投影长度不应小于 $0.5l_a$，弯折后的水平投影长度不宜小于 $12d$。当柱顶有现浇板且板厚不小于 80mm、混凝土强度等级不低于 C20 时，柱纵向钢筋也可向外弯折，弯折后的水平投影长度不宜小于 $12d$。此处，d 为纵向钢筋的直径。

（3）梁上部纵向钢筋与柱外侧纵向钢筋在节点角部的弯弧内半径，当钢筋直径 $d \le 25mm$ 时，不宜小于 $6d$；当钢筋直径 $d > 25mm$ 时，不宜小于 $8d$。

第二节　水工非杆件结构

一、非杆件结构的基本概念

（一）水工建筑物中常见的非杆件结构

1.非杆件结构的基本概念

一个大型的水利枢纽包括挡水和泄水建筑物、输水和取水建筑物、发电建筑物等。混凝土重力坝、拱坝等挡水坝和水电站厂房是水利枢纽中最主要的建筑物。在这些主要建筑物中，有一部分可以简化为杆件结构进行内力计算，但另外还有相当大的一部分是属于需要配筋的非杆件结构，难以简化为梁、板、柱等基本构件，无法利用结构力学方法计算构件控制截面的内力（弯矩 M、轴向力 N、剪力 V 或扭矩 T 等），从而不能按相应截面极限承载力计算公式计算钢筋用量和配置钢筋。这些结构包括以下几种。

（1）体型复杂的结构

体型复杂的结构如水电站厂房的蜗壳及尾水管等。这些结构形状复杂，轮廓尺寸变化大，计算简图很难准确确定，也无法简化为杆件。

（2）尺寸比例超出杆件范围的结构

此类结构形状虽较规整，但尺寸比例已超出一般杆件范畴。例如深梁，其跨高比 $l_0/h < 2.0$ 时，截面正应力呈明显的非线性分布；又如船闸等坞式结构，底板厚度很大，底板应力沿高度也呈明显的非线性分布。此类结构构件不能作为一般受弯构件进行配筋计算。

（3）大体积混凝土结构中外部混凝土范围很大的孔口类结构

此类结构如坝内廊道、泄水孔、引水道等，无法简化为杆系结构。

（4）与围岩联结的地下洞室类结构

此类结构如隧洞、地下厂房、地下岔管等。计算时必须考虑围岩的抗力作用。

2. 非杆件体系结构的特点

①部分形体复杂的结构同时还具有大体积混凝土结构的特点，进行内力计算时还必须考虑温度应力的影响。

②结构空间整体性强，如简化为平面问题分析将引起较大失真。

③部分结构缺乏实际工程的破损实例，难以提出承载能力极限状态的设计标准和计算模型。

由于上述特点，非杆件体系结构只能采用弹性力学分析方法（弹性力学有限元或弹性模型试验等）计算结构各点的应力状态。

（二）非杆件体系结构的配筋计算方法

目前，非杆件体系结构常用的配筋计算方法有三种。

1. 按实验公式配筋

对于一些常用的、尺寸不大且形状较规整的构件，如深梁、牛腿、弧形支座等，已积累了一定数量的试验资料。在此基础上，通过理论分析并结合工程实际经验，根据承载能力极限状态和正常使用极限状态设计要求，提出了相应的配筋计算公式。

2. 按弹性应力图形配筋

按弹性应力图形配筋即通常所谓的应力图形法，其思路是：先通过有限元计算或模型试验得出结构的线弹性应力图形，再根据配筋截面拉应力图形面积计算拉应力合力，然后按全部或部分拉力由钢筋承担的原则，计算所需配置的钢筋用量并配置钢筋。

按弹性应力图形配筋时工程设计中常用的传统设计方法，方便易行，可适用于各种形体复杂的结构，但理论依据不够完善。

按弹性应力图形配筋在一般情况下偏于保守，但对开裂前后应力状态有明显改变的结构有时也可能偏于危险。此外，按弹性应力图形配筋也无法得知裂缝开展的具体情况。

3. 按钢筋混凝土有限元法配筋

20 世纪 70 年代发展起来的钢筋混凝土有限元法已日趋成熟，在工程设计中得到了广泛应用，现在已有相当数量的工程应用实例，国内外一些主要设计规范对其计算原则也给出了相应的规定。按钢筋混凝土有限元法配筋，能了解结构从加载到破坏整个过程的工作状态，确定结构的薄弱部位，并可根据计算结果调整结构尺寸和钢筋配置数量，以取得最有利的设计结果。

应用钢筋混凝土有限元法进行结构计算需要专门的应用程序，计算工作量大，且钢筋混凝土的本构关系、强度准则、单元网格的划分与形态、运算过程中的迭代方式等都会影响计算结果，因而要求设计人员熟悉钢筋混凝土结果基本理论与有限元方法，并对计算结果具有分析判断能力。所以，目前大面积应用钢筋混凝土有限元法进行配筋设计尚存在一定的困难。但尽管如此，对于需要严格控制裂缝宽度的非杆件体系结构，仍应采用钢筋混凝土有限元法进行正常使用极限状态计算；对结构或结构构件开裂前后应力状态有明显改变的非杆件体系结构，承载力所需的钢筋用量在按弹性应力图形中拉应力面积确定后，也还宜采用钢筋混凝土有限元法进行进一步分析、校核和调整。

①按弹性应力图形初步确定钢筋用量与钢筋配置。

②对需要严格控制裂缝宽度的非杆件体系结构，采用钢筋混凝土有限元法计算使用荷载作用下的裂缝宽度和钢筋应力，若裂缝宽度或钢筋应力大于相应限值，

应首先考虑调整钢筋布置方式，必要时再增加钢筋用量，重新进行计算，直至裂缝宽度或钢筋应力满足设计要求。

③对开裂前后应力状态有明显改变的非杆件体系结构，采用钢筋混凝土有限元法按承载能力极限状态要求进行计算分析，若不能满足承载力要求，应调整钢筋用量与配置，再重新进行计算，直至满足承载力要求。

（三）水工非杆件结构的裂缝控制

1. 抗裂验算

水工钢筋混凝土结构如果有可靠的防渗措施或不影响正常使用，也可以不进行抗裂验算。坝内埋管、蜗壳、下游坝面管、压力隧洞等非杆件结构，一般都有钢板衬砌，对其他水工非杆件结构的抗裂问题均未做出明确的规定。一些非杆件结构分析计算的结果为应力，当有必要时建议用《水工混凝土结构设计规范》的原则进行抗裂验算，即

$$\alpha_{tk} \leqslant \gamma_m \alpha_{ct} f_{tk} \quad （10-4）$$

式中：α_{tk} ——受拉边缘按标准组合计算的应力；

f_{tk} ——混凝土轴心抗拉强度标准值；

α_{ct} ——拉应力现值系数，取 0.85；

γ_m ——截面塑性抵抗矩系数。

2. 裂缝开展宽度验算

需要进行裂缝开展宽度验算的水工非杆件结构，其最大的裂缝开展宽度的计算值不应超过《水工混凝土结构设计规范》中规定的允许值。非杆件结构当其截面应力图形接近线性分布时，可以换成内力，而当其截面应力图形偏离线性分布较大时，可以通过限制钢筋应力间接控制裂缝宽度，即

$$\alpha_{sk} \leqslant \alpha_s f_{yk} \quad （10-5）$$

式中：α_{sk} ——标准组合下受拉钢筋的应力，$\alpha_{sk} = \dfrac{T_k}{A_s}$，$T_k$ 为钢筋承担的总拉力。

f_{yk} ——钢筋强度标准值；

α_s ——考虑环境影响的钢筋应力限制系数，$\alpha_s = 0.5 \sim 0.7$。

二、深受弯构件的承载力计算及配筋构造要求

（一）深受弯构件的含义及工作特性

深受弯构件在工业与民用建筑中有时会遇到，在港口码头中则经常遇到。例如，剪力墙结构的底层大梁、地下室墙壁和墙式基础梁，各类储仓或水池的侧壁，桥梁结构中的横隔梁等都具有深梁的特点。水工结构中许多都是"庞然大物"，独立的深梁和短梁虽然并不多见，但从水电站厂房的尾水管结构、一些厚度与其长宽尺寸比相对较大的厚板中，常常可以简化成深受弯构件来计算。

1. 深受弯构件的含义

深受弯构件是指跨高比 $\dfrac{l_0}{h} < 5$ 的受弯构件，包括深梁、短梁和厚板。深梁为跨高比 $\dfrac{l_0}{h} \leqslant 2$（简支）或 $\dfrac{l_0}{h} \leqslant 2.5$（连续）的梁，介于深梁和浅梁（$\dfrac{l_0}{h} \geqslant 5$）之间的梁为短梁。深受弯构件虽属非杆件结构。

2. 深受弯构件的工作特性

随着荷载的增加，首先在跨中产生垂直裂缝，继而在两侧出现斜裂缝，形成以纵筋为拉杆、斜裂缝上部混凝土为拱腹的拉杆拱受力体系。最后的破坏形态与纵筋的配筋率有关。若纵筋较少而先屈服，则产生弯曲破坏；若纵筋较多而拱腹混凝土先压坏，则产生剪压破坏，还可能产生弯剪破坏。因此，简支深受弯构件的破坏可以归结为以下两种形态。

（1）弯曲破坏

弯曲破坏即纵向受拉钢筋屈服，跨中挠度明显增大而破坏。

（2）剪切破坏

剪切破坏即拉杆拱受力机构的拱腹混凝土压碎，承力机构突然崩垮而破坏。

连续深受弯构件的工作特性和破坏形态也可以分成弯曲破坏和剪切破坏。纵筋配筋率比较低时，跨中受拉钢筋先屈服，垂直裂缝向上开展，然后中间支座上侧出现垂直裂缝。当该截面的受拉钢筋也屈服时，结构产生较大变形而破坏。当纵筋配筋率较高时，除了在跨中产生垂直裂缝外，还在梁腹产生斜裂缝，形成拉杆拱受力体系，这种体系的破坏也是由拉筋屈服和拱腹压碎而引起的，如图10-11所示。

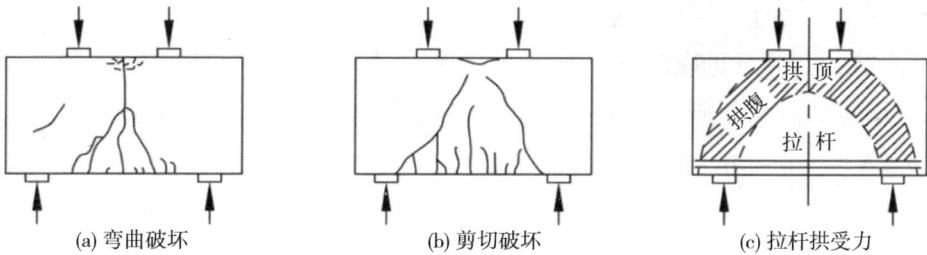

(a) 弯曲破坏　　　　　　(b) 剪切破坏　　　　　　(c) 拉杆拱受力

图 10-11 连续深梁的破坏形态

（二）深受弯构件的承载力计算

1. 深受弯构件的正截面受弯承载力的计算

《水工混凝土结构设计规范》提出了如下的正截面受弯承载力的计算公式：

$$M \leqslant \frac{1}{\gamma_d} f_y A_s z \qquad （10-6）$$
$$z = \alpha_d \left(h_0 - 0.5x \right)$$

式中：γ_d——钢筋混凝土结构系数；

M——弯矩设计值；

f_y——钢筋抗拉强度设计值；

A_s——纵向受拉钢筋截面积；

z——内力臂，当 $\dfrac{l_0}{h} < 1$ 时，取 $z = 0.6\, l_0$；

x, h_0——截面受压区高度和截面有效高度。

2. 深受弯构件受剪承载力计算

（1）深受弯构件受剪承载力的影响因素

与普通浅梁一样，影响其斜截面受剪承载力的主要因素有混凝土强度等级、纵筋配筋率、剪跨比、腹筋的强度及数量等。对于深受弯构件，当截面尺寸、混凝土强度等级、纵筋配筋率等因素相同时，影响其受剪承载力的因素有跨高比、剪跨比以及腹筋的数量及其强度。在集中荷载作用下，剪跨比是影响抗剪承载力的主要因素，而跨高比的因素是可以忽略的。深受弯构件中的腹筋分为水平腹筋和竖向腹筋。同时说明腹筋的作用是明显的，在跨高比较大时，竖向腹筋大多数可以屈服，说明竖向腹筋起主要的作用；而在跨高比较小时（如 $\dfrac{l_0}{h} \leqslant 3$ 时）大多数水平腹筋可以屈服，说明水平腹筋的作用更大一些。

（2）截面尺寸的限制条件

为避免发生斜压破坏，深梁和短梁的截面尺寸应符合下列要求：

当 $\dfrac{h_w}{b} \leqslant 4$ 时，

$$V \leqslant \frac{1}{60\gamma_d}\left(\frac{l_0}{h}+10\right)f_c b h_0 \quad（10\text{-}7）$$

当 $\dfrac{h_w}{b} \geqslant 6$ 时，

$$V \leqslant \frac{1}{60\gamma_d}\left(\frac{l_0}{h}+7\right)f_c b h_0 \quad（10\text{-}8）$$

当 $4 < \dfrac{h_w}{b} < 6$ 时，采用内插法计算。

（3）深梁和短梁的斜截面受剪承载力计算公式

$$V \leqslant \frac{1}{\gamma_d}\left(V_c + V_{sv} + V_{sh}\right)f_c b h_0 \quad（10\text{-}9）$$

$$V_c = 0.7\frac{8-\frac{l_0}{h}}{3}f_c b h_0 \quad（10\text{-}10）$$

$$V_{sv} = \frac{1}{3}\left(\frac{h_0}{h}-2\right)f_{yv}\frac{A_{sv}}{S}h_0 \quad（10\text{-}11）$$

$$V_{sh} = \frac{1}{6}\left(5-\frac{h_0}{h}\right)f_{yh}\frac{A_{sh}}{S_v}h_0 \quad（10\text{-}12）$$

对于集中荷载作用下的矩形截面独立梁，由混凝土承担的受剪承载力 V_c 应按下式计算：

$$V_c = 0.5f_c b h_0 \quad（10\text{-}13）$$

式中：f_{yv}, f_{yh}——竖向分布钢筋和水平分布钢筋的抗拉强度设计值，但取值不应大于 $360kN/mm^2$；

A_{sv}——间距为 A_h 的同一排竖向分布钢筋的截面积；

A_{sh}——间距为 S_v 的同一层水平分布钢筋的截面积；

S_v, S_h——水平和竖向分布钢筋的竖向和水平间距。

3. 深受弯构件的正常使用极限状态验算

（1）抗裂验算

①使用上不允许出现垂直裂缝的深受弯构件应进行抗裂验算。式中的截面抵抗矩塑性系数 γ_m 应乘以跨高比调整系数 α_γ。

$$\alpha_\gamma = 0.7 + 0.06\frac{l_0}{h} \quad （10\text{–}14）$$

当 $\frac{l_0}{h} < 1$ 时，取 $\frac{l_0}{h} = 1$。

②使用上要求不出现斜裂缝的深梁，应满足下式要求：

$$V_k \leqslant 0.5 f_{tk} b h \quad （10\text{–}15）$$

式中：V_k——按荷载效应标准组合计算的剪力值。

（2）裂缝宽度验算

使用上要求限制裂缝宽度的深受弯构件应验算裂缝宽度，最大垂直裂缝宽度计算公式同裂缝宽度验算公式，但式中构件受力特征系数 α_{cr} 应取为

$$\alpha_{cr} = \frac{\left(0.76\dfrac{l_0}{h} + 1.9\right)}{3} \quad （10\text{–}16）$$

当 $\frac{l_0}{h} < 1$ 时，可以不做裂缝宽度验算。

（3）挠度验算

深受弯构件可以不进行挠度验算。

（三）深受弯构件的配筋构造要求

1. 深梁的纵向受拉钢筋

①深梁的下部纵向受拉钢筋应均匀布置在下边缘以上 $0.2h$ 的高度范围内，如图 10–12 和图 10–13 所示。

②连续深梁的中间支座截面上的上部纵向受拉钢筋应按规范要求的分段范围和比例均匀布置，并可以利用水平分布钢筋作为纵向受拉钢筋。不足部分应加配附加水平钢筋，并均匀配置在该段支座两边离支座中点距离为 $0.4l_0$ 范围内（见图 10–13）。对于 $\frac{l_0}{h} \leqslant 1$ 的连续深梁，在中间支座以上 $0.2 \sim 0.6h$ 的高度范围内，总配筋率不应小于 0.5%。

③简支或连续深梁的下部纵向受拉钢筋应全部伸入支座，不得在跨中弯起或切断。纵向受拉钢筋应在端部沿水平方向弯折锚固，如图 10-12 所示，且锚固长度不小于 $1.1l_0$。当不能满足上述要求时，应采取在纵向受拉钢筋上加焊横向短筋，或可靠地焊在锚固钢板上，或将纵向受拉钢筋末端搭接焊成环形等锚固措施。

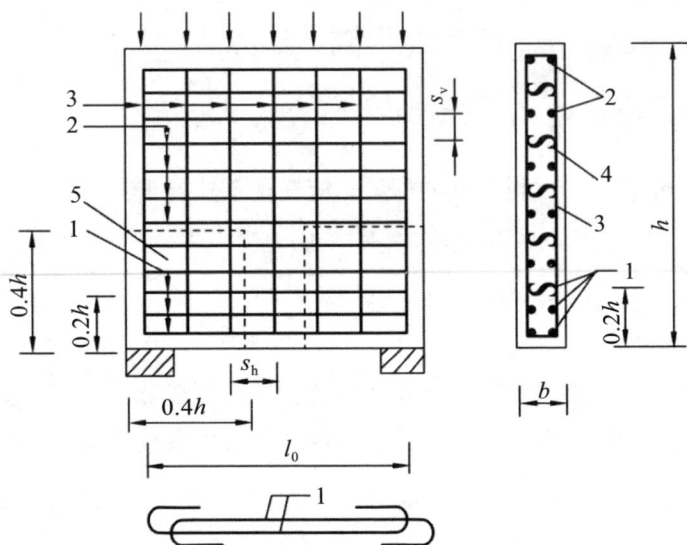

1—下部纵向受拉钢筋；2—水平分布钢筋；3—竖向分布钢筋；4—拉筋；5—拉筋加密区；

图 10-12 单跨简支深梁钢筋布置图

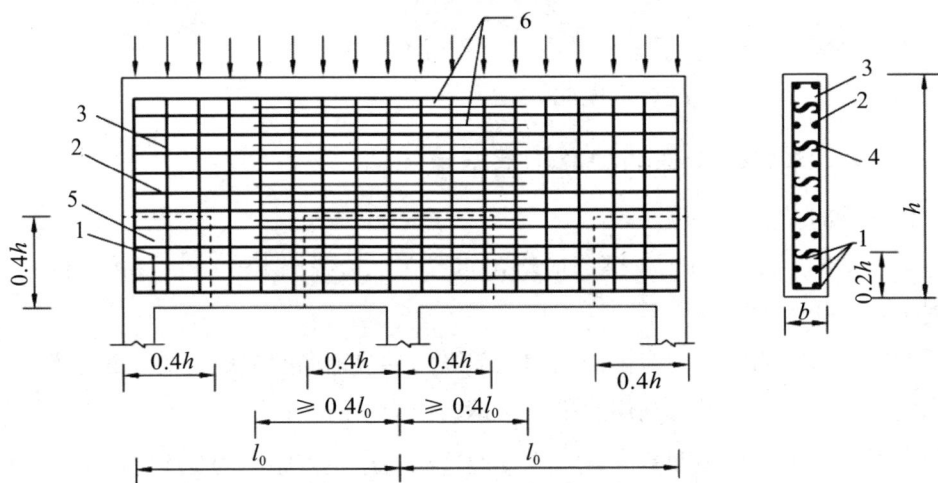

1—下部纵向受拉钢筋；2—水平分布钢筋；3—竖向分布钢筋；4—拉筋；
5—拉筋加密区；6—支座截面上部的附加水平钢筋

图 10-13 连续深梁钢筋布置图

2. 深梁的水平分布钢筋和竖向分布钢筋

①深梁应配置不少于两片由水平分布钢筋和竖向分布钢筋组成的钢筋网，如图 10–13 所示，而短梁可以不配置水平分布钢筋。

②水平分布钢筋和竖向分布钢筋的直径均不应小于 8mm，间距不应大于 200mm，也不宜小于 100mm。

③在分布钢筋的最外排两肢之间应设置拉筋，拉筋沿水平和竖向两个方向的间距均不宜大于 600mm。在支座处高度与宽度各为 $0.4h$ 的范围内，如图 10–13 和图 10–13 中虚线部分，拉筋的水平和竖向间距不宜大于 300mm。

④水平分布钢筋宜在端部弯折锚固或在中部错位搭接，其搭接接头面积的百分率应符合相关规范中的规定。

第十一章 粉煤灰和矿渣在大体积混凝土中的作用机理

第一节 粉煤灰和矿渣在胶凝材料水化过程中的反应机理

超高层建筑的大体积混凝土底板常采用大掺量矿物掺合料混凝土。粉煤灰和矿渣是目前在混凝土中应用最广泛的矿物掺合料，其对混凝土性能的影响规律是业内所熟知的。但值得关注的是，由于胶凝材料的水化放热，大体积混凝土结构内部的温升通常较大，远高于实验室中混凝土的标准养护温度，而矿物掺合料的活性与反应温度密切相关，因此粉煤灰和矿渣在大体积混凝土中的作用机理与其在普通混凝土中的作用机理有很大的差异。为了更科学地指导粉煤灰和矿渣在大体积混凝土中的应用，需深入剖析其在大体积混凝土硬化过程中的作用机理。

一、粉煤灰的特性

粉煤灰是从发电厂煤粉炉的烟气中收集的粉末，用于水泥和混凝土中的粉煤灰按煤种将粉煤灰分为 F 类和 C 类：F 类粉煤灰指由无烟煤或烟煤燃烧收集的粉煤灰；C 类粉煤灰指由褐煤或次烟煤燃烧收集的粉煤灰，其氧化钙含量一般大于10%。

将用于拌制混凝土和砂浆的粉煤灰根据细度、需水量比、烧失量分为三个等级。粉煤灰的细度与其活性及在混凝土中的物理填充效果密切相关；需水量比与混凝土的工作性密切相关；烧失量通常能比较好地反映粉煤灰中未燃碳的分量，含碳量高会增大混凝土的需水量，降低密实度，影响引气剂、减水剂等外加剂的使用效果。Ⅰ级粉煤灰的 $45\mu m$ 方孔筛筛余不大于 12%、需水量比不大于 95%、烧失量不大于 5.0%；Ⅱ级粉煤灰的 $45\mu m$）方孔筛筛余不大于 25%、需水量比不大于 105%、烧失量不大于 8.0%；低于上述性能指标的粉煤灰为Ⅲ级。

低钙粉煤灰的矿物组成包括玻璃体、石英（大部分存在于玻璃基质中，也有少量单独存在的 α 型石英）、莫来石（大部分存在于玻璃基质中，少量莫来石微晶附着在玻璃体表面）、氧化铁（大部分熔融于玻璃体中，少部分以磁铁矿或赤铁矿的形式存在）、碳粒、硫酸盐、黄长石、方镁石等，其中绝大部分为非晶态的玻璃体。低钙粉煤灰的活性主要取决于非晶态的玻璃体含量及其组成，而不是取决于结晶矿物，这与水泥的活性来源完全不同。在水泥的 X–射线衍射（XRD）图谱中，主要熟料矿物均有明显的衍射峰；而在粉煤灰的 XRD 图谱中，由于玻璃体为非晶态，只有石英、莫来石等晶体矿物有衍射峰，因而 XRD 图谱对粉煤灰的活性的研究能提供的信息非常有限。

粉煤灰的颗粒形貌比较规则，绝大部分颗粒为球形。粉煤灰的球状颗粒可以分为以下几类：

①漂珠，薄壁中空的颗粒，密度小，可以漂浮在水面上；

②实心沉珠，壁厚约占直径的 30%，密度大，是粉煤灰中含量最大的颗粒；

③复珠，又称子母珠，在部分粒径较大的薄壁颗粒中黏聚了大量的小微珠；

④密实沉珠，又称实心微珠，表面光滑，粒径通常小于 $45\mu m$，密度较大，主要是铝硅酸盐玻璃体，在粉煤灰中的含量比较高；

⑤富铁玻璃微珠，颜色暗，活性低，密度较大，磁性强。粉煤灰中还包括少量的渣状颗粒、钝角颗粒、碎屑和黏聚颗粒等。

粉煤灰（比表面积 $354m^2/kg$）与水泥（比表面积 $312m^2/kg$）的粒度分布对比，总体上两种材料的粒度分布特征相似。

粉煤灰的化学组成与水泥差异巨大，水泥的化学组分以 Ca、Si 为主，而粉煤灰的化学组分以 Si、Al 为主。GB/T1596 中规定 F 类粉煤灰中游离氧化钙的含量不高于 1%，这是出于安定性的考虑。粉煤灰中 CaO 绝大部分结合于玻璃相中，与 CaO 结合的富钙玻璃微珠的活性较高。粉煤灰的化学组分中 Fe 含量较高会使富铁微珠的含量也相应较高，对粉煤灰的活性不利。

二、粉煤灰在胶凝材料水化过程中的反应机理

在硅酸盐水泥 – 粉煤灰复合胶凝体系的水化过程中，首先是硅酸盐水泥水化生成 $Ca(OH)_2$，形成的碱性环境促使粉煤灰发生火山灰反应，粉煤灰中的玻璃体与 $Ca(OH)_2$ 反应生成水化硅酸钙（C–Si–H 凝胶）和水化铝酸钙（C–Al–H 晶体），见式（11–1）和式（11–2）。

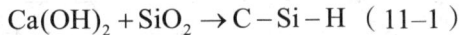

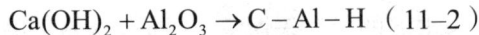

$$Ca(OH)_2 + SiO_2 \rightarrow C-Si-H \quad (11-1)$$

$$Ca(OH)_2 + Al_2O_3 \rightarrow C-Al-H \quad (11-2)$$

粉煤灰在胶凝材料水化过程中的反应有以下几个特点：

（一）粉煤灰的早期反应程度很低

在常温水化条件下，粉煤灰的早期活性很低，即使在粉煤灰掺量较低的情况下，7 d 反应程度也不超过 8%，在粉煤灰掺量较高的情况下，反应程度就更低了。

（二）粉煤灰的后期反应程度也较低

图 11–1 显示，在常温水化条件下，粉煤灰在 1 年龄期时的反应程度在 10% ~ 30%。当粉煤灰的掺量为 50% 时，龄期达到 4 年时，粉煤灰的反应程度也仅为 27.3%。

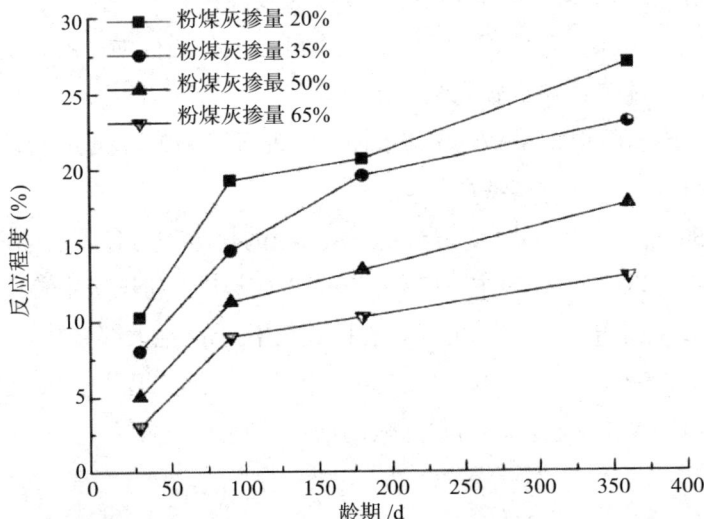

图 11-1 粉煤灰在水化后期的反应程度（水化温度 20℃，W/B=0.40）

（三）粉煤灰的反应受碱度的影响较大，受水胶比的影响较小

粉煤灰的火山灰反应需要碱激发，当浆体内的孔溶液中含有较高浓度的 OH^- 时，能够使聚合度较高的粉煤灰玻璃态网络中的 Si–O 键和 Al–O 键断裂，成为不饱和键，促使网络解聚和硅、铝离子的溶解扩散，加快其化学反应。在水泥－粉煤灰复合胶凝体系中，粉煤灰的掺量越大，水泥的含量就越低，生成的 $Ca(OH)_2$ 的量就越少，且粉煤灰的火山灰反应还要消耗部分 $Ca(OH)_2$，因而孔溶液的碱度会相应降低。随着粉煤灰掺量增大，粉煤灰的反应程度降低，这主要是由于硬化浆体中的孔溶液碱度降低导致的。但粉煤灰的反应受水胶比的影响较小，这是因为尽管水胶比对 $Ca(OH)_2$ 的生成量有一定的影响，且水胶比本身对孔中的溶液量有一定的影响，但总体上来讲水胶比对孔溶液的碱度影响较小。

（四）粉煤灰对水泥的水化起到促进的作用

在水泥－粉煤灰复合体系的水化过程中，粉煤灰之所以能够促进水泥的水化反应，主要有以下几个方面的原因：

①粉煤灰的火山灰反应消耗水泥水化生成的 $Ca(OH)_2$，使水泥水化的化学反应平衡向生成 $Ca(OH)_2$ 的方向移动；

②粉煤灰的火山灰反应几乎不消耗水，将水留给水泥的水化；

③粉煤灰分散在水泥颗粒间，加大了水泥颗粒的间距，增大了水化产物生长的空间。

三、矿渣的材料特性

矿渣是炼铁过程中排放的一种工业废渣，经水淬并磨细后得到磨细粒化高炉矿渣粉。与粉煤灰相比，尽管矿渣粉的生产多了水淬和粉磨两道环节，但总体上生产矿渣粉的能耗和单位平米排放量远低于水泥。根据活性指数和比表面积等参数，将矿渣分为 S105、S95 和 S75 三个级别，这三个级别的矿渣有一些共性的性能要求：密度不小于 $2.8g/cm^3$、流动度比不低于 95%、SO_3 含量不大于 4.0%、烧失量不大于 3.0%、氯离子含量不大于 0.06%、玻璃体含量不小于 85%。

矿渣属于硅铝酸盐质材料，其主要化学成分与硅酸盐水泥熟料类似，相对于硅酸盐水泥，矿渣的钙含量偏低，硅、铝含量偏高。由于炼铁原材料和工艺的差异，不同地区或钢铁厂排放的矿渣的化学成分也存在较大的差异，但矿渣的硅、钙含

量波动相对较小，铝、镁含量的波动较大。MgO 在矿渣中多以稳定的化合物存在，不会形成游离结晶的方镁石，因此不会引起安定性不良的问题。矿渣的活性与其化学组成有密切的联系，因而包括我国在内的很多国家的标准中采用化学组成来鉴别矿渣的活性。

矿渣中的绝大部分组成为非晶态的玻璃体。矿渣的玻璃体含量与结构与其活性有密切的关系，一般而言，玻璃体含量越高，矿渣的活性也越高。玻璃体含量的测试方法主要是采用 XRD 半定量计算分析，通过图谱处理计算出非晶体与晶体之间的比例。我国大型钢铁厂生产的矿渣的玻璃体含量均大于 90%，大多高于 95%。对矿渣的玻璃体含量进行最小值限制是为了避免在矿渣粉生产加工过程中掺入其他工业废渣或无机盐，从而对水泥和混凝土性能带来危害。

与粉煤灰不同，矿渣粉经过粉磨而成，其颗粒形貌无规则。矿渣粉（比表面积 $409m^2/kg$）的颗粒粒度分布特征与水泥（$312m^2/kg$）类似。矿渣的易磨性较好，因而比较容易制备细度很高的矿渣粉，但矿渣粉的细度过高会导致混凝土的工作性变差，目前我国常用矿渣粉的比表面积在 $400 \sim 550m^2/kg$。

四、矿渣在胶凝材料水化过程中的反应机理

矿渣在单独加水时，由于极性较弱的水不能破坏矿渣玻璃体的网状结构，因此矿渣仅表现出很弱的活性。而在碱性条件下，由于 OH^- 的极性强，能够解聚矿渣玻璃体中的 Ca–O 键、Si–O 键和 Al–O 键等化学键，释放出 Ca^{2+} 和各种硅酸根离子，形成水化硅酸钙（Ca–Si–H）或水化硅铝酸钙（Ca–Si–Al–H）凝胶。与水泥水化生成的 Ca–Si–H 凝胶相比，矿渣反应生成的 Ca–Si–H 凝胶的 Ca/Si 比较低。

在水泥矿渣复合胶凝材料的水化过程中，首先是水泥水化生成 $Ca(OH)_2$，形成碱性环境后，激发矿渣的活性，促使矿渣发生反应。矿渣反应时要吸收一部分水泥水化生成的 $Ca(OH)_2$ 中的 Ca^{2+}，因此 $Ca(OH)_2$ 既是矿渣反应的激发剂，也是其反应的参与物质。

矿渣在胶凝材料水化过程中的反应有以下几个特点：

（一）早期反应程度低，但明显高于粉煤灰

与水泥相比，矿渣的反应程度明显偏低，因而用矿渣替代部分水泥后，会使水泥或混凝土的早期强度降低，且矿渣的掺量越大，强度降低幅度越大。在水

化 7d 的含矿渣的硬化浆体中可以清晰观察到很多未反应的矿渣颗粒，使硬化结构显得疏松。表 11-1 列出了在水泥 - 矿渣复合胶凝材料水化 3d 和 7d 时，用选择性溶解法测定的矿渣的反应程度，很显然，矿渣的早期反应程度明显高于粉煤灰。值得关注的是，当矿渣的掺量达到 90% 时，其反应程度也高于粉煤灰在掺量 20% 时的反应程度，这说明碱性环境对矿渣活性的激发效果明显高于对粉煤灰的激发效果。

表 11-1 矿渣的反应程度

矿渣掺量（%）\齢期 /d	矿渣的掺量（%）			
	30	50	70	90
3	22.3	18.4	21.6	12.8
7	28.6	25.4	26.2	17.0

（二）对硬化浆体后期微结构的改善效果明显

相对于水泥而言，矿渣的后期反应程度也不高，矿渣掺量在 30% ～ 70% 时，2 年龄期的反应程度大约在 40% ～ 50% 范围内。但矿渣对硬化浆体后期微结构的改善效果很明显，体现在明显细化硬化浆体的孔结构。在龄期 90d 时，尽管掺粉煤灰的硬化浆体的最可几孔径（曲线上的主峰值所对应的孔径叫作最可几孔径，即出现几率最大的孔径）小于纯水泥硬化浆体的最可几孔径，但大孔的数量多于纯水泥硬化浆体，而掺矿渣的硬化浆体的最可几孔径明显小于纯水泥硬化浆体，且大孔数量也明显少于纯水泥硬化浆体；在龄期 360d 时，掺粉煤灰和矿渣均明显细化了硬化浆体的孔结构，但矿渣对孔结构的细化作用更加明显。总体而言，矿渣改善硬化浆体后期微结构的能力强于粉煤灰。

（三）矿渣的反应对水泥水化生成 $Ca(OH)_2$ 的消耗量不大

粉煤灰中的钙含量非常低，其火山灰反应生成 Ca-Si-H 凝胶中的 Ca^{2+} 基本靠水泥水化生成的 $Ca(OH)_2$ 提供，因此粉煤灰的反应对 $Ca(OH)_2$ 的消耗量很大。图 11-2 显示，纯水泥水化 4 年时 $Ca(OH)_2$ 的特征峰非常强，说明 $Ca(OH)_2$ 的含量很高，但掺 50% 粉煤灰的复合胶凝材料水化产物的 XRD 图谱上 $Ca(OH)_2$ 的特征峰很弱，说明粉煤灰的火山灰反应消耗了大量的 $Ca(OH)_2$，通过热重定量分析法测得粉煤灰的火山灰反应消耗了 65.44% 的 $Ca(OH)_2$。相对于粉煤灰，矿渣自身的钙含量很高，矿渣中的 CaO 含量约为水泥中 CaO 含量的 50% ～ 70%，矿渣的硅铝酸盐被 $Ca(OH)_2$ 溶液解体后，形成 Ca-Si-H 或 Ca-Si-Al-H 过程中只需要 $Ca(OH)_2$ 提供小部分 Ca^{2+}，因而对 $Ca(OH)_2$ 的消耗量并不大。

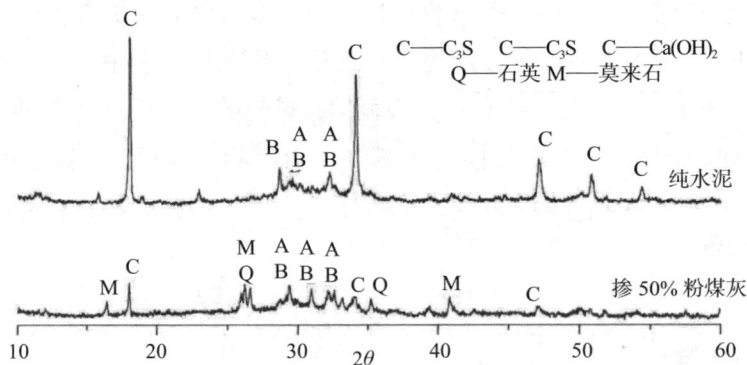

图 11-2 水化产物的 XRD 图谱（4 年龄期、20℃养护）

图 11-3 显示了矿渣对水化产物中 $Ca(OH)_2$ 含量的影响规律，很显然，与纯水泥相比，掺矿渣的复合胶凝材料水化产物中 $Ca(OH)_2$ 的含量明显低，但这主要是因为复合胶凝材料中水泥的含量低，并不是矿渣的反应大量消耗 $Ca(OH)_2$ 造成的。图 11-3 中的虚线表示纯水泥水化产物中 $Ca(OH)_2$ 的含量乘以复合胶凝材料中相应的水泥含量，复合胶凝材料水化产物中 $Ca(OH)_2$ 的含量与相应虚线的差值可以近似看作矿渣水化反应消耗的 $Ca(OH)_2$ 的量，很显然，矿渣反应对 $Ca(OH)_2$ 的消耗量并不大。

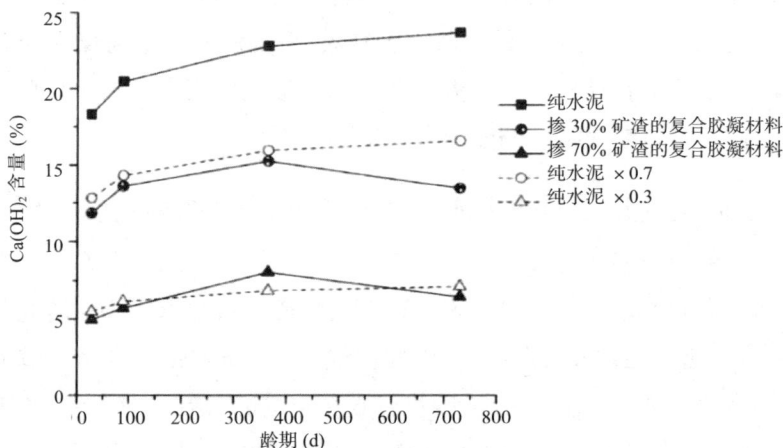

图 11-3 矿渣对水化产物中 $Ca(OH)_2$ 含量的影响（W/B=0.4、养护温度 20℃）

（四）水胶比和矿渣掺量对矿渣的反应程度影响较小

矿渣的活性受激发剂的种类尤其是碱度影响很大，但对矿渣－水泥复合胶凝材料而言，由于水胶比和矿渣的掺量对孔溶液的碱度影响较小，因而矿渣的反应程度受水胶比和矿渣掺量的影响较小。图 11-4 显示，矿渣掺量为 30% 和 50% 时，反应程度很接近，当矿渣掺量为 70% 时，反应程度的降低也较小。

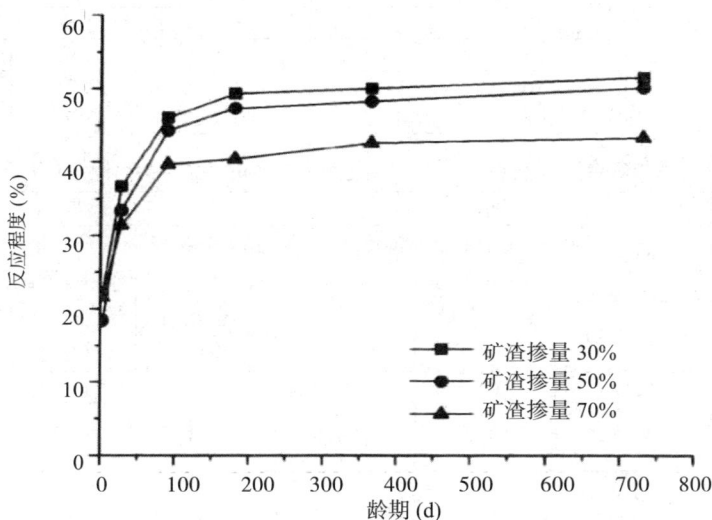

图 11-4　复合胶凝材料水化过程中矿渣的反应程度（W/B=0.4、养护温度 20℃）

（五）提高水化温度明显激发矿渣的活性

提高水化温度能够加速 OH^- 对矿渣的硅铝酸盐的解聚，进而提高矿渣的活性，从表 11-2 中可以看出，在水泥 - 矿渣复合胶凝材料的水化过程中，提高水化温度能够明显增大矿渣的早期反应程度。从表 11-3 中可以看出，提高水化温度能够增大水化初期水泥和水泥 - 矿渣复合胶凝材料的化学结合水量，但水泥 - 矿渣复合胶凝材料提高的幅度更大，说明提高水化温度对矿渣反应程度的促进作用大于水泥。将纯水泥硬化浆体和水泥 - 矿渣复合胶凝材料硬化浆体在 3d 龄期的孔结构进行了对比，在 20℃ 条件下，水泥 - 矿渣复合胶凝材料硬化浆体的累积进汞体积大于纯水泥硬化浆体，但在 65℃ 条件下，水泥 - 矿渣复合胶凝材料硬化浆体的累积进汞体积明显小于纯水泥硬化浆体，这说明提高养护温度明显激发了矿渣的活性，进而对孔结构的细化起到了明显的作用。

表 11-2 矿渣在不同水化温度条件下的反应程度（W/B=0.40）

龄期 /d	水化温度	矿渣的掺量（%）			
		30	50	70	90
3	20	22.3	18.4	21.6	12.8
	65	43.2	40.2	34.9	25.7
7	20	28.6	25.4	26.2	17.0
	65	45.8	40.4	37.3	26.1

表 11-3 水泥和复合胶凝材料在不同温度下水化产物的化学结合水量（W/B=0.42）

试样	龄期 1d			龄期 3d		
	20℃养护条件下的化学结合水量（%）	65℃养护条件下的化学结合水量（%）	温度提高使化学结合水增加的百分比（%）	20℃养护条件下的化学结合水量（%）	65℃（养护条件下的化学结合水量（%）	温度提高使化学结合水增加的百分比（%）
纯水泥	9.79	16.59	69.5	12.80	17.37	35.7
55% 水泥 +45% 矿渣	5.42	15.01	176.9	9.01	16.43	82.4

第二节　胶凝材料的水化放热与混凝土的绝热温升

一、水泥的水化放热

水泥的水化过程是一个放热的过程，图 11-5 是水泥在常温条件下典型的水化放热速率曲线，水泥的水化放热历程可以分为五个阶段：

第一，快速放热期，该阶段持续时间很短，主要是水泥加水之后形成的润湿热和部分 C3A 的反应放热，形成第一放热峰；

第二，诱导期，该阶段是溶液中的离子逐渐析出达到饱和的过程，水化放热速率很低；

第三，加速期，以 G3S 为主的矿物相开始水化，该阶段结束时形成第二放热峰；

第四，减速期，反应体系中的高活性组分减少，且水泥颗粒的表面被前阶段的水化产物覆盖，水化速率逐渐降低，该阶段的反应以 G4AF 和 G2S 为主；

第五，稳定期，反应体系中的高活性组分进一步减少，水泥颗粒表面的水化层厚度进一步增大，水化反应为扩散控制，速率很低。

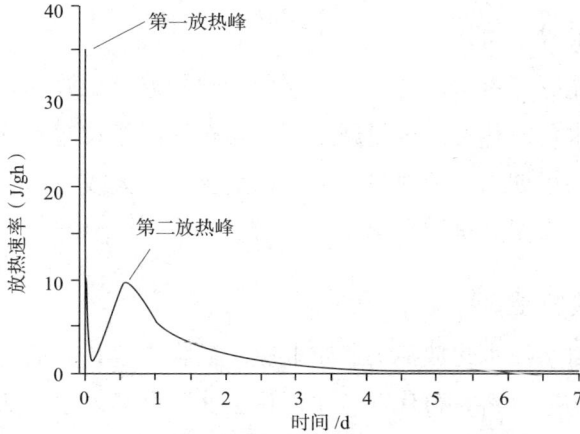

图 11-5 水泥的水化放热速率曲线

影响水泥水化放热的因素很多，主要包括以下几种：

（一）水泥的矿物组成

一般而言，水泥中 4 种主要矿物的反应速率和水化热大小的顺序为：C3A ＞ G3S ＞ G4AF ＞ C2S。其中单位质量 G3A 的放热量约为 G2S 放热量的 5 倍，C3S 的放热量约为 C2S 放热量的 2 倍，C4AF 的放热量略高于 C2S。很显然，为了降低水泥的水化热，应增大 C2S 和 C4AF 的含量。低热硅酸盐水泥是一种以 C2S 为主导矿物，C3A 和 C3S 含量较低的水泥。

（二）水泥的细度

水泥粉磨得越细，颗粒的晶格缺陷越多，且颗粒与水接触面越大，因此早期水化速率越快、早期水化程度越高，早期的水化放热量越大。

（三）水胶比

水泥的水化消耗水，水胶比决定了对水泥水化反应的水供给量。水胶比越大，水泥颗粒之间的距离越大，为水化产物提供生长的空间越大。因而，从理论上来讲，水胶比越大，水泥的水化程度越高。随着水胶比的增大，水泥的放热量呈增大的趋势。但当水胶比超过 0.45 时，继续增大水胶比对水泥的放热量影响很小。

（四）水化温度

温度对水泥水化的影响非常大，提高水化温度后，水泥的水化诱导期明显缩短，第二放热峰出现的时间明显提前，且第二放热峰的峰值明显增大。

（五）化学外加剂

缓凝剂由于能够延缓水泥的水化，因而能够推迟第二放热峰出现的时间，并降低水泥的早期水化放热量。少量减水剂能够对水泥颗粒起到分散作用，在一定程度上增大水泥的早期水化放热量，但减水剂掺量较大或使用有缓凝组分的减水剂时，通常会延缓水泥的早期水化。

（六）矿物掺合料

矿物掺合料对水泥水化放热的影响取决于矿物掺合料的活性、细度和掺量。对于低活性的矿物掺合料，替代部分水泥后会使胶凝体系中的活性点数量减少，通常会降低水化热。但当矿物掺合料的细度大且掺量较小时，一方面胶凝体系中活性点数量减少不明显，另一方面矿物掺合料对水泥水化产物的析出和结晶起到成核的作用，因而有时候会增大水化热。

二、常温条件下粉煤灰和矿渣对胶凝材料水化热的影响

图 11-6 和图 11-7 分别显示了温度 25℃的条件下粉煤灰掺量对胶凝材料水化放热速率和放热量的影响规律，很显然，随着粉煤灰掺量的增大，胶凝材料的放热速率变小且放热量降低。尽管随着矿渣掺量增大也会使胶凝材料的水化放热速率减小且放热量降低，但相对粉煤灰而言，矿渣对胶凝材料水化热的影响较小。这是由两个因素造成的：矿渣的早期反应程度明显高于粉煤灰，单位质量矿渣的放热量大于粉煤灰。

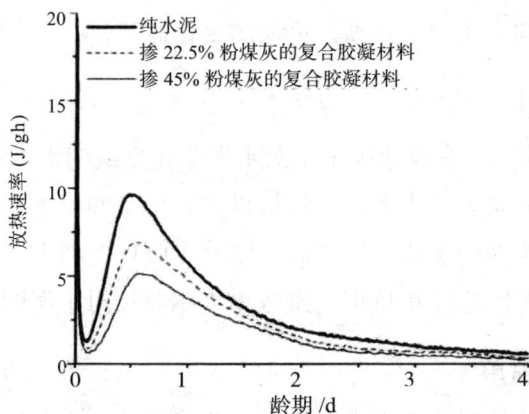

图 11-6 粉煤灰参量对复合胶凝材料放热速率的影响

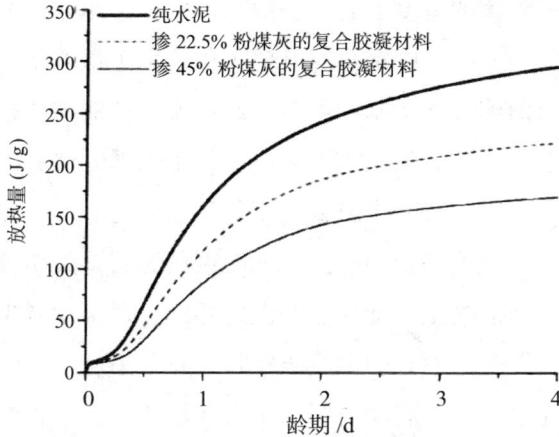

图 11-7 粉煤灰掺量对复合胶凝材料放热量的影响（W/B=0.42、水化温度 25℃）

目前大部分关于矿物掺合料对胶凝材料水化热的影响的试验研究的龄期局限在 7d 以内。一方面，这是由于水泥基材料早期水化放热最剧烈，之后的放热量明显降低，早期放热量起主导作用，因而关注的龄期往往不超过 7d；另一方面，由于测试设备的精度有限，当水化放热量较低时，所测得的结果准确性降低。但要注意的是，在含大量矿物掺合料的复合胶凝材料水化过程中，由于矿物掺合料的水化相对缓慢，因而即使 7d 之后胶凝材料的放热量仍可能因矿物掺合料的反应而持续增加。这种持续的放热量增加对于普通的混凝土结构影响很小，因为混凝土结构向外散热速率远大于内部胶凝材料的放热速率，但对于大体积混凝土结构，由于内部混凝土的散热非常缓慢，因此胶凝材料的持续放热对混凝土内部温度变化历程可能有较大的影响。

矿物掺合料对水泥基胶凝材料水化热的影响与水胶比有一定的关系，因为矿物掺合料对水泥的水化也有一定的影响，而这个影响主要是由于对水泥水化环境的影响。水胶比越低，水泥颗粒的距离越小，用于水泥早期水化的水也越少，因此用矿物掺合料替代部分水泥后，矿物掺合料增大水泥颗粒间距和实际水灰比（此处特指水与水泥之比）的效果越明显，对水泥水化的促进作用越明显，进而影响整个胶凝体系的水化热。

三、混凝土的绝热温升

混凝土的绝热温升是指混凝土成形后置于不向周围环境散热的容器内，测得的混凝土内部在某一阶段的温度上升。一般来讲，绝热温升指的是混凝土的温度增长随龄期的变化，某一阶段的绝热温升值（单位℃）指的是该阶段混凝土的温度增长的绝对值。目前国内外研制的混凝土绝热温升仪的种类很多，尽管测量精度有差异，但基本上能够满足工程需要。国产的绝热温升仪首先将混凝土浇筑在绝热温升筒内，在筒中间预留一个放置温度传感器的空心杆，然后将绝热温升筒盖住并密封后，放入环境养护箱内，并插入温度传感器，关闭环境养护箱的门。环境养护箱内的温度与混凝土试样核心的温度相同，以尽量减少混凝土与外界的热交换，测试开始后混凝土中心的温度被电脑实时采集。

在混凝土的硬化过程中，胶凝材料与水发生反应放热，骨料只是吸收胶凝材料水化放出的热量而发生温度变化，因而根据胶凝材料的水化放热量和混凝土各组分的质量百分比及比热可以估算混凝土的绝热温升。但估算的误差一般较大，因为胶凝材料的水化放热量是在某一个恒定温度条件下测得的，而混凝土的内部温度是不断升高的，因而混凝土中的胶凝材料实际上是在一个不断升高的温度条件下水化的。通常估算的误差体现在两个方面：一是混凝土绝热温升的发展历程；二是混凝土的最大绝热温升值。对于含大量矿物掺合料的混凝土，用胶凝材料的水化热估算混凝土的绝热温升的误差更大。因此，如果混凝土工程的设计或施工需要混凝土的绝热温升值，应尽量通过实验直接测定其绝热温升值。

混凝土的入模温度对其绝热温升也有一定的影响，无论是纯水泥混凝土还是含矿物掺合料的混凝土，入模温度提高都会使混凝土的最大温升值降低。这是因为混凝土的入模温度越高，胶凝材料的水化越快，促使混凝土内部的温度升高越快，反过来又进一步加快胶凝材料的水化，因此胶凝材料的颗粒表面迅速包裹更厚的 Ca–Si–H 凝胶层，对后期水化的阻碍作用越明显。值得注意的是，入模温度提高后，混凝土内部温度的升高有两个明显的改变：

①尽管绝热温升值随着入模温度的提高而有所减小，但减小的温升值远小于入模温度的提高值，因而入模温度提高会增大混凝土内部温度的绝对值；

②入模温度提高，混凝土内部温度升高明显加快，使混凝土内部温度达到最高值的时间提前。

第三节　粉煤灰和矿渣对混凝土性能的影响

一、强度

与水泥相比，粉煤灰和矿渣的早期活性均很低，用粉煤灰或矿渣替代部分水泥后，尽管粉煤灰或矿渣能够起到微集料填充的物理作用，但它们在早期生成的水化产物远少于所替代的水泥，因此它们对早期强度的贡献远小于水泥，随着它们掺量的增加，早期强度呈降低的趋势。

随着龄期的增长，粉煤灰和矿渣的反应程度不断提高，对强度的贡献也逐渐增大。粉煤灰和矿渣对混凝土后期强度增长的贡献机理也有所差异：相对矿渣而言，粉煤灰后期的反应程度仍然比较低，生成的 Ca–Si–H 凝胶较少，但粉煤灰的反应对 $Ca(OH)_2$ 量消耗很大，改善硬化胶凝材料浆体结构的效果明显；矿渣的反应程度明显高于粉煤灰，生成的 Ca–Si–H 凝胶量较大，对混凝土孔隙的填充作用明显，但对 $Ca(OH)_2$ 量的消耗不大。

图 11–8 和图 11–9 显示了粉煤灰掺量对混凝土抗压强度的影响规律，混凝土的早期强度随粉煤灰掺量的增大而降低的幅度很明显，当粉煤灰掺量为 20% 时，混凝土的后期强度接近纯水泥混凝土；当粉煤灰掺量为 40% 时，混凝土的 28d 强度仍与纯水泥混凝土有较大的差距，但 90d 强度已比较接近纯水泥混凝土，尤其当水胶比较低时。由此可见，当粉煤灰的掺量较小时，混凝土的 28d 强度能够接近纯水泥混凝土的强度，当粉煤灰的掺量较大时，需要更长的龄期才能接近纯水泥混凝土的强度。因此，对于含大掺量粉煤灰的混凝土，如果结构构件在强度发展阶段不承受外部荷载，采用 60d 或更长的龄期作为设计强度等级的验收龄期是比较合适的。

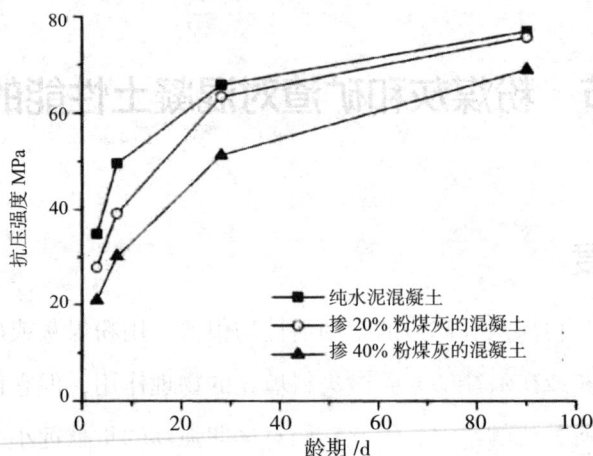

图 11-8 粉煤灰对混凝土强度的影响（W/B=0.4，标准养护）

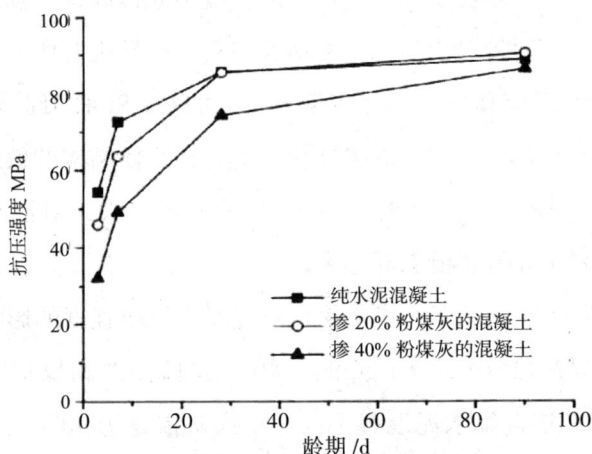

图 11-9 粉煤灰对混凝土强度的影响（W/B=0.3，标准养护）

表 11-4 显示了矿渣掺量对混凝土抗压强度的影响规律。早龄期时，随着矿渣掺量的增大，混凝土的抗压强度降低，但降低的幅度比粉煤灰混凝土小。龄期为 28d 时，掺 15% 和 30% 矿渣的混凝土的抗压强度超过了纯水泥混凝土，掺 45% 矿渣的混凝土的抗压强度也接近纯水泥混凝土；龄期为 90d 时，3 组掺矿渣的混凝土的抗压强度均超过了纯水泥混凝土。由此可见，矿渣对混凝土后期强度的贡献大于粉煤灰，而且掺矿渣的混凝土强度增长速率也比掺粉煤灰的混凝土快。

表 11-4　混凝土的抗压强度（标准养护）（MPa）

材料组成 \ 龄期	龄期 /d			
	3	7	28	90
纯水泥	24	29.6	37.2	42.2
掺 15% 矿渣	20.4	25.1	38.1	45.6
掺 30% 矿渣	17.4	22.3	39.2	45.2
掺 45% 矿渣	14.1	20.1	34.2	44.3

　　在大体积混凝土结构中，由于结构内部温度远高于实验室内标准养护温度，因而混凝土的实际力学性能与标准养护条件下的力学性能有较大的差异。一般来讲，早期高温养护会促进胶凝材料的早期水化，使混凝土获得较高的早期强度。由表 11-5 可知，提高养护温度能够明显增大水泥早期水化产物的化学结合水量，即明显增加水化产物量。但早期高温养护对水泥的后期水化有一定的抑制作用。90d 龄期时，早期高温养护条件下的化学结合水量略低于标准养护条件，720d 龄期时，早期高温养护条件下的化学结合水量明显低于标准养护条件。这主要是因为水泥早期水化过快，在表面形成致密的 C-Si-H 凝胶层；同时，早期高温养护会使水化产物分布不均匀，在硬化浆体中引入大孔。

表 11-5　水泥水化产物的化学结合水量（W/B=0.42）

养护方式 \ 龄期	龄期 /d				
	3	7	28	90	720
标准养护（20℃）	14.47%	16.52%	17.92%	19.93%	23.24%
早期高温养护（65℃养护14d后标准养护）	18.67%	19.41%	19.48%	19.72%	22.11%

　　对于含粉煤灰或矿渣的混凝土，早期高温养护对强度发展的影响规律与纯水泥混凝土有所差异：在标准养护条件下，粉煤灰和矿渣的早期活性较低，对早期强度的贡献较小，但在高温养护条件下，它们的活性被激发，对早期强度的贡献明显增大。因此，对于掺粉煤灰或矿渣的混凝土而言，提高早期养护温度既促进了水泥的水化，又促进了矿物掺合料的反应，混凝土的早期强度提高率大于纯水泥混凝土。由表 11-6 可知，提高养护温度对掺粉煤灰或矿渣的混凝土的早期强度发展的促进作用明显大于纯水泥混凝土。对于含矿物掺合料的复合胶凝材料，硬化浆体的微结构是由水泥的水化和矿物掺合料的反应共同决定的，尽管早期高

温养护对水泥的后期水化有一定的抑制作用，但早期高温养护明显增大了矿物掺合料的早期反应程度，增大了矿物掺合料对混凝土微结构发展的贡献，且早期高温养护并不阻碍矿物掺合料在后期的继续反应。因此，早期高温养护对含矿物掺合料的混凝土的后期强度发展的不利影响相对较小。

表 11-6 提高养护温度使混凝土 3d 抗压强度增长的百分率

养护时间 混凝土种类	早期高温养护的时间			
	第 1d 高温养护		前 3d 高温养护	
	$W/B=0.48$	$W/B=0.32$	$W/B=0.48$	$W/B=0.32$
纯水泥混凝土	41.6%	34.4%	52.4%	34.3%
掺 50% 粉煤灰的混凝土	95.5%	57.7%	197.8%	172.3%
掺 50% 矿渣的混凝土	130.3%	98.9%	182.1%	163.5%

混凝土是否开裂取决于混凝土承受的拉应力与其抗拉强度的关系，当拉应力超过抗拉强度时，混凝土就会开裂。混凝土的抗拉强度远小于抗压强度，通常不足抗压强度的 1/10，这是混凝土容易开裂的原因。直接测定混凝土的抗拉强度通常用钢模浇筑成型棱柱体试件，通过预埋在试件轴线两端的钢筋对试件施加均匀拉力，试件破坏时的平均拉应力即为混凝土的轴心抗拉强度，但受测试设备、测量夹具、混凝土成型质量等因素的影响，直接测定的抗拉强度数据的稳定性比较差。混凝土的劈裂抗拉强度和抗折强度与其抗拉强度有较好的正相关性。因此，劈裂抗拉强度和抗折强度的趋势与抗拉强度的趋势具有较好的一致性。

混凝土的压缩破坏和直拉破坏的机理是不同的，因此矿物掺合料对混凝土的抗压强度的贡献和对抗拉强度的贡献有一定的差异。例如，有的矿物掺合料仅仅通过填充作用改变了硬化浆体的密实度，但有的矿物掺合料生成了大量的水化产物改变了水化产物的物理特性，有的矿物掺合料大量消耗了水泥水化产物中的 $Ca(OH)_2$。在抗压强度相等的前提下，掺矿渣的混凝土的 28d 劈裂抗拉强度明显高于纯水泥混凝土，掺粉煤灰的混凝土的 28d 劈裂抗拉强度略高于纯水泥混凝土，掺钢渣或石灰石粉的混凝土的 28d 劈裂抗拉强度明显低于纯水泥混凝土，也就是说矿渣和粉煤灰对混凝土劈裂抗拉强度的贡献大于对抗压强度的贡献。也有研究表明在抗压强度相等的前提下，掺粉煤灰或矿渣的复合胶凝材料砂浆的抗折强度高于纯水泥砂浆。

二、氯离子渗透性

混凝土属多孔材料，因而渗透性是其基本性质之一，与混凝土内部孔隙的数量、孔径、分布及连通等情况密切相关。混凝土的渗透性通常用气体或液体在混凝土中渗透、扩散或迁移的难易程度来表示。目前已有多种快速评价混凝土抗渗性的试验方法，包括渗透系数法、离子扩散法和电参数法。渗透系数法的基本原理是定量地测出在不同压力差下流体透过混凝土的速率，利用达西定律计算出混凝土的渗透系数。离子扩散法是利用物质有浓度差，在介质中传输的原理，通过测定物质的扩散系数来表示混凝土的渗透性高低。电参数法是通过测定混凝土在不同饱和溶液条件下的电参数（电阻、电导率等）来评价混凝土的渗透性。

直流电量法是一种常用的评价混凝土渗透性的方法。该方法采用直径约100mm，厚度约50mm的混凝土试件，进行真空饱水处理，然后将试样安装于试验槽内，试件两侧的试验槽分别注入浓度为3%的NaCl溶液和0.3mol/L的NaOH溶液，就绪后在两电极间施加60V直流电压，获得6小时的电通量。混凝土的电通量与氯离子渗透性等级的关系，见表11-7。需要指出的是，在同一个渗透性等级内，电通量的大小没有区别，即尽管电通量大小有所差异，但只要在同一个等级内，就认为混凝土的渗透性是相近的。

表 11-7 电通量与氯离子渗透性等级的关系

电通量 /C	氯离子渗透性等级	电通量 /C	氯离子渗透性等级
> 4000	高	100 ~ 1000	很低
2000 ~ 4000	中	< 100	可忽略
1000 ~ 2000	低		

矿物掺合料对混凝土的强度和渗透性的影响有所差异，由表11-8可知，掺入矿渣后混凝土的28d抗压强度略降低，但混凝土的氯离子渗透性明显降低；与矿渣相比，掺入粉煤灰使混凝土28d抗压强度降低的幅度更大，但却使混凝土的氯离子渗透性降低，尤其值得注意的是，粉煤灰掺量为50%时，混凝土的28d抗压强度降低了28%，但氯离子渗透性明显降低。

表 11-8 粉煤灰和矿渣对混凝土的 28d 抗压强度和氯离子渗透性的影响

混凝土编号	混凝土配合比参数				抗压强度 /MPa	电通量 /C	氯离子渗透性等级
	胶凝材料组成	胶凝材料总量 /（kg/m³）	水胶比	砂率			
1	纯水泥	400	0.42	43%	57.0	3511	中
2	掺 37.5% 粉煤灰	400	0.42	43%	49.2	1826	低
3	掺 37.5% 矿渣	400	0.42	43%	54.1	1309	低
4	掺 50% 粉煤灰	400	0.12	43%	42.8	1955	低
5	掺 50% 矿渣	400	0.42	43%	55.8	1488	低

在标准养护条件下，大掺量粉煤灰混凝土的 56d 和 90d 氯离子渗透性等级均为"低"，而在温度匹配养护条件下，大掺量粉煤灰混凝土的 56d 和 90d 氯离子渗透性等级均为"很低"。因此可以说早期高温养护对增强大掺量粉煤灰混凝土的后期抗氯离子渗透的能力是有利的。粉煤灰的火山灰反应程度越高，对增强混凝土的抗氯离子渗透的能力越有利。早期高温养护能够促进粉煤灰的火山灰反应，有利于提高混凝土的抗氯离子渗透的能力。

针对表 11-9 中的纯水泥混凝土、大掺量粉煤灰混凝土、大掺量矿渣混凝土采用 3 种养护方式进行养护：标准养护、高温养护 1d 后再标准养护、高温养护 3d 后再标准养护，测定混凝土的 28d 电通量，结果见表 11-10。对于纯水泥混凝土，早期高温养护对其抗氯离子渗透性产生了不利的影响，这是因为早期高温养护使水泥的水化产物分布不均匀，在混凝土中容易产生大孔。而对于大掺量矿渣混凝土，由于高温养护能够明显激发矿渣的活性，所以仅 1d 的高温养护就使混凝土的渗透性降低了一个等级。对于大掺量粉煤灰混凝土，高温养护对粉煤灰的活性也有较强的激发作用，1d 高温养护使混凝土的电通量有所降低，3d 高温养护使混凝土的电通量明显降低，从而使混凝土的渗透性降低了一个等级。由此可见，早期高温养护对于提高大掺量矿渣混凝土和大掺量粉煤灰混凝土的后期抗氯离子渗透的能力都是有利的，相对而言，大掺量矿渣混凝土的氯离子渗透性受水化温度的影响更大一些。

11-9 水胶比为 0.48 的混凝土配合比（kg/m³）

编号	水泥	矿物掺合料	水	砂	石子
C	350	0	168	828	1054
F	175	175（粉煤灰）	168	828	1054
B	175	175（矿渣）	168	828	1054

表 11-10 混凝土的 28d 氯离子渗透性

养护方式	纯水泥混凝土		大掺量矿渣混凝土		大掺量粉煤灰混凝土	
	电通量 /C	渗透性等级	电通量 /C	渗透性等级	电通量 /C	渗透性等级
标准养护	3405	中	1039	低	1888	低
1d 高温养护	4358	高	787	很低	1356	低
3d 高温养护	3636	中	887	很低	383	很低

三、收缩和徐变

对于大体积混凝土而言，为降低混凝土的开裂风险，首先要减小温度收缩。大体积混凝土结构的内部温度都经历了从混凝土浇筑温度到温峰，然后从温峰降低到室温的过程。在降温的过程中，在混凝土结构内部产生拉应力，使混凝土具有比较大的开裂风险。例如，假设混凝土的热膨胀系数为 $1.0 \times 10^{-7}/℃$，弹性模量为 35GPa，那么当大体积混凝土的温降为 30℃时，如果不考虑徐变产生的应力松弛，则在混凝土内部产生的拉应力达到 10.5MPa，足以使混凝土开裂。因此，降低混凝土的温峰（如降低入模温度、采用放热量小的胶凝材料等）和减小混凝土的热膨胀系数（如选择热膨胀系数小的骨料），对于降低温度收缩导致的混凝土开裂风险至关重要。

当混凝土表面暴露在相对湿度小于空气中湿度时，混凝土内部的水分会向环境中扩散，由此会导致混凝土表面发生收缩，称之为干燥收缩。干燥收缩产生的内在机理是混凝土中毛细孔的水由于蒸发导致其自由表面向下凹，使表面张力增大，引起混凝土发生收缩。在混凝土结构中，干燥收缩是不均匀的，距离表面越近，干燥收缩越大。良好的保湿养护对减小混凝土的干燥收缩有明显的效果，对于大体积混凝土结构而言，如果能够在表面进行充分保湿养护，那么在保湿养护阶段混凝土的干燥收缩几乎是可以忽略不计的。

干燥收缩持续的时间很长，在很长的时期内，随着龄期的增长，混凝土的干燥收缩不断增大。在水胶比不变的前提下，掺矿渣或粉煤灰会使混凝土的早期干燥收缩发展较快，这是因为矿渣和粉煤灰的早期活性低于水泥，使混凝土早期的结构疏松，孔隙率增大，且混凝土内部的水分也有所增多。但随着龄期的增长，掺粉煤灰或矿渣的混凝土的微结构改善明显，使水分散失的难度增大，因而后期干燥收缩的发展明显减缓，很多情况下干燥收缩的增长速率低于纯水泥混凝土。

混凝土的自生收缩是指初凝后，由于水泥的水化消耗水分，导致混凝土内部湿度降低，产生自干燥作用，毛细孔内部从饱和向不饱和状态转变，毛细孔水的弯月面产生附加压力，从而引起宏观体积的收缩。很显然，混凝土的自生收缩是与水胶比密切相关的，水胶比越低，混凝土内部产生的自干燥作用越强烈，混凝土的自生收缩越大。现代混凝土的水胶比低，只是导致自生收缩增大的一个方面，水泥的细度大，早期水化快，也会导致混凝土的自生收缩大。此外，混凝土结构内部的早期温度往往较高，也加速了水化的进行，增大了自生收缩。值得一提的是，自生收缩是由于胶凝材料的水化反应形成的，且现代混凝土的密实度较高，因此保湿养护对降低混凝土自生收缩的效果非常弱。

掺粉煤灰或矿渣对于降低混凝土的自生收缩是有利的，这是因为自生收缩主要发生在混凝土初凝后的几天内（尤其在第 1d 内），而这个阶段粉煤灰和矿渣的活性远低于水泥，参与反应的程度很低，因而水泥的实际水灰比（此处特指水与水泥之比）增大，混凝土内部的自干燥作用降低。

混凝土的徐变是指混凝土在一恒力的作用下，瞬时弹性变形后，变形随着时间的增长而增大。如果使混凝土试件产生一定的应变时，弹性应力随着时间的增长而减小，称之为应力松弛。混凝土徐变产生的原因很多，主要是凝胶体的黏性流动和滑移。此外，和混凝土内部水分迁移也有关，当混凝土置于干燥的环境中时，会导致 Ca–Si–H 凝胶失去吸附水，且因干缩引起的过渡区微裂缝增多，从而会增大徐变值。

在预应力混凝土结构中，混凝土的徐变会导致预应力损失，这对工程结构是不利的。但在普通钢筋混凝土结构中，混凝土的徐变会减弱应力集中，使应力重分布，对降低混凝土的开裂风险是有利的。在大体积混凝土结构中，混凝土的徐变可以部分松弛由温降收缩引起的拉应力，这对于减小大体积混凝土的开裂风险至关重要。从理论上来讲，在混凝土的水化放热性能相近的情况下，选择徐变大的混凝土对于降低大体积混凝土的开裂风险是有益的。

混凝土的强度提高，徐变减小。因此，矿物掺合料在影响混凝土强度的同时，也影响了混凝土的徐变。对于大体积混凝土结构，由于对早期强度要求不高，因此可以选择早期强度发展缓慢的混凝土，这种混凝土往往徐变较大，对于松弛降温过程中产生的内应力非常有利。此外，混凝土的徐变与温度有关，温度升高，徐变明显增大，这对于大体积混凝土结构的抗裂是有利的。

大体积混凝土的降温过程是内应力不断增大的过程，降低大体积混凝土温降收缩开裂的一个重要途径是减缓混凝土的降温速率，这样既可以防止温度过快降低使内应力短时间内增大而超过混凝土的抗拉强度，又给混凝土的抗拉强度增长和发生徐变留下充足的时间。

四、工作性

混凝土的工作性是指其在浇筑时的性能，通常包含流动性、保水性、黏聚性和捣实性四个方面。流动性的大小反映了混凝土的稀稠，如果混凝土的流动性太小，难以泵送，也难以捣实；但若流动性过大，混凝土易出现水泥砂浆和水上浮而石子下沉的分层离析现象。保水性是指处于塑性状态的混凝土保持水分不易析出的能力。黏聚性是指混凝土内部各组分之间需具有一定的黏聚力，使混凝土在运输、浇筑和捣实过程中不发生分层离析或严重泌水的现象。捣实性指混凝土在振捣或加压作用下，排出拌和时带入气泡达到密实的能力。此外，为了满足长距离运输或浇筑施工的长时间等待的要求，混凝土的工作性保持能力有时也非常重要。

影响混凝土工作性的因素包括单位用水量、骨料的性质、砂率、外加剂、水泥性质以及矿物掺合料。由于单位用水量与强度等级密切相关，因此通常情况下单位用水量是由混凝土强度等级决定的。良好的砂、石级配以及合理的砂率对改善混凝土的工作性非常重要。减水剂、缓凝剂、引气剂等化学外加剂对于调整混凝土的工作性效果明显，在一定程度上更加容易获得具有良好工作性的混凝土。

粉煤灰和矿渣对混凝土工作性的影响主要取决于它们的需水量比，当需水量比小于100%时，对于提高混凝土的流动性是有利的。由于粉煤灰的颗粒大部分为球形，因此能够在混凝土中起到滚珠润滑的作用，对于增大混凝土的流动性也是有利的。由于粉煤灰和矿渣会延长水泥水化的诱导期，且降低水化加速期初期的水化速率，因此掺入粉煤灰和矿渣对增大混凝土的流动性保持能力有利。但粉煤灰和矿渣的保水能力不及水泥，对混凝土的保水性有一定的影响。

目前我国的普通硅酸盐水泥的原材料组成差异很大，市场上的减水剂的种类非常多，在很多情况下发生了减水剂与水泥不相适应的情况，称之为减水剂与胶凝材料相容性差，表现在减水剂提高混凝土流动性的效果不好、凝结速率过快或缓凝、流动性经时损失快、泌水和分层离析现象严重、混凝土容易开裂等。一般来讲，水化快和水化产物比表面积大的熟料矿物吸附的减水剂多，与减水剂的相容性差；水泥中的碱的存在使水泥标准稠度需水量增大，凝结加快，且游离碱对 G3A 的溶出起促进作用，增大了减水剂的吸附量。掺粉煤灰或矿渣对胶凝材料中 G3A 和碱起到了稀释的作用，通常对改善胶凝材料与减水剂的相容性是有利的。

第四节　在大体积混凝土中掺粉煤灰和矿渣的原则

综合粉煤灰和矿渣的材料特性、对胶凝体系水化及混凝土性能的影响，结合大体积混凝土的特点，对如何在大体积混凝土的配合比设计中选用粉煤灰和矿渣，提出以下基本原则：

一、降低混凝土的绝热温升值是首要的

从理论上来讲，大体积混凝土在降温过程中能产生的最大内应力是和混凝土的温峰与环境温度的温度差成正比的，温峰越高，混凝土潜在的开裂风险越大。降低温峰需要从两个方面着手：降低混凝土的入模温度、降低混凝土的绝热温升值。在混凝土入模温度相同的情况下，尽量选用绝热温升小的混凝土。粉煤灰对于降低混凝土的绝热温升效果明显，为了显著降低大体积混凝土的温峰，宜采用大掺量粉煤灰混凝土，粉煤灰的掺量不低于 35%。这里需要强调的是，尽管在常温下掺矿渣能够降低水化热，但矿渣并不能降低混凝土的绝热温升，因此，从降低混凝土绝热温升的角度考虑，掺矿渣是没有作用的，反而可能会稍微增大混凝土的温升。

二、首选采用降低水胶比的途径来获得设计要求的强度

事实上大体积混凝土结构中混凝土的强度是与标准养护条件下的混凝土强度有很大差异的，尽管大掺量粉煤灰混凝土在实际结构中能够获得满意的强度，但在标准养护条件下，大掺量粉煤灰混凝土的 28d 甚至 60d 强度是与纯水泥混凝土有较大差距的。而目前在绝大多数情况下，仍然是采用标准养护条件下的混凝土抗压强度作为强度检验值。尽管掺适量的矿渣（尤其是 S105 等级的矿渣）有利

于提高混凝土的中期和后期的强度，但仍应首先采用降低水胶比的方式来获得满意的强度。水胶比降低不仅对于提高混凝土的强度效果明显，而且能够略微降低混凝土的绝热温升。此外，对于大掺量粉煤灰混凝土，不必担心适当降低水胶比而引起自生收缩的增长。由于胶凝体系中含大量早期活性很低的粉煤灰，适当降低水胶比不会引起混凝土内部自干燥作用的明显增大。

三、必要的情况下，矿渣替代水泥－粉煤灰复合胶凝体系中的水泥

出于降低绝热温升的考虑，混凝土的复合胶凝材料体系中必须保证足够比例的粉煤灰。矿渣对改善混凝土后期的密实度效果明显，对改善混凝土的流动性、降低混凝土的收缩、增大混凝土的徐变有一定的作用，因而在某些必要的情况下可以考虑掺少量的矿渣。但掺矿渣的基本原则是，根据绝热温升的要求确定粉煤灰的掺量后，用矿渣替代部分水泥，而不是替代部分粉煤灰，必要时还需要适当增大粉煤灰的掺量。

第十二章 混凝土裂缝防治关键技术进展

第一节 混凝土结构关键部位防治措施

一、混凝土结构关键部位防治措施概括

（一）基础约束区裂缝

混凝土大坝基础约束区一般分为基础强约束区和基础弱约束区。基础强约束区是指以浇筑坝段基础面平均高程计算，距基础面 $0 \sim 0.2l$ 高度范围内的混凝土（l 为浇筑块长边的最大长度）；基础弱约束区是指对于坝段底部和基础区相连接的部位，以浇筑坝段基础面平均高程计算，距基础面 $0.2l \sim 0.4l$ 高度范围内的混凝土。由于此部分混凝土与基础相连，约束较强。此外若有垫层混凝土存在，冬季长间歇无任何温控措施的条件下，薄层混凝土温度降低很快，基础温差较快达到，叠加较大的内外温差，开裂风险较大。

基础约束区裂缝的防治措施主要有：第一，埋设冷却水管进行通水冷却；第二，当混凝土尤其是垫层混凝土遭遇长间歇期寒潮作用时，应注重混凝土的保温工作。

在混凝土大坝浇筑过程中，有的需在基础设置混凝土垫层，混凝土垫层具有薄层长间歇、受基础约束大的特点，开裂风险较大。

（二）混凝土表面裂缝

混凝土常见的裂缝，大多数是一些不同深度的表面裂缝，裂缝发生的部位主要是混凝土的暴露面，如刚浇筑尚在凝固硬化过程中的新浇筑块表层；相邻坝块

高差悬殊长期暴露的侧表面；大坝的上下游面。

早期由于水泥水化热，混凝土内升温很高，拆模后表面温度较低，尤其在低温季节，易在表面部分形成很陡的温度梯度，发生很大的拉应力；而早期混凝土强度低，极限拉伸值小，再加上养护不善，易于形成裂缝。因此，表面裂缝常常发生于早期。在冬季温度或在早春晚秋气温骤降寒潮频繁季节，由于混凝土表面处于负温或表面气温骤降，也容易形成裂缝。因此，表面裂缝也会出现于晚期。这种现象在寒冷地区或低温季节更为明显。

低温季节的表面防裂措施主要包括：第一，对表面进行保温；第二，在过冬前通水进行二期冷却。

（三）过流缺口裂缝

在混凝土坝的施工过程中，往往要留一些缺口，供汛期过水用。早龄期混凝土，抗裂能力较低，内部温度较高，如表面接触过低温水，由于冷激作用，很容易出现裂缝。即使没有过水，由于停歇时间长，难免遭遇寒潮，也容易出现裂缝。因此，对预留的过流缺口，应进行表面温度应力计算，并根据计算结果，采取适当的裂缝防治措施。过水缺口的表面防裂措施主要有以下几种：

第一，采用表面流水的方法，减小温差，以防过流时温度骤降。

第二，过水前进行混凝土二期通水冷却，减小内外温差。

第三，在过水缺口的水平面上铺保温被，上面用砂袋压紧。

第四，必要时可在表层铺防裂钢筋。

第五，加强洪水预报，使混凝土龄期达到10天以上后再过水，以便混凝土过水时已有一定抗裂能力。

第六，上、下游表面用内贴法粘贴聚苯乙烯泡沫塑料板保温。

第七，侧面过水的混凝土，在龄期14天前不拆模板，模板防止冲刷，模板用内贴法粘贴聚苯乙烯泡沫塑料板保温。

过水以后，老混凝土内部温度比较低、弹模大、约束强，继续浇筑上层混凝土时，为了控制上下层温差，应严格控制新混凝土的最高温度。例如，降低入仓温度，在一定高度内减小浇筑层厚度、减小冷却水管间距等。流水养护后可有效降低混凝土的应力，提高安全系数。

（四）孔口及孔洞裂缝

导流底孔的底板比较薄，受到的基础约束区作用大于一般浇筑块所受到的基础作用。因此，导流底孔是容易产生裂缝的部位。另外，导流底孔高程较低一般处在基础约束范围内，当坝体冷却至灌浆温度后，通常是受拉的，所以导流底孔一旦出现表面裂缝，后期往往容易发展成为贯穿性大裂缝。

导流底孔冬季过水时，由于冬季水温一般低于坝体稳定温度，因而产生"超冷"。不过水时或部分过水时，孔壁冬季与冷空气接触，温度可能更低。

在基础约束区外的永久性过水孔口，如无钢板衬砌，施工期产生的表面裂缝，到了运行期，在压力水的劈裂作用下，也往往容易发展成为大裂缝，基于上述原因，对过水孔口，应采取特别严格的防裂措施。

第一，考虑到超冷现象和基础约束作用较大，导流底孔附近的混凝土最高温度应低于一般的基础约束块，相应地，应采取更加严格的温度控制措施：更低的混凝土入仓温度、更薄的浇筑块、较短的间歇时间、更密的冷却水管、较低的冷却水温等，并且最好在气温较低的季节浇筑这一部分混凝土。

第二，力争在过水之前，通过二期通水冷却，将导流底孔周围的混凝土温度降低到规定的温度，减少过流时的内外温差。二期冷却时，混凝土应有足够的龄期和足够的抗裂能力，以承受基础约束作用所引起的温度应力。

第三，加强孔口内的表面保温。由于孔内过水时一般的表面保温材料将被水冲走，比较好的办法是在模板内侧粘贴聚乙烯泡沫保温，并在混凝土内预埋钢筋以固定模板，防止被水冲走。寒潮的降温历时是比较短暂的，而过水时间是比较长的，因此对表面保温能力的要求比较高。

第四，在上、下游坝面，孔口附近一定范围内，也应用内贴法粘贴聚苯乙烯泡沫塑料板保温，在靠近孔口的部位，应保留模板，以保护泡沫塑料板，防止被冲走。

第五，埋设足够的钢筋，除环向钢筋外，特别要有足够的纵向钢筋，以便万一出现裂缝时限制裂缝的发展。

第六，度汛前在孔口附近进行表面流水养护。

（五）上游面劈头缝

劈头裂缝与上下游面水平裂缝是混凝土坝防裂的关键，例如某工程虽然采取了严格的温控措施，仍然出现了劈头裂缝和水平裂缝。对于防治劈头裂缝，主要有以下措施：

①在上游面粘贴永久保温板；

②坝前回填土石（即堆渣）；

③上下游面水管预冷；

④表面流水。

第二节　高寒区混凝土降雪保温措施

一、高寒区混凝土降雪保温概述

我国自纬度 30° 属寒冷地区（华北地区、青藏高原南部地区），40° 以上属严寒地区（包括东北地区、西北地区、内蒙古地区、新疆地区、青藏高原北部地区）。纬度每提高 1°，年平均气温降低 0.7°。严寒地区的最低气温可达 –50℃ 左右，冬季往往停工，停工期间仓面面临防止早期混凝土被冻、控制温差、防止裂缝等问题。混凝土暴露仓面需要越冬，尤其对于第一年浇筑越冬层混凝土，一般处于基础强约束区，混凝土浇筑层高较低，约束较强，浇筑长度大，裂缝较难控制，此部位也是大坝受力的主要部位，故温控难度较大。

严寒地区混凝土越冬措施主要通过在仓面覆盖一定厚度的保温被来减小内外温差。混凝土越冬时保温被层数多达 15 ~ 20 层，工程造价较高。考虑到寒区独特的严寒特点，借助于严寒地区降雪不宜融化的特点，严寒地区混凝土越冬保温措施，该方法施工简单，可有效降低保温成本。下面通过仿真分析方法进行论证说明。

二、热传导理论

大体积混凝土结构非稳定温度场在某一区域 R 内应满足下列微分方程及相应的边界条件：

$$\frac{\partial^2 T}{\partial x^2} + \frac{\partial^2 T}{\partial y^2} + \frac{\partial^2 T}{\partial z^2} + \frac{1}{a}\left(\frac{\partial \theta}{\partial \tau} - \frac{\partial T}{\partial \tau}\right) = 0 \quad （12\text{–}1）$$

边界条件是：第一类边界条件即与水接触时候，$T = \bar{T}$；$\bar{T}$ 为水温。

第二类边界条件即混凝土表面的热流量是时间的已知函数，即：

$$-\lambda \frac{\partial T}{\partial n} = f(\tau) \quad （12-2）$$

第三类边界条件为当混凝土与空气接触，或混凝土保温后保温材料与雪层接触时：

$$-\lambda \frac{\partial T}{\partial n} = \beta(T - T_a) \quad （12-3）$$

上式中：λ 为导热系数；β 为放热系数；τ 为时间；a 为导温系数；θ 为绝热温升；n 为表面的外法线方向。

当采用雪层覆盖进行保温时，$T_a = 0$，即表面温度为保温材料外的温度，其为恒值 0。

当采用搭保温棚进行保温时，T_a 为保温棚内的温度。

温度应力用增量法求解，把时间 τ 划分成一系列时间段：$\Delta\tau_1, \Delta\tau_2 \cdots、\Delta\tau_n$，在时段 $\Delta\tau_n$ 内产生的应变增量为：

$$\{\Delta\varepsilon_n\} = \{\varepsilon_n(\tau_n)\} - \{\varepsilon_n(\tau_{n-1})\} = \{\Delta\varepsilon_n^e\} + \{\Delta\varepsilon_n^e\} + \{\Delta\varepsilon_n^T\} + \{\Delta\varepsilon_n^0\} + \{\Delta\varepsilon_n^s\} \quad （12-4）$$

$\{\Delta\varepsilon_n^e\}, \{\Delta\varepsilon_n^c\}, \{\Delta\varepsilon_n^T\}, \{\Delta\varepsilon_n^0\}, \{\Delta\varepsilon_n^s\}$ 分别为弹性应变增量、徐变应变增量、温度应变增量、自生体积变形增量及干缩应变增量。相应地，得到由以上因素引起的节点荷载增量，进行单元集成后得到整体的平衡方程：

$$[K]\{\Delta\sigma_n\} = \{\Delta P_n\} \quad （12-5）$$

式（12-5）中 $[K]$ 为单元刚度矩阵；$\{\Delta\sigma_n\}$ 节点位移增量；$\{\Delta P_n\}$ 节点荷载增量。由 $\{\Delta\sigma_n\}$ 与 $\{\Delta\varepsilon_n\}$ 的对应关系，可求得应力 $\{\Delta\sigma_n\}$，累加后得到各个单元 τ_n 时刻的应力：

$$\{\sigma_n\} = \Sigma\{\Delta\sigma_n\} \quad （12-6）$$

混凝土的温度应力，按混凝土极限拉伸值控制：

$$\gamma_0\sigma \leqslant \varepsilon_p E_c / \gamma_{d3} \quad （12-7）$$

式中：σ 为各种温差所产生的温度应力之和；ε_p 为混凝土极限拉伸值的标准值；E_c 为混凝土弹性模量标准值，MPa；γ_0 为结构重要性系数，对应结构安全级别分别为 Ⅰ、Ⅱ、Ⅲ 级的结构及构件，可分别取 1.1, 1.0, 0.9；γ_{d3} 为温度应力控制正常使用极限状态短期组合结构系数，取 1.5。

由式（12-7）计算出混凝土的允许拉应力，式（12-1）~ 式（12-6）可计算出允许拉应力下混凝土的等效放热系数，进而求出保温材料的等效厚度。材料等效厚度的计算如下式所示：

$$\beta = \cfrac{1}{\cfrac{1}{\beta_0} + \sum h_i / \lambda_i k_1 k_2} \qquad (12-8)$$

式中：λ_i 为保温材料导热系数；β_0 为保温层外表面与空气间放热系数；k_1 为风速修正系数；k_2 为潮湿程度修正系数。

若采用同种材料进行保温，则保温层厚度为：

$$h = \lambda k_1 k_2 \left(\cfrac{1}{\beta} - \cfrac{1}{\beta_0} \right) \qquad (12-9)$$

第三节　小温差　早冷却　缓慢冷却

一、小温差、早冷却、缓慢冷却的新冷却方式

混凝土坝的水管冷却方式有三种：一期冷却，在龄期 120 天后通水冷却，使混凝土温度降至封拱灌浆温度，以便进行灌浆。二期冷却，在浇筑混凝土 1 天后通水 20 天进行一期冷却，降低水化热温升，在龄期 120 天进行二期冷却，使坝体温度降至目标温度。三期冷却，在浇筑混凝土 1 天后通水 20 天进行一期冷却，降低最高温度，在龄期 120 天后进行二期冷却，在接缝灌浆前再进行三期冷却。以上三种方式，混凝土初温与水温之差控制在 20℃ ~ 25℃。

小温差、早冷却、缓慢冷却或连续冷却的方法如下：一期冷却在浇筑混凝土时即开始进行，水管最好布置在浇筑层中间，如果布置在老混凝土层面上，水温与老混凝土初温之差应尽量小些（例如不超过 5℃）。采用小温差，一期冷却持续时间可不受 20 天限制。由于温差小，后期冷却开始时间可提前到 30 天左右，或与一期冷却连接起来，初期冷却与后期冷却连续进行，水温由高到低分多期，逐步降低，这一冷却方式的特点是：温差小，后期冷却提前，冷却时间延长，徐变得到充分发挥，温度应力小，有利于防裂。由于后期冷却提前，小温差并不影响施工进度，施工中无非多改变几次水温，并不费事。

二、水管冷却的自生温度应力

水管冷却引起的温度应力由自生应力与约束应力两部分组成，过去对水管冷却引起的自生应力缺乏分析，施工中考虑也不够，实际上它是引起裂缝的一个重要因素。

三、水管布置方式及初期通水时间

一般水管都布置在浇筑层顶面上，取其施工方便，但有 2 个缺点：一是冷却效果较低；二是如水温较低，在靠近水管的老混凝土内会引起相当大的拉应力。目前采用聚乙烯水管，最好布置在浇筑层中间。浇筑层内中间温度最高，水管布置在中间，冷却效果较好，另外，水管离老混凝土面较远，水温较低时也不至于在老混凝土内引起大的拉应力，而新混凝土早期弹性模量较低，可以采用较低的水温。因而冷却效果较好。

应重视初期冷却开始时间。目前不少工程在混凝土浇筑 1 天后才开始通水冷却，此时混凝土水化热温升已升高了 6℃ ~ 10℃，实际上等于加大初始温度 6℃ ~ 10℃，目前采用聚乙烯水管，应争取水管铺好并经压水试验后，立即通水冷却，效果较好。

四、关于混凝土坝水管冷却的几个原则

①小温差、缓慢冷却有利于防裂。

②尽量减小混凝土与冷却水之间的温差 $T_0 - T_w$ 目前采用的温差 20℃ ~ 25℃ 太大，有必要也有可能大幅度减小，最多不宜超过 8℃ ~ 10℃。

③尽可能延长人工冷却的时间。一方面是为了减小混凝土与冷水温差，另一方面是为了使混凝土缓慢冷却，从而徐变，可充分发挥作用，温度应力可减小。

④在采用小温差的前提下，混凝土的冷却可以提前。一浇筑混凝土就可开始冷却，并且初期冷却与后期冷却可连接起来，进行连续冷却，水温由高到低逐步降低。由于冷却时间提前了，采用小温差和缓慢冷却并不影响施工进度。

⑤如果进行间断冷却，第一次后期冷却区的高度应不小于浇筑块长度的 0.4 倍。

五、总结

与大温差、晚冷却、短促冷却的传统冷却方式相比，小温差、早冷却、缓慢冷却的新冷却方式，在不影响工程进度的前提下，混凝土与水温之差可从20℃~25℃减小到4℃~6℃，温度应力可大幅度减小，从而显著提高混凝土抗裂安全度。

由于采用小温差，后期冷却可提前开始，延长了冷却时间，但对施工进度并无影响。在施工措施上，无非是多调节几次水温，施工并不费事，而且早期冷却水温较高，可充分利用河水，节约制冷能耗。

建议不要采用太大的水管间距，因为水管间距太大，温差控制与冷却时间之间存在一定矛盾，不利于减小温差和降低温度应力。

当采用1.5m×1.5m水管间距时，混凝土与水温之差可控制在4℃~6℃。如水管间距小于1.5m×1.5m，可以而且必须进一步减小混凝土与水温之差，防止混凝土降温过快。

水管冷却引起的应力包括自生应力和约束应力两部分。过去人们不重视自生应力，本文提出了计算方法。计算结果表明，它可以引起相当大的拉应力，采用小温差、早冷、却缓慢冷却方式，可以大幅度减小自生应力，同时可减小约束应力，有利于防裂。

减小混凝土与水温之差，提前进行后期冷却，延长总的冷却时间，进行小温差、早冷却、缓慢冷却，在不影响施工进度的前提下，大幅度减小温度应力，提高抗裂安全度。

第四节 大体积混凝土防裂智能监控系统

一、智能监控系统的构成

智能监控系统的构成同人工智能类似，包括"感知""互联""分析决策"和"控制"四个部分。"感知"主要是对各关键要素的采集（自动采集和人工采集）。"互联"是通过信息化的手段，实现多层次网络的通信，实现远程、异构的各种终端设备和软硬件资源的密切关联、互通和共享。"控制"包括人工干预和智能控制，其中人工干预主要是在智能分析、判断、决策的基础上形成预警、报警及反馈多种方案和措施的指令，根据指令进行人为干预；智能控制主要是自动化、智能化的温度、湿度、风速等小环境指标控制、混凝土养护和通水冷却调控。"分析决策"是整个系统的核心，通过学习、记忆、分析、判断、反演、预测，最终形成决策。"感知""互联"和"控制"相辅相成、相互依存，以"分析决策"为核心桥梁，形成智能监控的统一整体。

二、智能监控系统层次

智能监控系统包含了两个层次，"监"和"控"。"监"是通过感知、互联功能对影响温度控裂、防裂的施工各环节信息进行全面的检测、监测和把握；"控"则是对过程中影响温度的因素进行智能控制或人工干预。在混凝土施工的各个环节，包括拌和、浇筑仓面、通水冷却仓、混凝土表面等部位布置传感器，在坝区根据需要设置分控站，用以搜集、管理信息并发出控制指令，对各环节中可能自动控制的量进行智能控制，各分控站通过无线传输的方式实现与总控室的信息交换，构成完整的监控系统。

"感知"，即实时采集施工各个环节的信息。温度控制的主要环节包括拌和楼、机口、混凝土运输与入仓、平仓振捣、通水冷却、仓面保护等，在这些环节均可布置数字式测温设备，如数字温度计（包括固定式、手持式）、红外温度计等。

通过分析，总结出需要实时感知的量，用于监控施工各环节影响温控的因素及混凝土的状态。其中大多数的观测量可用固定式仪器自动观测，少数量如机口温度、入仓温度、浇筑温度，采用手持式数字温度计进行半自动化观测。

针对温度控制全要素，全过程感知指标，研发了成套的智能感知设备，如数字温度计，温度梯度仪，仓面小气候装置，骨料红外测温装置，机口、入仓、浇筑温度测试仪等。开发的仓面小气候观测设备可同时监测温度、湿度、风速和风向，用于实时监控仓面环境，通水冷却环节上除需要观测冷却水温和混凝土温度外，还要观测进出口水压力、流向、流量等。

还有一些影响温度控制的因素不能直接用仪器自动感知，需要人工采集录入，如浇筑仓的几何信息、位置、开仓时间、收仓时间等。部分信息以设计数据的方式在系统建模，部分需要随施工进程逐点输入。

"互联"是通过信息化（蓝牙、GPS、ZigBee、云技术、互联网、物联网等）的多种技术，通过研发相关设备及设置分控站及总控室，使各施工设备之间、测温设备之间、测温设备与分控站、分控站与总控室之间建立实时通信，实现混凝土自原材料、混凝土拌和、混凝土仓面控制、混凝土内部生命周期内各种温控数据的实时采集、共享、分析、控制及反馈。

实现互联的设备主要包括传感器、控制器、移动终端、施工设备、通水设备、固定终端、展示设备等。互联所采用的技术主要包括云互联、蓝牙、总线、ZigBee、WiFi、GPS等。设备与分控站或总控室的互联主要是通过局域网的方式实现，分控站与总控室可通过局域网或广域网的方式实现，最后通过公共广域网实现数据库的远程访问。

"控制"包括人工干预和智能控制两部分，主要包括5个子系统。其中，预警发布及干预反馈子系统、决策支持子系统需要人工干预。

预警发布及干预反馈子系统是根据现场实时获取的监测数据通过分析决策模块进行自动计算，对超标量进行自动报警或预警，最后系统自动将报警或预警信息发送至施工人员的终端设备上，施工人员根据报警信息进行人工干预。决策支持子系统是通过温控周报、月报、季报、阶段性报告，现场培训等方式实现温控施工的阶段性总结。

智能控制主要包括智能通水子系统、智能小环境子系统、智能养护子系统。智能通水子系统主要是按照理想化温控的施工要求，基于统一的信息平台和实测数据，运用经过率定和验证的预测分析模型，通过自动控制设备对通水流向、流量、水温的自动控制。智能小环境子系统根据现场实时实测的温度、湿度，自动控制仓内小环境设备（如喷雾机），使仓面小环境满足现场混凝土浇筑要求。智能养护子系统是根据实时监测的混凝土内部温度、表面温度等信息自动控制流水养护、花管养护等设备。

参考文献

[1] 夏海江. 钢筋混凝土泄洪闸墩断裂加固理论与实践 [M]. 沈阳：东北大学出版社，2022.

[2] 张威. 钢筋混凝土渡槽结构地震损伤分析与性能评估 [M]. 北京：中国经济出版社，2022.

[3] 郭靳时，金菊顺. 钢筋混凝土结构设计：第 3 版 [M]. 武汉：武汉大学出版社，2022.

[4] 王廷彦，王慧. 碳纤维布加固钢筋混凝土短梁受弯试验与计算 [M]. 北京：科学出版社，2022.

[5] 郑山锁，周炎，明铭. 一般大气环境下钢筋混凝土结构抗震性能试验研究 [M]. 北京：科学出版社，2022.

[6] 巴恒静. 钢筋混凝土电化学研究 [M]. 哈尔滨：哈尔滨工业大学出版社，2021.

[7] 孙惠香，李猛深，刘绍鎏. 钢筋混凝土结构非线性分析 [M]. 北京：兵器工业出版社，2021.

[8] 杨惠会，崔瑞夫. 钢筋混凝土结构抗连续倒塌与构件加固研究 [M]. 北京：冶金工业出版社，2021.

[9] 吕思忠，周广利，苏建明. 公路钢筋混凝土板梁疲劳性能评估 [M]. 北京：中国建材工业出版社，2021.

[10] 康为江. 钢筋混凝土箱梁日照温度效应研究 [M]. 长沙：湖南大学出版社，2021.

[11] 顾杨，李耀良. 超大直径钢筋混凝土顶管设计与施工技术及应用 [M]. 北京：中国建筑工业出版社，2021.

[12] 贺东青. 钢筋混凝土结构课程设计实用指导 [M]. 北京：中国建筑工业出版社，2021.

[13] 苏晓华，白东丽，刘宇 . 钢筋混凝土工程施工 [M]. 北京：北京理工大学出版社，2020.

[14] 黄功学；徐金荣主审 . 水工钢筋混凝土结构：第 2 版 [M]. 郑州：黄河水利出版社，2020.

[15] 吴迪，杨波，徐琳 . 钢筋混凝土平法识图与算量 [M]. 武汉：武汉理工大学出版社，2020.

[16] 王英 . 钢筋混凝土框架结构抗连续倒塌设计方法研究 [M]. 长春：吉林大学出版社，2020.

[17] 陈刚 . 钢筋 – 钢纤维纳米混凝土黏结及其梁受弯性能 [M]. 郑州：黄河水利出版社，2020.

[18] 娄冬，闫纲丽，李涛峰 . 钢筋混凝土结构 [M]. 北京：清华大学出版社，2020.

[19] 刘丽霞，郭利霞 . 水工钢筋混凝土结构 [M]. 北京：中国水利水电出版社，2020.

[20] 贺嘉，叶雯 . 钢筋混凝土结构深化设计 [M]. 北京：北京理工大学出版社，2020.

[21] 李月辉，姜波 . 钢筋混凝土结构平法施工图识读 [M]. 北京：中国建筑工业出版社，2020.

[22] 王立成，董吉武 . 钢筋混凝土结构设计原理：第 2 版 [M]. 大连：大连理工大学出版社，2020.

[23] 高霖 . 地面式钢筋混凝土圆形水池结构试验及液固耦联振动响应 [M]. 北京：中国建筑工业出版社，2020.

[24] 徐中秋 . 水工钢筋混凝土结构 [M]. 武汉：武汉理工大学出版社，2019.

[25] 李庆涛，袁广林，舒前进 . 钢筋混凝土结构设计 [M]. 徐州：中国矿业大学出版社，2019.

[26] 沈新福，温秀红 . 钢筋混凝土结构 [M]. 北京：北京理工大学出版社，2019.

[27] 张静晓，曾赛星，蒲广宁 . 钢筋混凝土构造全生命周期环境影响评价 [M]. 北京：中国建筑工业出版社，2019.

[28] 钟铭 . 钢筋混凝土梁桥疲劳性能评估 [M]. 北京：中国建筑工业出版社，2019.

[29] 宋征 . 钢筋混凝土结构设计原理 [M]. 哈尔滨：哈尔滨工程大学出版社，2019.

[30] 张悠荣 . 钢筋混凝土结构工程施工 [M]. 北京：机械工业出版社，2019.

[31] 韩小雷，季静 . 基于性能的钢筋混凝土结构抗震理论研究试验研究设计方法研究与工程应用 [M]. 北京：中国建筑工业出版社，2019.

[32] 侯献语，傅鸣春，查湘义 . 钢筋混凝土结构 [M]. 武汉：华中科技大学出版社，2018.

[33] 宁建国，任会兰 . 钢筋混凝土的动态本构关系 [M]. 北京：北京理工大学出版社，2018.

[34] 刘素梅，杨宗元 . 钢筋混凝土结构基本原理：英文版 [M]. 武汉：武汉大学出版社，2018.

[35] 郭仕群，王亚莉 . 钢筋混凝土框架及砌体结构的 PKPM 设计与应用 [M]. 成都：西南交通大学出版社，2018.